学术研究专著

直梁和曲梁结构的动力及静力学分析

鲍四元　曹善成　毕皓皓　王　博　著

西北工业大学出版社

西　安

图书在版编目(CIP)数据

直梁和曲梁结构的动力及静力学分析 / 鲍四元等著
. — 西安 :西北工业大学出版社,2023.11
ISBN 978-7-5612-9130-6

Ⅰ.①直… Ⅱ.①鲍… Ⅲ.①梁-动力学分析 ②梁-静力学-分析 ③曲梁-动力学分析 ④曲梁-静力学-分析
Ⅳ.①TU323.3

中国国家版本馆 CIP 数据核字(2024)第 018022 号

ZHILIANG HE QULIANG JIEGOU DE DONGLI JI JINGLIXUE FENXI
直梁和曲梁结构的动力及静力学分析
鲍四元 曹善成 毕皓皓 王博 著

责任编辑: 朱晓娟 **策划编辑:** 胡西洁
责任校对: 胡莉巾 **装帧设计:** 李 飞
出版发行: 西北工业大学出版社
通信地址: 西安市友谊西路 127 号 邮编:710072
电 话: (029)88491757,88493844
网 址: www.nwpup.com
印 刷 者: 西安五星印刷有限公司
开 本: 787 mm×1 092 mm 1/16
印 张: 11.75
字 数: 293 千字
版 次: 2023 年 11 月第 1 版 2023 年 11 月第 1 次印刷
书 号: ISBN 978-7-5612-9130-6
定 价: 69.00 元

前　言

本书将提供梁(直梁和曲梁)结构动力学中一种自由振动问题和静力学问题的通用数值解法。本书将对直梁和曲梁结构或其组合结构(如框架、组合曲梁等)的动力学、静力学问题运用 Lagrange 函数和变分原理进行半解析求解。其中,将结构的自由振动问题化为矩阵特征值问题,可获得结构前若干阶固有频率的准确数值解。应用有限元法分析时,往往需要将结构划分为较多的单元才能得到数值解,而本书的方法一般按梁的自然段分解(如一段弧性梁只需整体地看成一段梁或单元)。对于直梁和曲梁或其组合结构(如框架、组合曲梁等)的静力学问题求解,可采用位移场离散为增强谱形式,然后转化为一系列待定系数的线性方程组并求解。

与国内外已经出版的同类著作相比,本书的主要特点是,在结构的位移场展开时引入了增强谱形式(实例中运用改进 Fourier 级数方式展开),与 Fourier 级数展开相比,这种形式不仅能加速问题求解的收敛性,还能提高结果的精度。本书在模拟梁结构的边界条件时,引入了人工弹簧,并得到了对应的弹簧势能,从而实现了结构的边界约束条件。对于各种边界条件(包括经典边界和弹性边界),可通过调节两端的弹簧刚度系数实现。

本书是笔者近 8 年的研究成果,计算过程均由笔者自行推导、撰写。其中,第 1~4 章、第 13 章由鲍四元执笔,第 6 章、第 7 章和第 12 章由曹善成执笔,第 5 章、第 8 章、第 9 章由毕皓皓执笔,第 10 章、第 11 章由王博执笔。

在撰写本书的过程中,常婷婷、袁啸和宋丹丹等也在理论和计算过程的推导方面做出了一定的贡献,笔者也参阅了相关文献资料,在此一并表示感谢。

本书可作为工程技术人员或结构工程师的参考书,也可作为高等学校相关专业本科生和研究生的参考用书。

由于笔者水平有限,书中难免存在疏漏之处,衷心希望广大读者批评指正。

著　者

2023 年 4 月

目　录

第二篇　曲梁结构

第1章 绪　　论

1.1 研究背景与研究意义

近年来，随着社会生产力的高速发展，我国正在高质量推动城市化的进程，城市中的多层工业厂房和民用建筑的结构形式出现越来越多的框架结构。框架结构目前已经得到了广泛应用。框架结构是一种承重结构体系，主要由梁、柱、楼板及基础等组成，而框架结构由一系列平面框架结构和联系梁组成，其中平面框架结构由主梁、柱及基础构成。然而，动力学问题是工程结构设计中研究学者普遍关注的问题，它的研究内容从整体上可分为两类：一是求解结构的自振频率及相应的振型；二是求解在给定载荷、冲击力或地面加速度作用下结构随时间的响应问题。本书是通过对建筑结构固有频率和振型等数据的求解，让工程师在设计和建造建筑结构时，不仅能够提前给拟建建筑结构提供减震或避免共振的措施，还可以给受到扰动的既有建筑结构提供判断依据，即根据建筑结构自身特性的变化识别其受到的外界损伤的程度，这样能够为建筑结构的可靠度诊断和剩余寿命提供理论依据。高层建筑结构如果发生共振，造成的危害是非常大的，严重的时候建筑结构会发生坍塌，直接危及人民的生命和财产安全。

在工程设计方面，对建筑结构进行动力学分析的目的主要有在两个：一是当建筑结构受到动力载荷时，分析建筑结构发生的内力大小和变形程度；二是在建筑结构发生振动后，工程师要对振动产生的原因进行剖析，探究建筑结构振动过程的运动规律，为避免建筑结构的振动提供解决方案。从这两方面出发，不仅能够消除建筑结构振动所带来的危害，还能充分利用它所带来的益处，进而对处于动力环境中的建筑结构的安全性提供可靠的理论基础。因此，有必要对建筑结构的振动特性进行更全面、更深入的分析，进一步了解建筑结构的自身特性，以有效避免建筑结构因振动引起的损失。

框架结构通常应用于各类工程设计中，如起重机、桥梁、航空航天结构等。框架结构的动力学问题可以通过若干种解析方法和数值方法来求解，例如动态刚度法（DSM）和有限元法。DSM 采用谐波节点激励下的控制方程的解作为形状函数来建立刚度矩阵，该方法需要控制方程的封闭解，这限制了其应用领域。近年来，有限元法在该领域得到了非常普遍的应用，但有限元法需要大量的计算机内存和较长的计算时间，这是因为准确解决这些结构的动力学问题需要许多自由度。框架结构的自由振动问题的求解方法还有矩阵位移法、传递矩阵法等，这些方法均有自身的优势，但也存在一定的劣势。例如：当框架层数较多时，会使计算量增大而计算效率降低；当框架结构的边界条件改变时，需要进行多次分析。传统 Fourier 级数法只局限于经典边界条件下的结构振动问题的求解，对于任意边界条件下框架结构的自由振动问题的求解并不适用。

基于上述一系列问题，本书采用改进 Fourier 级数法解决结构设计中的实际问题，以此来提高工作效率。该方法在传统 Fourier 级数法的基础上，叠加辅助三角函数。该方法多用于研究结构的振动问题，不仅能够解决经典边界条件下的结构振动问题，还能有效地求解任意边界下框架结构的自由振动问题。国内外对于改进 Fourier 级数法的应用主要包括求解梁、杆或板的振动特性。本书将改进 Fourier 级数法运用到框架结构中，在结构边界处引入线性弹簧控制其边界，引入弹性连接可以更好反映底部边界的作用。改进 Fourier 级数法的特点为：框架结构的底部边界不再局限于刚性连接和铰接，而可以是线性弹簧控制的任意边界条件；能够避免传统 Fourier 级数法存在的一阶导数不连续问题；易于编程，且对于不同边界、不同截面参数和材料参数重复性好，无须重复编程，只需修改结构参数，即可获得其固有频率，从而提高计算效率。

1.2 国内外研究现状

目前，框架结构的应用范围越来越广。这种结构的承重构件和围护构件的分工非常明确，从而避免了建筑结构在布置方面受到的限制；布置灵活，人们可以根据自身的空间需求进行灵活调动，使结构的利用率达到理想状态，满足使用者在结构、功能上的不同需求。结构自由振动问题是结构力学的基本问题之一，是抗震设计与结构设计的重要内容，在进行结构动力学分析之前，还需要对框架结构进行力学性能分析、计算。研究框架结构的自由振动特性需从基本构架[梁(或柱)]入手，目前梁、柱的振动问题已有较为成熟的研究成果。

1.2.1 国内研究现状

诸葛荣等基于 Timoshenko 梁的广义位移动力学原理，运用有限元法对 Timoshenko 梁及平面框架的动力学进行了计算，并将计算结果与相关文献的解析结果和试验数据进行了对比，得到了令人满意的计算精度。陈淮利用一种动态有限元法，研究了具有剪切变形和转动惯量的框架结构的动力学特性，分别对结构的纵向振动和横向振动进行了推导，通过对梁和框架的数值计算获得了其固有频率，并分析了动态有限元和一般有限元的区别。贺国京等将位移场表示为两部分，即零阶位移和高阶位移，推导出结构纵向振动和弯曲振动的动态有限元推导公式，并完善了动态有限元法的理论基础，使动态有限元法的推导工作有规律可循。

对于空间巨型框架结构而言，樊丽俭基于 Hamilton 原理利用连续质量动力学系统模型建立了其自由振动的控制微分方程，采用计算机工具中的常微分求解器分析了其振动特性。对于常规框架结构而言，赖国森采用精细元法研究了框架结构的自由振动特性，对直梁及曲梁结构单元的静态单元、动态单元进行了分析，并对结构单元进行了推导、分析。他还研究了平面框架结构和空间框架结构梁、柱连接节点处的变形协调和力之间的平衡关系。王要强对沿高度方向截面、刚度、质量不同的高层框架结构进行了连续化分析，推导出框架结构的等效刚度，并将其性质等效到刚度和质量相同的 Timoshenko 梁上；采用 Hamilton 原理推导出结构的自由振动的偏微分方程组，并根据相应的边界条件得到了结构振动的固有频率,然后对其动力学特性进行了分析。

吴兵基于精确单元法的基本理论,研究了刚架结构的优化设计问题,推导出特征值灵敏度的解析表达式,快速而准确地实现了特征值灵敏度分析,继而实现了刚架结构在频率约束下的尺寸优化设计。吕田碧等利用回传射线矩阵法研究了半刚性装配式框架结构的自由振动特性,将整体单元离散成若干单元,在局部坐标系下对结构中的梁、柱节点进行了分析;结合力学中相应的力学知识,如力的平衡条件、位移协调条件及边界条件,建立了三层框架结构的振动方程,并得到了其自振频率。

1.2.2 国外研究现状

Basci 等开发了一套适用于各种边界条件的框架结构自由振动特性分析的计算机程序,如自由-自由、固结-自由等,还将其用于对门式框架结构的动力学分析,利用位移函数得到了各单元的质量矩阵,然后利用这些质量矩阵开发出了框架结构自由振动特性分析的有限元程序。1994 年,Li 等将框架结构视为变截面剪力梁,利用 Bessel 函数研究了其模态振型,并从相关文献提供的数据求出了确定基本周期的参数,提出并讨论了框架结构的自由振动问题。他的研究表明,对于考虑剪切变形的框架结构的自由振动对基频固有频率的影响不是很显著,但对其更高阶固有频率还是有一定的影响,这些影响在研究中不可以忽视。

Moon 等(2000)基于传递动力刚度(TDSCM)建立了框架结构振动分析算法。该算法与结构从左端到右端的每个节点上的力和位移矢量有关。他们通过传递动力刚度法和有限元法的计算结果与实验结果对比,验证了该算法的有效性。

Lin 等(2003)提出了一种适用于平面串联框架动力学分析的解析-数值混合方法。该方法利用运动方程的传递矩阵解的数值实现。他们通过同时分析各段的横向和纵向振动,并考虑框架结构的适用性,将整个框架结构体系的待定变量减少至 6 个,并利用边界条件确定了待定变量,减少了有限元法等方法所涉及的矩阵维数。

Wang 等(2004)提出了一种新的求积元算法,阐述了确定高阶导数权系数的新思想,给出了新的微分求积元算法,并将其应用在对称和非对称两种框架结构的自由振动问题分析中。

Ma 等(2010)将先前关于弹性杆轴向振动问题精确解的研究扩展到弹性框架结构的动力学分析,利用齐次控制方程对横向位移场构造了新的形函数,并建立了一种新的弯曲梁单元。将新的弯曲梁单元与先前针对弹性杆开发的单元相结合,可产生适用于一般框架结构的新单元。

Goicoechea 等(2013)通过幂级数多项式确定了框架屈曲荷载,还解决了车架的自振问题;然后,对具有受压构件的平面框架的自振问题进行推广:先给出考虑轴向荷载的控制微分方程,并给出任意斜率连续杆件在每个节点处的边界条件和连续条件,对不同形式的框架结构的自由振动特性进行分析,获得了其固有频率。

Bozyigit 等(2018)应用单变量剪切变形理论(SWSDT)对考虑柔性的多层框架模型进行自由振动和谐响应分析。他们将动态刚度公式用于自由振动和谐响应分析,比较了 SWSDT 和 Timoshenko 梁理论(TBT)的计算结果,用有限元法对计算的固有频率进行了验证,通过固定支撑和柔性支撑的比例框架模型的实验数据对 SWSDT 进行了验证。

在解析分析方面,Mei 等(2008)研究了 H 形和 T 形平面框架结构弯曲和纵向耦合振动的平面内振动分析,将考虑转动惯量和剪切变形影响的 Timoshenko 梁理论应用于平面框架的弯曲振动建模，利用波动振动法得到了一个精确的解析解。Martin 等(2022)通过扩展幂级数方法确定了与平面框架相关的自由振动和失稳问题的解析解。该方法大大减少了需要处理的未知量。另外，为了获得更高的精度，其他方法需要增加未知数的数量，而该方法只需增加幂次而不增加未知数的数量。

1.2.3 国内外研究综述

上述学者对框架结构的动力学特性研究方法有两种：一种是直接研究平面框架结构中梁、柱连接处的关系，建立其自由振动的微分方程式并直接求解；另一种则是分析复杂框架结构的动力学特性，主要是将整体框架结构简化为性质相同的广义 Timoshenko 梁或柱，从而推导出结构自由振动的控制微分方程组，然后得到结构的刚度矩阵和质量矩阵，进而获得框架结构的自振频率、自振周期及振型。通过对上述研究现状分析发现，学者对于框架结构振动的研究相对有限，且难以获得解析解。笔者采用一种数值算法——改进 Fourier 级数法，通过设置一系列弹簧模拟复杂边界条件，建立弹性边界条件下框架结构的振动分析模型，并提出用于解决框架结构振动特性分析的有效方法。本书方法的特点就是，改变了传统力学方法控制边界条件的方式，通过控制弹簧刚度易于求解任意边界条件大的自由振动特性，在编程方面也易于理解且计算效率高，对梁、框架结构的动力学特性研究具有一定的参考价值。

1.3 结构动力学分析方法的发展

随着高层建筑结构越来越多，建筑结构对结构的设计要求越来越高。另外，由于大型建筑结构的振动问题会带来灾难性的毁坏，故研究者高度重视这方面的研究。目前，结构的动力学分析已经成为工程领域中的一个重要研究学科，从而也要求在该方面具备精湛的分析技术。为了使结构动力学分析方法日益完善，力学家和数学家开始致力于该方面的研究。通过研究者的不懈努力，多种分析方法出现在人们视野中，如传递矩阵法、精细积分法、有限元法等方法。同时，评价一种分析方法优缺点还与该方法的计算效率有关。计算机的出现和发展，不仅解决了一些烦琐的计算难题，而且提高了计算效率。总之，评价一种分析方法的优缺点不仅注重其理论基础，还要注重其计算效率，这两方面都要均衡。

1.3.1 主要的分析方法

对已有文献中三种不同的研究方法分别叙述如下。

1. 传递矩阵法

传递矩阵法属于一种半解析数值方法，主要应用于兵器、航空航天、机械及建筑等领域。它不仅可以分析结构的静力学问题，还能用于解决结构的动力学问题和稳定性问题。该方法的主要研究思路是，将整体结构离散为若干个单元，基于单元节点之间的力学联系，将其进行矩阵传递，并通过矩阵相乘对结构进行动力学和静力学分析。它的核心是进行传递，通过各结构单元节点之间的矩阵产生联系，进而组成一个矩阵。传递矩阵法在动力学计算中有很多的优点，如它的力学概念条理性强，具有较强的逻辑性和较高的计算效率，只需要通过各单元之间建立联系，不需要建立整体结构的动力学方程组。但是，目前传递矩阵法的研究仅局限于比较单一的结构中，如梁、杆及单层框架中，而对于多层、多跨框架结构的研究较少，至今尚未有所突破。因此，对于复杂的建筑结构而言，其应用受到了限制。

2. 精细积分法

1994年，钟万勰院士首次提出了精细积分算法这一概念。自精细积分法问世以来，其被越来越多地用于求解非齐次方程和齐次方程，在工程中发挥日益重要的作用。精细积分法在求解动态方程的齐次方程方面有其显著优点，即计算精度高且接近精确解。已有研究表明，该方法具有高效性、稳定性等优点。张洪武利用精细算法求解动力学微分方程，主要探讨了方法中迭代次数、初始截断数对其精度的影响，并提出了算法实现的改进措施；胡启平等利用精细积分法，对两端边界问题的分段混合能量矩阵进行了推导，从而获得了筒中筒结构的单元刚度矩阵，并运用初始值问题的微积分方法进行了动态时程解析；曾进等提出了一种新的精细辛算法，在辛算法中引入了精细算法，减少了运算时的四舍五入误差，从而提高了运算的精度。

目前，经国内外学者不懈努力，在非齐次结构动力学方程的研究上取得了丰硕的成果。林家浩将非齐次项转化为Fourier级数表达式的形式，进一步推出了两种计算格式，即S型精细时程积分法（HPD-S）和F型精细时程积分法（HPD-F）。其中，HPD-F是基于Fourier级数展开和常微分方程的理论建立的算法。孙建鹏等面对非齐次方程求解困难的问题，提出了一种新的方法——离散精细积分格式，该方法将非齐次微分方程转化为齐次微分方程，优化了求解过程，同时也提高了数据精度和计算效率。

3. 有限元法

有限元法是基于近代计算机的快速发展而发展起来的一种近似数值方法，目前已经成为解决力学问题的一种先进手段。有限元法最先是为了用于解决市政工程和航空工程等方面复杂的弹性结构分析问题。应用有限元法时，一般将连续化的结构区域离散为若干个子域，建立各子域内的单元刚度方程，并汇总后形成整体刚度矩阵，从而求解出相关的力学未知量。历史上：1943年，Courant在三角形区域内使用多项式函数解决了杆的圣维南扭转问题；1956年，Turner等将该方法运用于飞机构件的分析中，获得了经典离散杆、梁的单元刚度表达式。由于工程实践进一步发展，之前的有限元法已经不能满足工程技术的需求，1970年，学者研究出解决非线性和大变形的新方法，为工程的进一步发展做出了巨大的贡献。胡海昌提出了广义变分原理；钱伟长最先研究了乘子法与广义变分原理之间的关系；后来有学者又基于有限元原理开发了一系列的有限元软件，并将其用于结构的实体建模，这些有限元软件在工程实践中发挥了越来越重要的作用。

有限元法的基本思想是将所研究的结构以一定的方式（单元形状和节点个数）简化为有限个单元组成的离散化模型，节点之间用数学方程联立，再用相应的计算程序求出数值解。有限元法能够使复杂的、无从下手的工程问题简单化，但是它在建模方面的工作量非常大，而且基于建模水平和边界条件、荷载工况的模拟都会影响结果的精确度。在结构力学里，有限元法的应用常常是基于能量理论，即虚功原理或最小势能原理的。

1.3.2 增强谱法(改进 Fourier 级数法)

18 世纪,法国数学家和物理学家 Fourier 研究了三角函数,形成了三角级数理论。此理论的形成不仅对当时的数学领域产生了深刻的影响,而且对后期数学的发展产生了巨大的推动作用,带领了整个工程领域的进步。最初的 Fourier 级数法被广泛用于天文学的研究中。近些年,很多学者将 Fourier 级数法应用到结构的动力问题上:宋启根用单三角级数求解四边自由的厚板,避免了重复迭代;李丰浦将 Fourier 级数法运用到简支阶梯梁中,用正弦函数所表示的正弦曲线之和来模拟挠曲线;王克林等采用 Fourier 级数法分析了四边形板的弯曲、振动和屈曲等方面,且结果与精确解接近。

以上研究成果表明,传统 Fourier 级数法在工程结构方面的用途越来越广泛,但是该方法在某些方面也存在一定的缺陷,比如,以简单 Euler 梁结构的自由振动为题,采用传统的 Fourier 级数法就会产生在梁端不连续的问题,其解释如下。

根据弹性力学知识,等截面 Euler 梁自由振动的动力平衡方程为

$$\rho A\,\frac{\partial^2 w(x)}{\partial x^2}+EI\,\frac{\partial^4 w(x)}{\partial x^4}=0 \tag{1-1}$$

式中:$w(x)$是梁的位移函数;ρ、E 分别为材料的密度、弹性模量;A 为横截面面积;I 为截面对中性轴的转动模量。

从式(1-1)可以看出,该方程是一个四阶偏微分方程,如果位移函数采用只含三角余弦函数的传统 Fourier 级数表示,会出现即使余弦函数在$[-L,0]$或$[0,L]$区间收敛,但其导数 $w'(x)$在端点处发生跳跃,即位移函数 $w(x)$不能同时满足三阶连续、可导且四阶导数存在的情况,从而导致在端点处出现不连续的现象,如图 1-1 所示。

基于上述情况,Li 在其基础上进行了改进,提出一种改进 Fourier 级数法来解决端点处出现的不连续问题,其位移函数 $w(x)$用余弦函数为主函数叠加正弦函数为辅助函数进行表示,即

$$w(x)=w_{主}(x)+w_{辅}(x)=\sum_{i=0}^{\infty}\cos(\lambda_i x)+\sum_{i=-4}^{-1}\sin(\lambda_i x) \tag{1-2}$$

式中:$\lambda_i=i\pi/L$。而对于该方法的 $w_{主}=\sum_{i=0}^{\infty}\cos(\lambda_i x)$在区间$[-L,0]$或$[0,L]$的任意位置均连续、可导,且引入正弦函数后位移函数满足求解域内三阶连续、可导且四阶导数存在,如图 1-2 所示。

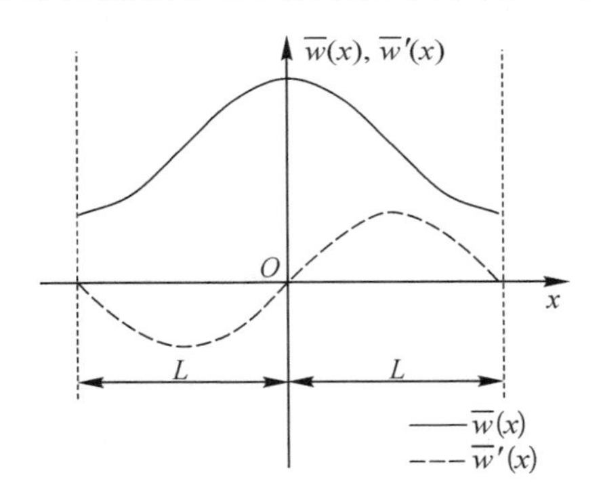

图 1-1 传统 Fourier 级数法端点处不连续示意图

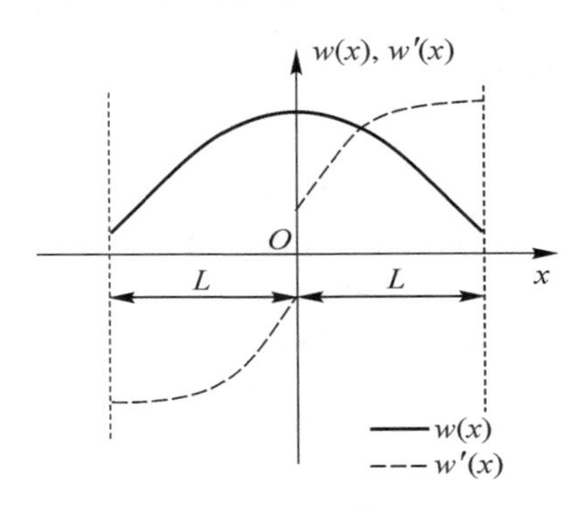

图 1-2 解决方法示意图

同时，引入的辅助函数满足

$$w'_{辅}(x)\big|_{x=0}=w'(x)\big|_{x=0},\ w'_{辅}(x)\big|_{x=L}=w'(x)\big|_{x=L} \tag{1-3}$$

$$w'''_{辅}(x)\big|_{x=0}=w'''(x)\big|_{x=0},\ w'''_{辅}(x)\big|_{x=L}=w'''(x)\big|_{x=L} \tag{1-4}$$

在两端为弹性约束的梁变形问题中，梁位移函数 $w(x)$ 可设为带补充项的正弦函数，其中补充项取为三次函数 $F(x)$，具体如下：

$$\begin{aligned} w(x) &= \sum_{n=1}^{\infty} w_n \sin\frac{n\pi x}{L} + F(x) \\ &= \sum_{n=1}^{\infty} w_n \sin\frac{n\pi x}{L} + (Ax^3+Bx^2+Cx+D) \end{aligned} \tag{1-5}$$

式中：函数 $F(x)$ 可满足梁两端的位移边界和弯矩边界条件，即

$$\left.\begin{aligned} F(0) &= w_0 \\ F(L) &= w_1 \\ F''(0) &= w''(0) = -\frac{M_0}{EI} \\ F''(L) &= w''(L) = -\frac{M_1}{EI} \end{aligned}\right\} \tag{1-6}$$

式中：w_0、w_1 为梁两端的位移；M_0、M_1 为梁两端的弯矩。

由式(1-6)定出函数 $F(x)$ 中的参数 A、B、C 和 D，再代回式(1-5)整理可得

$$w(x)=\sum_{n=1}^{\infty} w_n \sin\frac{n\pi x}{L}+\frac{M_0L^2}{6EI}\left(\frac{2x}{L}-3\frac{x^2}{L^2}+\frac{x^3}{L^3}\right)+\frac{M_1L^2}{6EI}\left(\frac{x}{L}-\frac{x^3}{L^3}\right)+w_0\left(1-\frac{x}{L}\right)+w_1\frac{x}{L} \tag{1-7}$$

类似地，可建立位移函数带补充项的余弦函数，其中补充项取为四次函数 $G(x)$。位移函数的具体形式如下：

$$w(x)=\sum_{n=1}^{\infty} w_n \cos\frac{n\pi x}{L}+\frac{Q_0L^2x}{24EI}\left(\frac{4x}{L}-4\frac{x^2}{L^2}+\frac{x^3}{L^3}\right)+\frac{Q_LLx}{24EI}\left(2\frac{x}{L}-\frac{x^3}{L^3}\right)+\frac{\theta_0}{2}x\left(2-\frac{x}{L}\right)+\frac{\theta_L}{2}\frac{x^2}{L} \tag{1-8}$$

可以验证，$G(x)$ 满足梁两端的转角边界和剪力边界条件，即

$$\left.\begin{aligned} G'(0) &= \theta_0 \\ G'(L) &= \theta_1 \\ G'''(0) &= w'''(0) = -\frac{Q_0}{EI} \\ G'''(L) &= w'''(L) = -\frac{Q_1}{EI} \end{aligned}\right\} \tag{1-9}$$

式中：θ_0、θ_1 为梁两端的转角；θ_0、θ_1 为梁两端的剪力。

改进 Fourier 级数法的提出吸引了众多学者对该方法的研究，他们将其应用于结构工程的各个方面。周海军等将改进 Fourier 级数法运用到考虑集中质量及回旋效应的 Euler 梁上，利用该方法推导出结构的质量矩阵、刚度矩阵及激励力矩阵，并成功解决了弹性边界不连续的难题；李文达等运用改进 Fourier 级数法研究了圆柱壳的自由振动，边界处引入约束弹簧刚度约束边界条件，进而得到了结构的固有频率；周渤、石先杰利用改进 Fourier 级

数法表示连续多跨 Euler 梁的挠度函数，在多跨梁的两端及耦合边界引入线性弹簧控制边界条件，解决了其在求解过程中边界处存在的不连续或者跳跃难题；鲍四元等将改进 Fourier 级数法运用于弹性地基上变截面 Euler 梁的自由振动，对不同截面形状地基梁的振动特性进行了分析，发现该方法在弹簧刚度系数和 Fourier 级数方面都能够快速收敛；张帅等将改进 Fourier 级数法运用到研究板复杂组合壳的自由振动特性中，通过弹性弹簧控制结构之间的耦合边界，来满足位移、转角等力学性能的连续性，此方法不仅避免了传统 Fourier 级数法在结构端点处及耦合处不连续性的现象，还提高了计算的收敛精度和速度；王吉等基于 Euler 梁原理研究了矩形薄板的弯曲振动问题，采用线性弹簧控制板的边界条件，探究了弹簧刚度值的合理取值，最后采用改进 Fourier 级数法获得了双参数地基上板的固有频率。以上研究说明了改进 Fourier 级数法的应用包括单梁、连续梁、变截面梁、板、组合结构。该方法在结构工程中发挥着重要的作用。

1.4 本书的主要内容

梁、杆结构是建筑结构中最基本的构件，也是组成框架结构的重要组成部分。基于增强谱法(改进 Fourier 级数法)，本书主要对梁、框架结构的自由振动特性进行分析。本书的工作及研究成果如下：

(1)以基本构件梁为切入点，以 Euler 梁和 Timoshenko 梁为研究对象：采用改进 Fourier 级数法分别推导出其自由振动的表达式；通过对弹簧刚度值和 Fourier 截断数对收敛性的影响分析，验证该方法的可行性；通过数值算例研究任意边界下 Euler 梁和双跨、三跨 Timoshenko 梁的固有频率，并绘制出相应的振型图。

(2)对于高层框架结构的自由振动特性，本书基于等效连续化模型，将其简化为连续化的广义 Timoshenko 悬臂梁模型，并利用力学知识将框架结构的等效刚度和等效质量转化为同性能的 Timoshenko 梁，底层再用弹性支座控制其边界条件，因此，将问题归结为底部为弹性支座的 Timoshenko 悬臂梁的自由振动问题。

(3)基于 Euler 梁理论，采用新型改进 Fourier 级数法(IFSM)研究有侧移和无侧移单层框架和双层框架的自由振动。将整体框架结构离散化为各单元梁，每个单元构件只考虑其弯曲变形，即结构仅包含弯曲势能和动能。最后将各个单元进行组装，通过计算机程序得到结构的自振频率。

(4)以考虑剪切变形的单层框架结构为研究对象，对其自由振动问题进行研究。在上述研究中考虑结构剪切变形的影响，其中每个梁或柱单元应用改进 Fourier 级数形式，对应于 Timoshenko 梁的常规有限元形函数只需 2 个，附加的三角函数为正弦函数形式。

(5)采用改进 Fourier 级数法，推导 Timoshenko 梁结构的静变形公式，获得 Timoshenko 梁结构在复杂荷载作用下的静力弯曲挠度以及相应的静力学特性，并利用改进 Fourier 级数法推导出多跨支撑梁和组合 L 形梁的静变形结果以及相关的力学变量，发现其能适用于任意不同边界条件的梁结构。

(6)采用改进 Fourier 级数法，推导外荷载作用下的弹性地基梁的静变形公式，获得弹性地基梁在复杂荷载作用下的静力学特性。分析过程中，考虑梁自重、施加载荷类型、梁的特性随梁长的变化情况等因素的影响。

(7)研究任意边界条件下曲梁的面内、面外自由振动问题，所用方法为改进 Fourier 级数法，并对组合曲梁面内自由振动进行初步探索。

(8)在数值算例中，除使用本书的方法得到数值结果外，还利用有限元软件对结构进行建模，并将模型进行振型分析，提取出结构的固有频率和振型图。通过有限元法的数值结果与本书的数值结果的对比，验证所提方法的稳定收敛性、高计算效率和高精度。

参考文献

[1] LEUNG A Y T. Dynamic stiffness for structures with distributed deterministic or random loads[J]. Journal of Sound and Vibration,2001,3(242):377 - 395.

[2] 陈淮. 考虑剪切变形的框架结构动力分析的动态有限元法[J]. 地震工程与工程振动，1994(2):102 - 113.

[3] GÉRADIN M,CHEN S L. An exact model reduction technique for beam structures: combination of transfer and dynamic stiffness matrices[J]. Journal of Sound and Vibration,1995,185(3):431 - 440.

[4] OHGA M,SHIGEMATSU T,HARA T. Structural analysis by a combined finite element-transfer matrix method[J]. Computers and Structures,1986,17(3):321 - 326.

[5] 诸葛荣，陈全公. 框架振动的有限元分析：Timoshenko 梁理论的应用[J]. 上海海运学院学报，1982,3(4):9 - 24.

[6] 樊丽俭. 空间巨型框架结构的自由振动[J]. 长安大学学报(自然科学版)，2004,24(5):68 - 71.

[7] 吴兵. 基于精确单元的刚架结构自由振动分析与优化设计[D]. 广州：华南理工大学，2014.

[8] LI Q, CAO H,LI G Q. Analysis of free vibrations of tall buildings[J]. Journal of Engineering Mechanics,1994,9(120):1861 - 1876.

[9] 吕田碧，严蔚，李俊华，等. 装配式框架结构的自由振动特性分析[J]. 宁波大学学报(理工版)，2020,33(1):88 - 94.

[10] LIN H P,RO J. Vibration analysis of planar serial-frame structures[J]. Journal of Sound and Vibration,2003,5(262):1113 - 1131.

[11] MOON D H, CHOI M S. Vibration analysis for frame structures using transfer of dynamic stiffness coefficient[J]. Journal of Sound and Vibration,2000,234(5):725 - 736.

[12] WANG X W, WANG Y L, ZHOU Y, et al. Application of a new differential quadrature element method to free vibrational analysis of beams and frame structures[J]. Journal of Sound and Vibration,2004,269(3/4/5):1133 - 1141.

[13] MEI C. Wave analysis of in-plane vibrations of H-and T-shaped planar frame

structures[J]. American Physical Society,2008,6(130): 227 - 230.

[14] MA H. Exact solution of vibration problems of frame structures[J]. International Journal for Numerical Methods in Biomedical Engineering,2010,26(5):587 - 596.

[15] BOZYIGIT B Y Y. Natural frequencies and harmonic responses of multi-story frames using single variable shear deformation theory[J]. Mechanics research communications,2018(92): 1 - 9.

[16] HÉCTOR M,CLAUDIO M,MARCELO P,et al. Natural vibrations and instability of plane frames: exact analytical solutions using power series[J], Engineering Structures,2022(252): 1 - 11.

[17] 郑学军,刘庆潭,王晓光. 刚架结构动力分析的传递矩阵法[J]. 长沙铁道学院学报,1996,14(3):90 - 95.

[18] 曾进,周钢,孙薇荣. 精细辛算法[J]. 上海交通大学学报,1997(9):33 - 35.

[19] 钟万勰. 结构动力方程的精细时程积分法[J]. 大连理工大学学报,1994,34(2):131 - 136.

[20] TSAI H C. A distributed-mass approach for dynamic analysis of Bernoulli-Euler plane frames[J]. Journal of Sound and Vibration,2010,329(18):3744 - 3758.

[21] 向宇. 分析结构自由振动的传递矩阵精确形式[J]. 振动与冲击,1999,18(2):71 - 76.

[22] 钱伟长. 弹性理论中广义变分原理的研究及其在有限元计算中的应用[J]. 力学与实践,1979,1(2):18 - 27.

[23] 武娜. 傅里叶级数的起源和发展[D]. 石家庄:河北师范大学,2008.

[24] 王克林,李璐,汤翔,等. 有自由边的各向异性平行四边形板的弯曲、振动与屈曲的傅里叶分析[J]. 工程力学,2008,25(3): 31 - 37.

[25] LI W L. Vibration analysis of rectangular plates with general elastic boundary supports[J]. Journal of Sound and Vibration,2004(273): 619 - 635.

[26] LI W L,ZHANG X,DU J. An exact series solution for the transverse vibration of rectangular plates with general elastic boundary supports[J]. Journal of Sound and Vibration,2009,321 (1/2): 254 - 269.

[27] ZIENKIEWICZ O C. The finite element method: From intuition to generality[J]. Applied Mechanics Reviews,1970,3(23): 249 - 256.

[28] 孙建鹏,李青宁. 结构动力方程的离散精细积分格式[J]. 西安建筑科技大学学报(自然科学版),2010,1(42): 42 - 46.

[29] LIN J H,SHEN W P,WILLAMS F W. A high precision direct integration scheme for structures subjected to transient dynamic loading[J]. Computers and Structures,1995,56(1): 113 - 120.

[30] 李文达,杜敬涛,杨铁军,等. 基于改进傅里叶级数方法的旋转功能梯度圆柱壳振动特性分析[J]. 哈尔滨工程大学学报,2016,3(37): 388 - 393.

第一篇　直梁结构

第2章　梁结构的振动特性分析

2.1 引　　言

在对普通的三梁平面框架结构进行自由振动分析时，可以将整体结构离散为若干个杆系结构。若将每个杆件看作一个单元，基于 Euler 梁理论可获得结构的振动频率及振型。对于体型庞大、连接点复杂等特性限制的高层框架结构而言，国内外学者通常基于力学性质，采用连续化方法将大型结构转化为广义 Timoshenko 梁、柱结构，以便于研究建筑结构的动力学特性。包世华等对大型高层建筑结构的自由振动特性进行了分析，研发出一种沿轴向方向分段连续化的方法建立结构水平振动微分方程组，利用数学软件 COLSYS 获得了结构自由振动的固有频率和振型图；李丛林等将几种高层建筑结构连续化处理后，均采用了等效柱计算模型，再用矩阵位移法分析；陈继峰将框架结构和框剪结构简化为刚性地基上的等截面 Timoshenko 梁，利用结构的边界条件和数值求解器对结构进行自由振动分析，进而得到了结构的周期和固有频率。

Euler 梁和 Timoshenko 梁的在工程上的应用范围极为广泛，各种建筑结构基本都是在这两种梁理论基础上分析的。在梁结构的自由振动特性方面，相关文献采用了一种在传统 Fourier 级数形式上增加四项正弦辅助函数的方式，用来表示多跨 Euler 梁中的每段梁的挠度函数，然后利用 Hamilton 原理将结构的自由振动问题转化为求解线性矩阵特征值的数学问题，从而求解出多跨 Euler 梁结构自由振动的固有频率和振型图；潘旦光等基于 Timoshenko 梁的基本原理，研究了考虑剪切变形因素的两种形式的梁，即截面沿轴向方向变化和阶跃式变化，进而得到了变截面 Timoshenko 梁的固有频率和振型图；武兰河等基于微分容积单元法处理了梁结构的偏微分方程和边界条件，利用所得线性矩阵方程组求解了 Timoshenko 梁的固有频率；王乐等基于 Timoshenko 梁受轴力的平衡方程与梁结构的力和位移之间的力学关系，对 Timoshenko 梁结构在轴力作用时建立了结构自由振动偏微分方程，利用分离变量法求解了受轴力 Timoshenko 梁在自由边界下自由振动的固有频率；唐安烨假定 Timoshenko 梁的横截面刚度、转动惯量和分布质量为标准指数函数形式，建立了梁结构横向自由振动的偏微分方程，依照梁端边界自由的条件得到梁结构横向振动的固有频率。

本章基于 Euler 梁和 Timoshenko 梁的基本理论研究其自由振动特性，并进一步研究多段梁的自由振动特性。梁模型采用系列弹簧组件和刚度系数模拟边界条件，基于增强谱法(改进 Fourier 级数法)，给出能够满足边界条件的位移函数表达式，即以传统 Fourier 级数附加多项式三角函数的辅助函数形式，避免梁两端产生不连续的问题；然后将能量表达式代入 Lagrange 函数中，采用 Rayleigh-Ritz 法，将结构振动问题转化为数值求解矩阵特征值的问题，继而获得结构的固有频率，并将其代入位移函数中即可得到相应的振型图。

2.2 Euler 梁的自由振动

2.2.1 动力学模型

选取单跨任意边界的 Euler 梁结构为研究对象，其自由振动模型如图 2-1 所示。假设梁的长度为 L，横向位移为 $w(x)$，在梁左、右两端分别设置横向弹簧和扭转约束弹簧来模拟不同边界条件。在 $x=0$ 和 $x=L$ 边界处的横向弹簧的刚度值的大小分别为 k_0、k_1，在 $x=0$ 和 $x=L$ 边界处的扭转弹簧的刚度值大小分别为 K_0、K_1。当弹簧刚度值 k_0、K_0 均趋于无穷大时，即表示 $x=0$ 边界处为固支(用字母 C 表示)；当弹簧刚度值 k_0、K_0 均为 0 时，即表示该端边界自由(用字母 F 表示)；当弹簧刚度值 k_0 趋于无穷大，K_0 为 0 时，即表示该端边界简支(用字母 S 表示)。

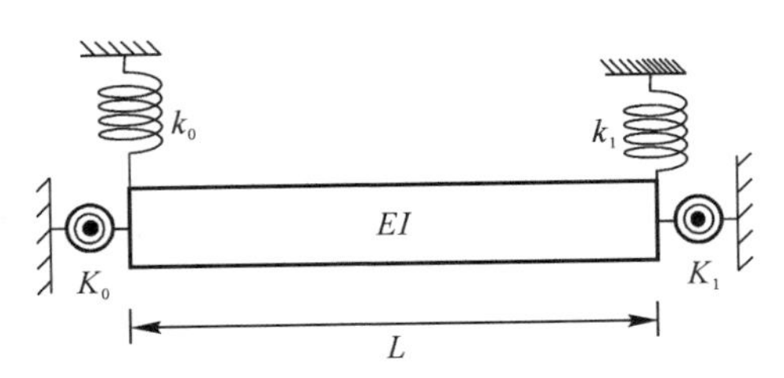

图 2-1 Euler 梁的振动模型

2.2.2 位移函数的表示

传统的 Fourier 级数法表征位移函数不能满足位移导数可能存在的不连续的问题，因而采用 Fourier 余弦级数与辅助正弦级数组合而成的改进 Fourier 级数法，以分析 Euler 梁的自由振动问题。

Euler 梁位移基于改进 Fourier 级数法的形式为

$$w(x)=\sum_{i=-4}^{\infty}A_i f_i(x)=\sum_{i=-4}^{-1}A_i\sin\lambda_i x+\sum_{i=0}^{\infty}B_i\cos\lambda_i x\quad(0\leqslant x\leqslant L)\tag{2-1}$$

式中：A_i 和 B_i 为位移函数中未知的 Fourier 系数；f_i 为基本函数；$\lambda_i=i\pi/L$，L 为梁的长度。

2.2.3　动力学表达式及其求解

对图2-1动力学模型进行分析，分别表示出结构的总势能V、总动能T；然后基于Lagrange函数和Hamilton原理求解得到梁结构自由振动特性方程，再求解得到其固有频率。由于Euler梁结构忽略了剪切效应的影响，故弹簧的弹性势能V_1及梁的弯曲应变能V_2分别为

$$V_1=\frac{1}{2}[k_0w^2(x)|_{x=0}+k_1w^2(x)|_{x=L}]+\frac{1}{2}\left[K_0\left(\frac{\mathrm{d}w(x)}{\mathrm{d}x}\right)^2\bigg|_{x=0}+K_1\left(\frac{\mathrm{d}w(x)}{\mathrm{d}x}\right)^2\bigg|_{x=L}\right] \tag{2-2}$$

$$V_2=\frac{1}{2}EI\int_0^L\left(\frac{\mathrm{d}^2w(x)}{\mathrm{d}x^2}\right)^2\mathrm{d}x \tag{2-3}$$

式中：E为弹性模量；I为截面惯性矩；V_1和V_2为计入位移随时间的变化。实际上，自由振动时位移随时间按照正弦(余弦)函数变化，如可设$w(x,t)=w(x)\mathrm{e}^{\mathrm{i}\omega t}$。梁的动能$T$为

$$T=\frac{1}{2}\rho A\int_0^L\left[\frac{\partial w(x,t)}{\partial t}\right]^2\mathrm{d}x \tag{2-4}$$

式中：ρ为材料密度；A为截面面积。

可得Euler梁结构的Lagrange函数为

$$L=V_1+V_2-T_{\max} \tag{2-5}$$

将$w(x,t)=w(x)\mathrm{e}^{\mathrm{i}\omega t}$、式(2-2)～式(2-4)代入式(2-5)，然后基于Hamilton原理对未知系数A_i求极值，即

$$\frac{\partial L}{\partial A_i}=0\quad(i=-4,-3,\cdots,N) \tag{2-6}$$

由式(2-6)可得Euler梁结构振动的标准特征方程为

$$(\boldsymbol{K}-\omega^2\boldsymbol{M})\boldsymbol{A}=\boldsymbol{0} \tag{2-7}$$

式中：$\boldsymbol{K}$为梁结构的刚度矩阵；$\boldsymbol{M}$为梁结构的质量矩阵；$\boldsymbol{A}$为未知Fourier展开系数向量，即

$$\boldsymbol{A}=[A_{-4}\quad A_{-3}\quad A_{-2}\quad A_{-1}\quad A_0\quad A_1\quad\cdots\quad A_N] \tag{2-8}$$

式(2-7)有非零解的条件是

$$|\boldsymbol{K}-\omega^2\boldsymbol{M}|=0 \tag{2-9}$$

解式(2-9)对应的特征矩阵特征值问题，可得Euler梁自由振动的固有频率。

2.3　Timoshenko梁的自由振动

2.3.1　单跨Timoshenko梁的振动模型

基于Timoshenko梁的基本原理，其基本方程中的变量一般包括法向转角和横向位移。将弯曲引起的法向转角消去，得横向位移描述结构的自由振动微分方程，即

$$EI\frac{\partial^4 w(x)}{\partial x^4}+\rho A\frac{\partial^2 w(x)}{\partial t^2}-\rho I\left(1+\frac{E}{\kappa G}\right)\frac{\partial^4 w(x)}{\partial x^2\partial t^2}+\frac{\rho^2 I}{\kappa G}\frac{\partial^4 w(x)}{\partial t^4}=0 \qquad (2-10)$$

式中：E 为材料的弹性模量；G 为剪切模量；κ 剪切修正系数。

如图 2－2 所示，考虑长度为 L、截面面积为 A、截面惯性矩为 I 的单跨 Timoshenko 梁，做横向弯曲振动。梁左、右两端分别设置横向弹簧（刚度值分别为 k_0、k_1）和扭转弹簧（刚度值分别为 K_0、K_1），本方法的特点就是将由传统力学理论控制边界条件转化为由弹簧的弹性势能控制梁端边界条件，即转化表达式为

$$\begin{cases}M(0,t)=K_0\varphi(0,t),Q(0,t)=-K_0 w(0,t) & (x=0)\\ M(L,t)=-K_1\varphi(L,t),Q(L,t)=K_1 w(L,t) & (x=L)\end{cases}$$

式中：M 为结构的弯矩（$M=EI\partial\varphi/\partial x$）；$Q$ 为结构的剪力，$Q=-k'GA[\partial w(x)/\partial x-\varphi]$；$\varphi$ 为转角的函数。

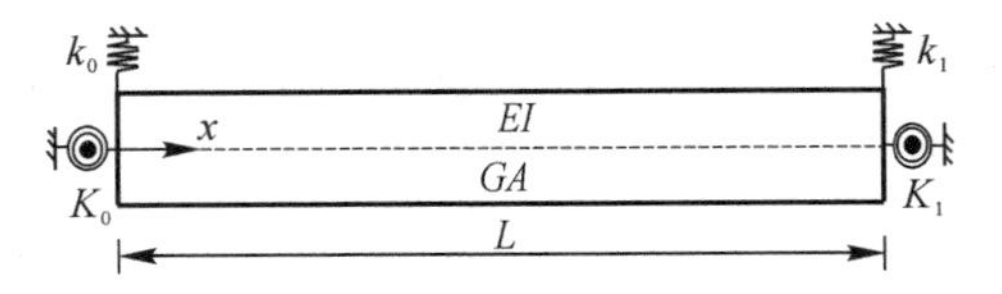

图 2－2　单跨 Timoshenko 梁自由振动模型

1. 位移函数表达式

传统 Fourier 级数法表征位移函数，位移导数在边界处可能存在的不连续的问题，因而采用 Fourier 余弦级数与辅助正弦级数相组合而成的改进 Fourier 级数法，以分析 Timoshenko 梁的自由振动问题。

根据 Timoshenko 梁理论，用横向位移和弯曲引起的法向转角两个自变量来描述梁的变形，单跨 Timoshenko 梁位移和转角函数的改进 Fourier 级数形式可以表示为

$$\left.\begin{aligned}w(x)&=\sum_{i=-2}^{\infty}A_i f_i(x)=\sum_{i=-2}^{-1}A_i\sin(\lambda_i x)+\sum_{i=0}^{\infty}A_i\cos(\lambda_i x)\\ \varphi(x)&=\sum_{i=-2}^{\infty}B_i g_i(x)=\sum_{i=-2}^{-1}B_i\sin(\lambda_i x)+\sum_{i=0}^{\infty}B_i\cos(\lambda_i x)\end{aligned}\right\} \qquad (2-11)$$

式中：A_i、B_i 为未知 Fourier 系数；f_i、g_i 为基本函数；$\lambda_i=i\pi/L$，L 为梁长。

2. 求解模型固有频率

为使表达式无量纲化，引入无量纲坐标 $\xi=\dfrac{x}{L}$ 和如下参数：

$$\left.\begin{aligned}\Omega^2&=\rho A\omega^2 L^4/(EI\pi^4)\\ \gamma&=\kappa GAL^2/(EI)\\ \eta&=I/(AL^2)\end{aligned}\right\} \qquad (2-12)$$

为计算不同边界条件下变截面梁的固有频率，本书采用单跨 Timoshenko 梁模型分析，该模型考虑剪切变形与转动惯量对梁振动模态的影响，此时单跨梁的弯曲势能和剪切势能表达式为

$$
\begin{aligned}
V_1 &= \frac{1}{2}EI\int_0^L\left[\frac{\mathrm{d}\varphi(x)}{\mathrm{d}x}\right]^2\mathrm{d}x+\frac{1}{2}\kappa GA\int_0^L\left[\varphi(x,t)-\frac{\mathrm{d}w(x)}{\mathrm{d}x}\right]^2\mathrm{d}x \\
&= \frac{EI}{2L}\int_0^1\left[\frac{\mathrm{d}\varphi(\xi)}{\mathrm{d}\xi}\right]^2\mathrm{d}\xi+\frac{EI}{2L}\gamma\int_0^1\left[\varphi(\xi)-\frac{\mathrm{d}w(\xi)}{L\mathrm{d}\xi}\right]^2\mathrm{d}\xi
\end{aligned} \tag{2-13}
$$

其中，梁位移和转角随时间具有简谐振动的规律，即

$$
\left.\begin{aligned}
\varphi(x,t) &= \frac{1}{L}\varphi(\xi)\mathrm{e}^{\mathrm{i}\omega t} \\
w(x,t) &= w(x)\mathrm{e}^{\mathrm{i}\omega t}
\end{aligned}\right\} \tag{2-14}
$$

单跨梁结构的边界弹簧势能表达式为

$$
V_2 = \frac{1}{2}\left[k_0w^2(0)+k_1w^2(L)+K_0\varphi^2(0)+K_1\varphi^2(L)\right] \tag{2-15}
$$

单跨梁做简谐振动时产生的最大动能为

$$
\begin{aligned}
T_{\max} &= \frac{1}{2}\rho A\int_0^L\left[\frac{\partial w(x,t)}{\partial t}\right]^2\mathrm{d}x+\frac{1}{2}\rho I\int_0^L\left[\frac{\partial\varphi(x,t)}{\partial t}\right]^2\mathrm{d}x\Bigg|_{\max} \\
&= \frac{EI}{2L}\Omega^2\pi^4\int_0^1\left[w^2(\xi)+\eta\varphi^2(\xi)\right]\mathrm{d}\xi
\end{aligned} \tag{2-16}
$$

单跨 Timoshenko 梁的 Lagrange 函数为 $L=V_1+V_2-T_{\max}$，基于 Hamilton 原理对未知 Fourier 系数求极值得

$$
\left.\begin{aligned}
\frac{\partial L}{\partial A_i} &= 0 \\
\frac{\partial L}{\partial B_i} &= 0
\end{aligned}\right\}\quad (i=-2,-1,\cdots,N) \tag{2-17}
$$

式中：N 为 Fourier 截断数。为方便起见，对于 $w(\xi)$ 和 $\varphi(\xi)$ 取相同 Fourier 截断数，故将 Fourier 级数统一截断至 $N+3$ 项。

由式(2-17)得 Timoshenko 梁结构振动的特征频率方程，即

$$
\begin{bmatrix}\boldsymbol{K}_{n\bar{n}} & \boldsymbol{K}_{n\bar{m}} \\ \boldsymbol{K}_{m\bar{n}} & \boldsymbol{K}_{m\bar{m}}\end{bmatrix}\begin{bmatrix}\boldsymbol{A} \\ \boldsymbol{B}\end{bmatrix}-\Omega^2\pi^4\begin{bmatrix}\boldsymbol{M}_{n\bar{n}} & \boldsymbol{M}_{n\bar{m}} \\ \boldsymbol{M}_{m\bar{n}} & \boldsymbol{M}_{m\bar{m}}\end{bmatrix}\begin{bmatrix}\boldsymbol{A} \\ \boldsymbol{B}\end{bmatrix}=\begin{bmatrix}\boldsymbol{0} \\ \boldsymbol{0}\end{bmatrix} \tag{2-18}
$$

式中

$$
\boldsymbol{K}_{n\bar{n}} = \gamma\int_0^1\frac{\mathrm{d}f_n(\xi)}{\mathrm{d}\xi}\frac{\mathrm{d}f_{\bar{n}}(\xi)}{\mathrm{d}\xi}\mathrm{d}\xi+\frac{L}{EI}\left[k_0f_n(0)f_{\bar{n}}(0)+k_1f_n(L)f_{\bar{n}}(L)\right] \tag{2-19}
$$

$$
\boldsymbol{K}_{n\bar{m}} = \gamma\int_0^1\frac{\mathrm{d}f_n(\xi)}{\mathrm{d}\xi}g_{\bar{m}}(\xi)\mathrm{d}\xi \tag{2-20}
$$

$$
\boldsymbol{K}_{m\bar{n}} = \gamma\int_0^1 g_m(\xi)\frac{\mathrm{d}f_{\bar{n}}(\xi)}{\mathrm{d}\xi}\mathrm{d}\xi \tag{2-21}
$$

$$
\boldsymbol{K}_{m\bar{m}} = \int_0^1\left[\frac{\mathrm{d}g_m(\xi)}{\mathrm{d}\xi}\frac{\mathrm{d}g_{\bar{m}}(\xi)}{\mathrm{d}\xi}+\gamma g_m(\xi)g_{\bar{m}}(\xi)\right]\mathrm{d}\xi+\frac{L}{EI}\left[K_0g_m(0)g_{\bar{m}}(0)+K_1g_m(L)g_{\bar{m}}(L)\right] \tag{2-22}
$$

$$
\left.\begin{aligned}
\boldsymbol{M}_{n\bar{n}} &= \int_0^1 f_n(\xi)f_{\bar{n}}(\xi)\mathrm{d}\xi \\
\boldsymbol{M}_{n\bar{m}} &= \boldsymbol{M}_{m\bar{n}} = \boldsymbol{0}
\end{aligned}\right\} \tag{2-23}
$$

$$\boldsymbol{M}_{m\bar{m}} = \eta\int_0^1 g_m(\xi)g_{\bar{m}}(\xi)\mathrm{d}\xi \quad (n,\bar{n},m,\bar{m} = -2,-1,0,\cdots,N) \tag{2-24}$$

$$\left.\begin{aligned}\boldsymbol{A} &= [A_{-2} \quad A_{-1} \quad A_0 \quad \cdots \quad A_N]\\ \boldsymbol{B} &= [B_{-2} \quad B_{-1} \quad B_0 \quad \cdots \quad B_N]\end{aligned}\right\} \tag{2-25}$$

解式(2-16)对应的标准矩阵特征值问题，可以得到无量纲特征值 $\Omega_j(j=1,2,\cdots,2N+6)$和特征向量，且特征向量的各分量对应于级数展开时的未知系数 A_i 和 B_i；再将对应的特征向量代入式(2-11)，可得相应振型下结构的任意阶振型图。

2.3.2 两跨 Timoshenko 梁的振型

设 Timoshenko 梁的材料密度为 ρ，高度为 h，转角为 φ，横截面面积为 A，截面对中性轴的惯性矩为 I，在梁上、下两端分别设置系列弹簧组件，通过设置弹簧的刚度系数来模拟弹簧边界条件，两段梁的连接处利用线弹簧进行约束处理，从而建立两跨 Timoshenko 梁自由振动的动力分析模型，如图 2-3 所示。其中 K_0、K_1 和 K_2 分别代表 $x=0$、$x=L_1$(中间耦合处)和 $x=L_2$(边界处)所添加的扭转弹簧刚度值，k_0、k_1 和 k_2 分别代表 $x=0$、$x=L_1$ 和 $x=L_2$ 边界处或耦合处所添加的横向弹簧刚度值。

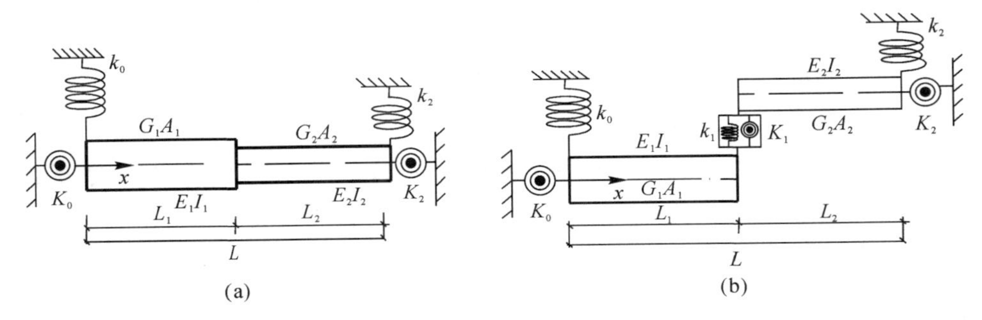

图 2-3 两跨 Timoshenko 梁自由振动模型

(a)原结构模型； (b)中间耦合模型

1. 位移函数表达式

当 Timoshenko 梁结构做自由振动时，采用改进 Fourier 级数形式分别表示其横向位移和法向转角的函数，即

$$\left.\begin{aligned}w(x) &= \sum_{i=-2}^{\infty} Af_i(x) = \sum_{i=-2}^{-1} A_i\sin(\lambda_i x) + \sum_{i=0}^{\infty} A_i\cos(\lambda_i x)\\ \varphi(x) &= \sum_{i=-2}^{\infty} B_i f_i(x) = \sum_{i=-2}^{-1} B_i\sin(\lambda_i x) + \sum_{i=0}^{\infty} B_i\cos(\lambda_i x)\end{aligned}\right\} \tag{2-26}$$

式中：A_i、B_i 为位移函数中未知的 Fourier 系数；f_i 为基本函数；$\lambda_i = i\pi/L$，L 为梁的长度。

2. 求解模型固有频率

首先对图 2-3 的梁结构进行能量表达，分别表示出该结构自由振动的总势能和最大动能，然后基于 Hamilton 原理，利用 Raylelgh-Ritz 法得到系数满足的线性方程组，进而获得不同边界条件下 Timoshenko 梁的固有频率和振型图。

引入无量纲坐标和参数：

$$\left.\begin{aligned}\xi_a &= \frac{x}{L_a}\\ \Omega^2 &= \rho_1 A_1 \omega^2 L^4/(E_1 I_1 \pi^4)\end{aligned}\right\} \tag{2-27}$$

式中：a 表示第 a 段 Timoshenko 梁，且 $a=1,2$。

两段 Timoshenko 梁的总势能由三部分组成，即弯曲应变能 V_1、剪切应变能 V_2 及弹簧的弹性势能 V_3。其弯曲应变能表示为

$$\begin{aligned}V_1 &= \frac{1}{2}E_1 I_1 \int_0^{L_1}\left[\frac{\mathrm{d}\varphi_1(x)}{\mathrm{d}x}\right]^2 \mathrm{d}x + \frac{1}{2}E_2 I_2 \int_0^{L_2}\left[\frac{\mathrm{d}\varphi_2(x,t)}{\mathrm{d}x}\right]^2 \mathrm{d}x\\ &= \frac{E_1 I_1}{2L_1}\int_0^1\left[\frac{\mathrm{d}\varphi_1(\xi)}{\mathrm{d}\xi}\right]^2 \mathrm{d}\xi + \frac{E_2 I_2}{2L_2}\int_0^1\left[\frac{\mathrm{d}\varphi_2(\xi)}{\mathrm{d}\xi}\right]^2 \mathrm{d}\xi\end{aligned} \tag{2-28}$$

式中：E_i、I_i 分别为第 i 段梁的弹性模量和截面对中性轴的惯性矩。而梁的剪切应变能为

$$\begin{aligned}V_2 &= \kappa G_1 A_1 \int_0^{L_1}\left[\frac{\partial w_1(x,t)}{\partial x} - \varphi_1(x,t)\right]^2 \mathrm{d}x + \kappa G_2 A_2 \int_0^{L_2}\left[\frac{\partial w_2(x,t)}{\partial x} - \varphi_2(x,t)\right]^2 \mathrm{d}x\\ &= \frac{1}{2}\kappa G_1 A_1 \int_0^1\left[\frac{\mathrm{d}w_1(\xi)}{\mathrm{d}\xi} - \varphi_1(\xi)\right]^2 \mathrm{d}\xi + \frac{1}{2}\kappa G_2 A_2 \int_0^1\left[\frac{\mathrm{d}w_2(\xi)}{\mathrm{d}\xi} - \varphi_2(\xi)\right]^2 \mathrm{d}\xi\end{aligned} \tag{2-29}$$

如图 2-3 所示，在中间耦合和边界处所添加的弹簧势能的表达式为

$$\begin{aligned}V_3 = {}& \frac{1}{2}\left[k_0 w_1{}^2(0) + K_0 \varphi_1{}^2(0)\right] + \underline{\frac{1}{2}k_1\left[w_1(L_1) - w_2(0)\right]^2 + \frac{1}{2}K_1\left[\varphi_1(L_1) - \varphi_2(0)\right]^2} + \\ & \frac{1}{2}\left[k_2 w_2{}^2(L_2) + K_2 \varphi^2{}_2(L_2)\right]\end{aligned} \tag{2-30}$$

式中：画线部分的项对应于中间连接处的弹簧势能。中间弹簧刚度 k_1 及 K_1 的值理论上应取无穷大，以保证两段梁在连接处位移、转角的连续性。不同边界下弹簧刚度值的具体取值后面有研究。

Timoshenko 梁的总势能 V 为

$$V = V_1 + V_2 + V_3 \tag{2-31}$$

梁做简谐振动时不同时刻的梁结构产生最大动能为

$$\begin{aligned}T = {}& \frac{1}{2}\rho_1 A_1 \int_0^{L_1}\left[\frac{\partial w_1(x,t)}{\partial t}\right]^2 \mathrm{d}x + \frac{1}{2}\rho_2 A_2 \int_0^{L_2}\left[\frac{\partial w_2(x,t)}{\partial t}\right]^2 \mathrm{d}x + \\ & \frac{1}{2}\rho_1 I_1 \int_0^{L_1}\left[\frac{\partial \varphi_1(x,t)}{\partial t}\right]^2 \mathrm{d}x + \frac{1}{2}\rho_2 I_2 \int_0^{L_2}\left[\frac{\partial \varphi_2(x,t)}{\partial t}\right]^2 \mathrm{d}x\end{aligned} \tag{2-32}$$

相应地

$$\begin{aligned}T_{\max} = {}& \frac{1}{2}\Omega^2 \pi^4 \left[\rho_1 A_1 \int_0^1 w_1{}^2(\xi)\mathrm{d}\xi + \rho_2 A_2 \int_0^1 w_2{}^2(\xi)\mathrm{d}\xi + \right.\\ & \left.\rho_1 I_1 \int_0^1 \varphi_1{}^2(\xi)\mathrm{d}\xi + \rho_2 I_2 \int_0^1 \varphi_2{}^2(\xi)\mathrm{d}\xi\right]\end{aligned} \tag{2-33}$$

结构的函数可以表示为

$$L_{\mathrm{T}} = V - T_{\max} \tag{2-34}$$

式中：下标“T”表示 Timoshenko 梁。

将式(2-28)及式(2-30)代入式(2-31)，然后基于 Hamilton 原理对未知数 A_i、B_i 求极值，即

$$\left.\begin{aligned}\frac{\partial L_{\mathrm{T}}}{\partial A_i}=0\\ \frac{\partial L_{\mathrm{T}}}{\partial B_i}=0\end{aligned}\right\}\quad(i=-2,-1,\cdots,N) \tag{2-35}$$

式中：N 为 Fourier 截断数。为方便起见，对于 $w(\xi)$ 和 $\varphi(\xi)$ 取相同截断数，故将 Fourier 级数截断至 $N+3$。

由式(2-33)可得 Timoshenko 梁结构振动的特征频率方程：

$$(\mathbf{K} - \omega^2 \mathbf{M})\mathbf{A} = \mathbf{0} \tag{2-36}$$

式中：$\mathbf{K}$ 为结构的刚度矩阵；$\mathbf{M}$ 为结构的质量矩阵；$\mathbf{A}$ 为未知 Fourier 展开系数向量，即

$$\mathbf{A}=[A_{-2}\quad A_{-1}\quad \cdots\quad A_N\quad B_{-2}\quad B_{-1}\quad \cdots\quad B_N] \tag{2-37}$$

解式(2-35)对应的标准矩阵特征值问题，即可获得任意边界条件约束下 Timoshenko 梁的固有频率，再将对应的特征向量代入式(2-26)，可得相应结构的振型图。

2.4 方法的有效性验证

为了验证该方法的可行性和计算结果的准确性，本书将从两个方面对结果进行定量分析，即弹簧刚度值和 Fourier 截断数，通过数值算例所得计算结果研究收敛性因素的影响。同时，将该方法的数据结果与有限元法的计算结果或相关文献进行对比。对模型中弹簧刚度进行无量纲化处理：

$$\left.\begin{aligned}k_{\mathrm{T}i} &= \frac{k_i}{EI}\\ k_{\mathrm{R}i} &= \frac{K_i}{EI}\end{aligned}\right\}\quad(i=0,1) \tag{2-38}$$

式中：$i=0$ 表示梁左端($x=0$)处；$i=1$ 表示梁右端($x=L$)处。

为了便于与文献数据或有限元结果进行对比，本书对固有频率做出如下无量纲化处理：

$$\Omega_i = \omega_i L^2 \sqrt{\rho A/(EI)} \tag{2-39a}$$

或

$$f_i = \frac{\omega_i}{2\pi} \tag{2-39b}$$

其中误差为相对误差值，其计算公式为

$$e_{\max} = \left|\frac{\Omega - \Omega^*}{\Omega} \times 100\%\right| \tag{2-40a}$$

或

$$e_{\max} = \left|\frac{f - f^*}{f} \times 100\%\right| \tag{2-40b}$$

2.4.1　弹簧刚度系数对收敛性的影响

本书探讨弹簧刚度系数及 Fourier 截断数对收敛性的影响，采用 36a 号普通工字型钢的等截面梁，梁结构模型的几何及材料属性参数如下：梁截面高 $h=0.36$ m，剪切修正系数 $\kappa=0.4$，材料密度 $\rho=7\ 800\ \mathrm{kg/m^3}$，剪切模量 $G=79$ GPa，弹性模量 $E=206$ GPa，梁横截面面积 $A=7.64\times10^{-3}\ \mathrm{m^2}$，对主轴的惯性矩 $I=1.579\times10^{-4}\ \mathrm{m^4}$，梁长为截面高度的 10 倍，即 $L=3.6$ m。

为了探讨模拟不同边界条件下梁两端弹簧支撑刚度值的合理取值范围，并验证弹簧刚度系数的大小对收敛性的影响，假设 $k_0=k_1$、$K_0=K_1$，通过改变两个方向上的弹簧刚度值大小，将横向弹簧和扭转弹簧刚度系数 k_{Ti}、k_{Ri}均从 0 取至 10^{10}时，计算结构的相应无量纲固有频率，从而获得相应边界条件下弹簧刚度系数 k_{Ti}、k_{Ri}的取值。以固支-固支(C－C)、固支-自由(C－F)边界条件为例，图 2－4 描述无量纲频率 Ω 与弹簧刚度系数之间变化趋势的关系。

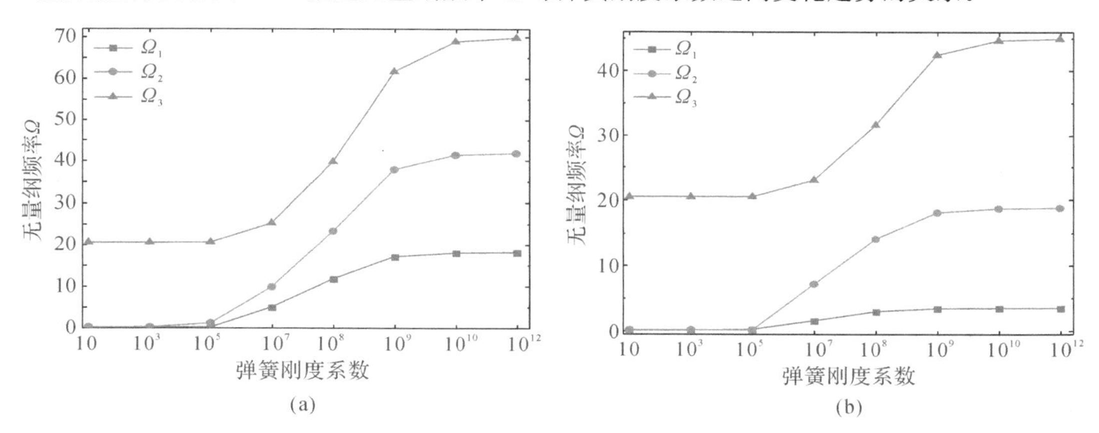

图 2－4　不同边界下无量纲频率随弹簧刚度系数变化曲线

(a)C－C 边界；　(b)C－F 边界

从图 2－4 可以看出，在 C－C、C－F 边界条件下，无量纲频率 Ω 随弹簧刚度系数的增大而不断增大，直到满足关系式$\frac{k_i}{EI}\geqslant10^{10}$和$\frac{K_i}{EI}\geqslant10^{10}$时数值趋于收敛，此时可用于模拟结构固支边界。如没有做特殊说明，均取 $k_{Ti}=k_{Ri}=10^{10}$来模拟梁结构固支边界。

2.4.2　Fourier 截断数对收敛性的影响

由于 Fourier 截断数的取值会对计算结果的收敛性产生一定的影响，故本书中对 Fourier 截断数进行大量研究。计算发现，随着 Fourier 截断数的增大，得到的结果接近准确值；但是 Fourier 截断数取值过大会导致计算效率减慢，而且 Fourier 截断数达到一定值后再增大得到的结果几乎稳定，故 Fourier 截断数也不宜取得过大。本节仍采用上述梁结构的几何及材料属性参数，以 S－S 边界为例，探讨该方法的 Fourier 截断数的变化对收敛性的影响。由 2.4.1 节可知，无量纲弹簧刚度值可取 10^{10}，Fourier 截断数分别取 4、6、8、10、12 共 5 个数。表 2-1 为不同 Fourier 截断数下所得的无量纲频率。

表 2-1　S-S 边界条件下无量纲频率与 Fourier 截断数的关系

阶次	Fourier 截断数					相关文献	误差
	4	6	8	10	12		
1	9.327	9.327	9.327	9.327	9.327	9.334	−0.07%
2	32.601	32.601	32.601	32.601	32.601	32.527	0.23%
3	62.568	62.459	62.444	62.440	62.439	61.817	1.01%
4	98.521	94.767	94.634	94.613	94.607	92.840	1.90%

从表 2-1 中可以看出，梁结构在 S-S 边界下，随着 Fourier 截断数的不断增加，其无量纲固有频率逐渐趋于收敛，但高阶频率的数值仍有微小变化。当 Fourier 截断数取 12 时，计算数值已经具有较高的精确度，且与相关文献进行对比，误差均控制在较小范围，因此该方法对于 Fourier 截断数的取值所求解的固有频率具有良好的收敛性。本书为了均衡计算效率和精度，Fourier 截断数取 12 可以满足工程计算精度，故如未做特殊说明，本书 Fourier 截断数均取 12。

2.4.3　方法的精度

为验证本方法的准确性，研究不同高跨比下 Timoshenko 梁的自由振动特性。Timoshenko 梁结构的计算参数如下：截面宽度 $b=0.3$ m，高度 $h=0.4$ m，弹性模量 $E=3.6\times10^{10}$ N/m²，剪切模量 $G=1.5\times10^{10}$ N/m²，泊松比 $\upsilon=0.2$，材料密度 $\rho=7\ 757$ kg/m³，剪切修正系数 $\kappa=5/6$，应用上述算法计算不同高跨比下，即分别取梁长 $L=16$ m、8 m 和 4 m 时，该截面在固支-自由(C-F)边界条件下梁结构的前三阶固有频率结果(见表 2-2)，并将本书计算得到的结果与有限元数据进行比较，证明了本书方法具有高精确度和收敛速度快等优点。

从表 2-2 数据可以看出：①C-F 边界条件下，Timoshenko 梁的固有频率随高跨比的增加而不断增大；②本书的方法所得的前三阶固有频率值与有限元分析值的最大误差为 0.811%。

图 2-5 给出用两种方法不同高跨比下梁自由振动下固有频率的对比图，从图中可以看出，两种方法所得的固有频率基本吻合，故本书计算方法合理，且数据具有较高的精度。

表 2-2　Timoshenko 梁的固有频率(C-F 边界)

h/L	ω_i/(rad·s⁻¹)	本书 Fourier 截断数取 12	有限元法	误差/(%)
0.025	1	3.417	3.411	0.185
	2	21.356	21.237	0.561
	3	59.510	59.031	0.811

续 表

h/L	$\omega_i/(\mathrm{rad}\cdot\mathrm{s}^{-1})$	本书 Fourier 截断数取 12	有限元法	误差/(%)
0.05	1	13.645	13.629	0.120
	2	84.570	84.342	0.271
	3	232.717	232.180	0.231
0.1	1	54.265	54.230	0.065
	2	326.007	325.740	0.082
	3	859.991	859.120	0.101

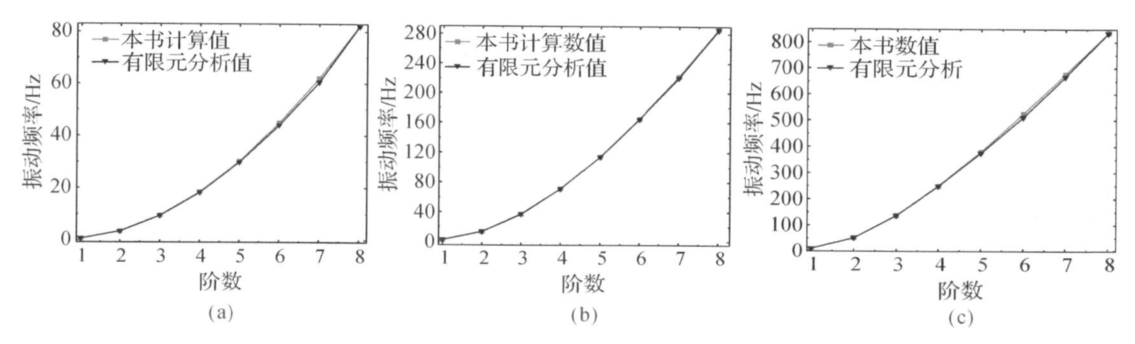

图 2-5 不同高跨比下 Timoshenko 悬臂梁的自振频率

(a)高跨比 $h/L=0.025$； (b)高跨比 $h/L=0.05$； (c)高跨比 $h/L=0.1$

2.5 数值算例

算例 2.1:任意边界条件下 Euler 梁的振动分析。

图 2-1 所示的 Euler 梁为 2.4.1 节忽略剪切效应的工字型钢梁,梁截面尺寸和材料参数取相同值。表 2-3 给出不同边界条件下单跨 Euler 梁的固有频率。将本书结果与文献方法及有限元结果进行对比可以看出,本书的方法和两种方法的计算结果产生的误差较小,最大误差仅为 2.33%,满足误差要求,证明了本书方法的正确性和可行性。

表 2-3 Euler 梁固有频率

边界条件	方法	频率/Hz			
		阶次为 1	阶次为 2	阶次为 3	阶次为 4
S-S	IFSM	562.730	2 250.530	5 063.700	9 002.13
	相关文献	562.700	2 250.900	5 064.600	9 003.8
	误差/(%)	0.005 3	−0.016 4	−0.017 7	−0.018 5

续 表

边界条件	方法	频率/Hz			
		阶次为 1	阶次为 2	阶次为 3	阶次为 4
C-C	IFSM	1 273.500	3 516.130	6 893.130	11 395.00
	有限元	1 280.100	3 527.400	6 905.800	11 371.00
	误差/(%)	−0.515 5	−0.319 5	−0.183 4	0.211
C-S	IFSM	878.880	2 848.410	5 943.590	10 163.10
	有限元	882.160	2 858.200	5 958.200	10 161.00
	误差/(%)	−0.372 1	−0.342 5	−0.245 2	0.020 6
C-F	IFSM	198.900	1 256.230	3 516.950	6 893.26
	有限元	200.260	1 241.000	3 440.100	6 870.90
	误差/(%)	−0.682 0	1.227	2.233	0.325 4

算例 2.2:双跨 Timoshenko 梁的振动分析。

图 2-3 所示双跨 Timoshenko 梁,梁的材料参数为:截面的剪切修正系数 $\kappa=10(1+\nu)/(12+11\nu)$,弹性模量 $E=2.06\times10^{11}\ \mathrm{N/m^2}$,密度 $\rho=7\ 800\ \mathrm{kg/m^3}$,剪切弹性模量 $G=7.9\times10^{10}\ \mathrm{N/m^2}$,泊松比 $\upsilon=0.3$;各段梁截面参数如下:梁截面均为方形 $b_1=0.5$ m 且 $b_1/b_2=2$,梁长 $L_1=L_2=2.5$ m。本书计算结果与有限元数值方法结果对比见表 2-4。

表 2-4 不同边界条件下两跨梁的固有频率

边界条件	方法	频率/Hz					
		阶次为 1	阶次为 2	阶次为 3	阶次为 4	阶次为 5	阶次为 6
C-C	IFSM	67.146	195.503	340.814	533.104	783.331	979.712
	有限元	67.168	196.400	340.580	536.280	780.800	979.210
	偏差/(%)	−0.032	−0.456	0.068	−0.592	0.324	0.051
C-S	IFSM	55.348	151.666	315.600	473.044	746.655	923.015
	有限元	55.320	152.130	315.440	474.680	745.670	920.050
	偏差/(%)	0.050	−0.305	0.051	−0.344	0.132	0.322
S-S	IFSM	21.761	134.475	262.344	449.583	694.805	892.230
	有限元	21.902	134.79	261.710	451.450	691.830	891.830
	偏差/(%)	−0.641	−0.233	0.242	−0.413	0.430	0.044
C-F	IFSM	23.730	67.860	195.604	343.078	542.437	790.373
	有限元	23.712	67.580	194.170	340.420	535.730	780.230
	偏差/(%)	0.078	0.414	0.738	0.781	1.251	1.300

表 2-4 给出了不同方法、不同边界条件下,双跨 Timoshenko 梁结构的前六阶固有频率。由表中结果可以看出,本书所提方法与有限元数值方法产生的偏差较小,最大误差仅为

1.3%，满足常规误差要求，进一步证明了本书方法的准确性。图2-6给出固支-固支(C-C)边界下双跨梁的前两阶振型图。

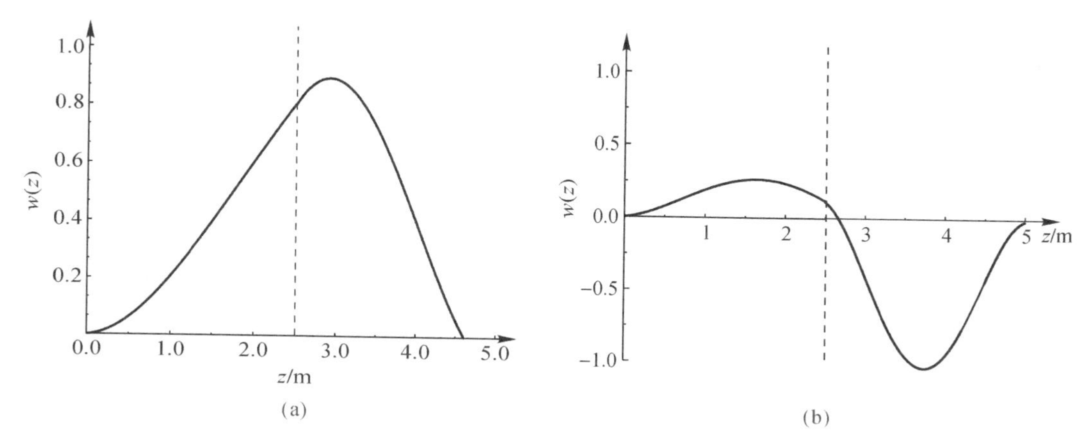

图2-6　C-C边界下两跨梁的前两阶振型图

(a)第一阶；(b)第二阶

利用算例2.2的材料参数，改变两段梁的跨度和截面参数，得出简支-简支(S-S)边界下双跨梁的固有频率，求解结果见表2-5。从表中结果可以看出：①截面比对结构的固有频率有一定的影响，即除跨度比为0.1和0.9时的一阶频率之外，在相同截面比下结构的前三阶固有频率均随跨度比的增大而逐渐减小；在跨度比为0.1和0.9时，前三阶固有频率随截面比的增大呈现先增大后减小的趋势。②跨度比对固有频率也有一定的影响，即当梁结构正方形截面宽度比相同时，结构的一阶频率随跨度比的增大一般出现先增大后减小的趋势。

表2-5　不同跨度比下S-S边界Timoshenko梁的固有频率 f_1

$\frac{b_1}{b_2}$	频率/Hz	L_1/L								
		0.1	0.2	0.3	0.4	0.5	0.6	0.7	0.8	0.9
2	f_1	23.014	22.526	21.379	21.504	21.762	23.999	28.621	36.022	43.128
	f_2	89.547	87.459	93.836	110.070	134.475	148.845	137.676	130.978	152.896
	f_3	195.475	204.277	237.209	275.440	262.344	263.863	326.968	321.810	314.945
3	f_1	23.335	21.462	19.815	19.211	19.768	21.025	25.074	32.672	44.627
	f_2	87.644	82.886	89.383	107.269	135.742	154.682	138.481	125.778	143.813
	f_3	189.594	198.241	234.983	281.601	262.867	255.904	332.699	323.619	302.862
4	f_1	8.150	8.044	8.009	6.736	7.510	7.493	11.237	13.079	9.670
	f_2	39.943	40.362	41.663	53.291	74.086	110.502	135.122	110.543	99.403
	f_3	87.196	97.663	121.014	161.885	220.499	188.085	204.861	318.364	269.995

图2-7给出了三种截面比下不同跨度比对梁结构固有频率的变化曲线图。从图中可以看出，随跨度比的不断增大，梁的前两阶固有频率变化幅度较大，而第三阶固有频率的变化幅度较小，这说明跨度比的变化对低阶固有频率的影响较大，对高阶固有频率的影响较小。

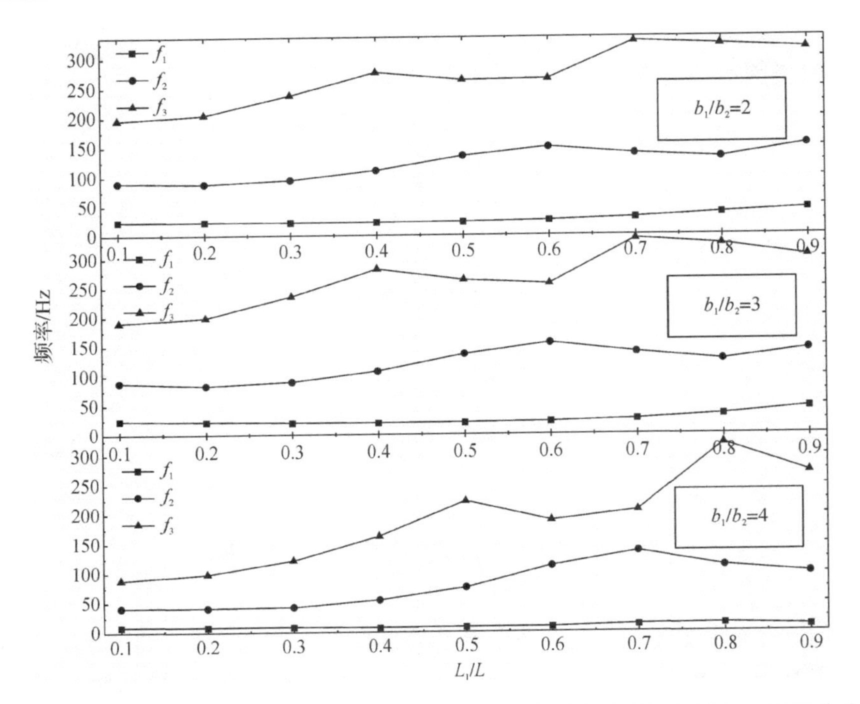

图 2-7　S-S 边界下两跨 Timoshenko 梁前三阶固有频率随不同跨度比的变化曲线

算例 2.3:三跨 Timoshenko 梁的振动分析。

三跨梁的截面形式为矩形,截面尺寸均为 $b\times h=0.5$ mm$\times 1.3$ m,梁跨度 $L_1=L_3=18$ m,$L_2=24$ m;材料参数:密度 $\rho=2\ 400$ kg/m^3,弹性模量 $E=30\ 000$ MPa,剪切弹性模量为 $G=1.2\times10^{10}$ Pa,泊松比 $\upsilon=0.2$,剪切修正系数 $\kappa=0.85$。表 2-6 给出四种经典边界条件下三跨梁的前六阶自振频率。

表 2-6　不同边界条件下三段梁的固有频率

边界条件	方法及误差	f_1/Hz	f_2/Hz	f_3/Hz	f_4/Hz	f_5/Hz	f_6/Hz
C-C	IFSM	1.297	3.587	7.005	11.501	17.043	23.584 1
	有限元	1.308	3.593	7.007	11.509	17.060	23.615
	误差/(%)	−0.874	−0.153	−0.025	−0.062	−0.097	−0.131
C-S	IFSM	0.923	2.919	6.057	10.298	15.599	21.918 7
	有限元	0.903	2.917	6.059	10.303	15.612	21.943
	误差/(%)	2.189	0.080	−0.038	−0.041	−0.081	−0.111
S-S	IFSM	0.547	2.308	5.173	9.153	14.209	20.298 8
	有限元	0.548	2.309	5.176	9.157	14.218	20.319
	误差/(%)	−0.233	−0.017	−0.051	−0.036	−0.060	−0.099
C-F	IFSM	0.175	1.306	3.605	7.014 0	11.523	17.084 8
	有限元	0.176	1.289	3.597	7.016 5	11.528	17.093
	误差/(%)	−0.306	1.368	0.219	−0.035	−0.041	−0.047

由表 2－6 中结果可以看出，本书方法和有限元法的数值结果基本一致。图 2－8 和图 2－9分别给出本书方法的模态图和有限元方法的模态图，经过对比可以观察出，两者的模态图方向一致。

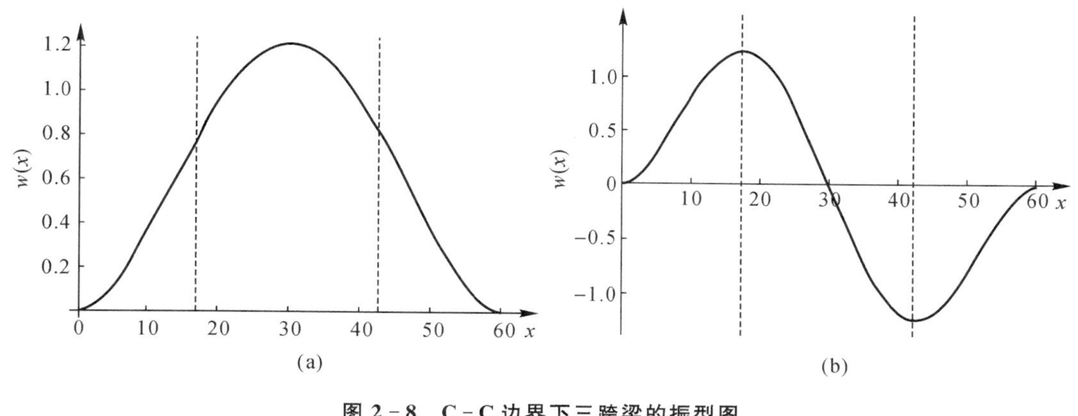

图 2－8　C－C 边界下三跨梁的振型图

(**a**)第一阶；(**b**)第二阶

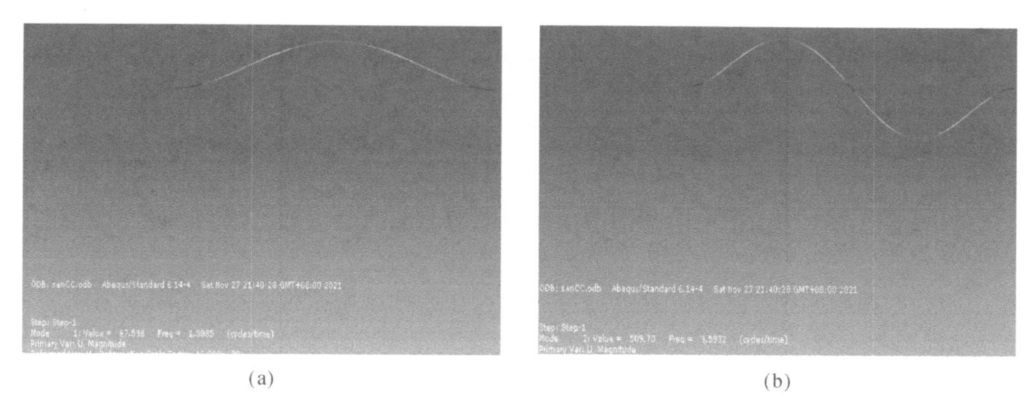

(a)　　(b)

图 2－9　C－C 边界下三跨梁的有限元振型图

(**a**)第一阶；(**b**)第二阶

2.6　本章小结

梁为工程中最基本的结构构件。本章基于 Euler 梁和 Timoshenko 梁的基本理论，研究了梁结构的自由振动特性。首先研究了任意边界条件下 Euler 梁的自由振动特性，通过自编程序实现了任意边界梁结构的固有特性计算，证明了本书方法的高效率和较好精度；然后研究了两跨和三跨 Timoshenko 梁的动力特性，并分析了截面比、高跨比及跨度比对结构的影响，绘制出相应的振型图；最后将本书结果与文献结果或有限元数据进行对比，验证了本书方法的可行性和收敛性，且均衡了计算精度和计算效率。通过对这两种经典梁的理论研究，读者不仅会对梁结构的动力学特性有清晰的认识，也为进一步研究框架结构的动力学特性分析奠定了坚实的基础。

参考文献

[1] 包世华，王建东. 大底盘多塔楼结构的振动计算[J]. 建筑结构，1996(6)：3-9.

[2] 李从林，程耀芳. 几种高层建筑结构简化分析统一的连续-离散化方法[J]. 建筑结构，1997(6)：45-47.

[3] 陈继峰. 连体高层建筑结构的简化动力分析[D]. 焦作：河南理工大学，2012.

[4] 鲍四元，周静，陆健炜. 任意弹性边界的多段梁自由振动研究[J]. 应用数学和力学，2020，41(9)：985-993.

[5] 潘旦光，吴顺川，张维. 变截面 Timoshenko 悬臂梁自由振动分析[J]. 土木建筑与环境工程，2009，31(3)：25-28.

[6] 武兰河，王立彬，李向国. 阶梯式 Timoshenko 梁自由振动的 DCE 解[J]. 力学季刊，2002(4)：528-533.

[7] 王乐，余慕春. 轴力对自由边界 Timoshenko 梁横向动特性影响研究[J]. 兵器装备工程学报，2018，39(3)：36-39.

[8] 唐安烨. 变刚度梁的振动分析[D]. 长沙：中南大学，2014.

[9] LI X F. A unified approach for analyzing static and dynamic behaviors of functionally graded Timoshenko and Euler-Bernoulli beams[J]. Journal of Sound and Vibration, 2008, 318(4/5)：1210-1229.

[10] 徐梅玲，叶茂，付明科，等. 修正 Timoshenko 梁自由振动及 Euler 梁误差分析[J]. 科学技术与工程，2015，15(15)：88-94.

第 3 章　变刚度框架结构的简化及动力学分析

本章利用框架结构的连续化模型，将庞大复杂的框架结构进行简化，基于简化后的结构建立动力学分析模型，然后基于改进 Fourier 级数法求解框架结构的固有频率，最后通过算例验证本书方法的准确性及精确性。

3.1 引　　言

目前，框架结构的动力分析的数值方法一般有两种。一种是理论简化分析方法——近似计算，对结构引入假定将其简化为连续化模型，推导出框架结构的等效刚度，然后建立反映刚度矩阵和质量矩阵的结构势能和动能表达式，利用 Rayleigh-Ritz 法将结构的动力学问题转化为求解线性方程组的解。另一种方法为有限元法，它所采用的假定较少，运用离散分析将建筑结构离散为若干个有限的单元杆件，采用能量原理研究单元体的平衡，使用计算机工具进行数值分析。有限元法将一个具有无限自由度的庞大建筑结构转化为一个具有有限个自由度的分析模型，然后根据杆件与杆件之间的本构关系，单独分析每个构件或单元的受力和变形，最后根据节点或边界条件，将有限个杆件或单元进行整体组装。有限元法只能反映单个构件的受力状态，而不能真实反映整体结构的受力状态。连续化模型分析法沿结构垂直方向以刚度发生变化处为节点将结构划分为若干段，可以克服有限元法带来的缺陷，更好地反映整体结构的受力、变形等状态。

在进行结构动力学简化计算时，高层建筑结构一般会被模拟成多自由度简化模型(即糖葫芦串模型)，楼层的侧向刚度并不是采用杆件的弯曲变形模拟的，而是用杆件的纯剪切变形模拟的，所以模拟楼层侧向刚度的杆件，它的轴压刚度与弯曲刚度是无穷大的，而剪切刚度就代表它的楼层侧向刚度。为了让杆件具有剪切变形，基本将结构简化为 Timoshenko 梁。目前，国内外学者在研究框架结构的动力特性时，把在一定假设条件下，不考虑轴向变形的框架结构简化为悬臂剪切梁或剪切杆，进行自由振动分析。包世华等将层数较多而高宽比不大于 3 的高层框架结构简化为剪切杆，建立了水平剪切振动的微分方程，然后求解微分方程得到解析解；陈继峰将框架结构简化为考虑剪切变形的等截面 Timoshenko 梁，建立了控制方程为偏微分的方程组，将其半离散化为常微分方程组，进而将结构的动力问题转化为特征值求解问题；王要强研究了高层框架结构的自由振动特性，通过建立高层建筑结构简化分析模型，推导出结构等效刚度和自由振动特性方程，对高层建筑结构的动力学进行分析；Ozturk 等研究了非均匀框架结构的动力分析，利用最小二乘法确定了剪切刚度的变化参数，采用微分变换方法求解了变刚度等效剪切梁的控制微分方程。

本书采用连续化分析模型，将复杂的框架结构简化为等质量、等刚度的 Timoshenko 阶梯柱，然后将阶梯柱的位移函数用改进 Fourier 级数法表示，再基于 Lagrange 函数对 Fourier 未知系数求极值，最后求解矩阵特征值问题，得到框架结构的动力学特性。

3.2 侧向刚度计算的理论推导

3.2.1 框架结构的等效剪切刚度

框架结构的水平侧移由两部分组成：一部分是由框架柱轴力产生弯曲变形对应的弯曲型侧移；另一部分是由框架柱、梁的弯曲变形产生的剪切型侧移。框架结构的整体侧移是由两部分叠加侧移叠加而成的。

框架结构一般采用 D 值法计算等效剪切刚度，需要对其进行修正。如图 3－1 所示，框架中的梁刚度近似为无穷大，则转角变形很小。两端无转角但有位移时，由材料力学可知柱的剪力与水平位移的关系（见图 3－2）为

$$V_i = \frac{12i_c}{h_i^2} \tag{3-1}$$

因此，柱的侧移刚度为

$$d_i = \frac{V_i}{\delta} = \frac{12i_c}{h_i^2} \tag{3-2}$$

式中：V_i 是第 i 层柱的水平剪力；δ_i 是第 i 层柱层间位移；h_i 是第 i 层层高；柱线刚度 $i_c = EI/h_i$，EI 是柱抗弯刚度。

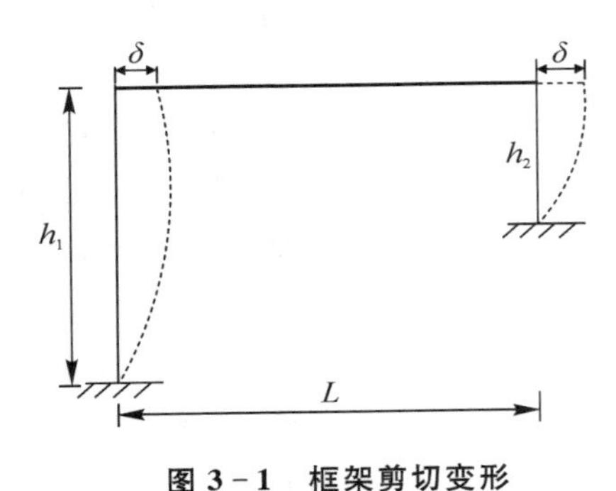

图 3－1　框架剪切变形

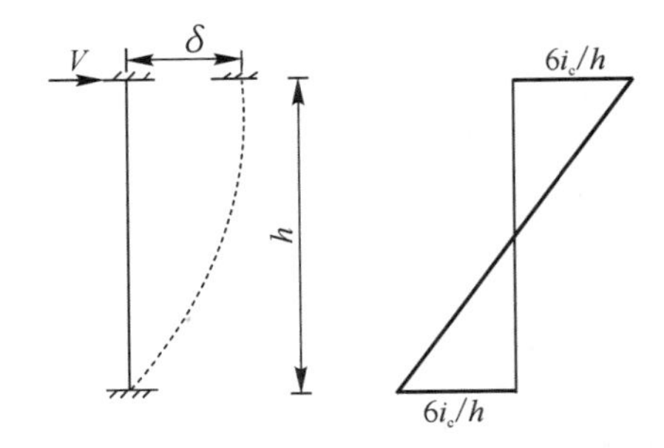

图 3－2　柱剪力与水平位移的关系

框架结构第 i 层的总抗侧移刚度为

$$D_i = ad_i = \alpha \frac{12i}{h^2} \tag{3-3}$$

式中：α 表示梁柱刚度比对柱侧移刚度的影响。当梁柱刚度比无限大时，$\alpha=1$，此时 D_i 值与 d_i 值相等；当梁柱比较小时，$\alpha<1$，此时 D_i 值小于 d_i 值。因此，α 为柱侧移刚度修正系数。

框架结构第 i 层的总剪切刚度为

$$GA_{\mathrm{eq}}=\sum_{i=1}^{m}D_i h_i=\alpha\frac{12EI}{h^2} \tag{3-4}$$

3.2.2　框架结构的等效抗弯刚度

框架结构的侧移刚度由两部分组成，一部分是整体剪切变形产生的剪切刚度，另一部分是整体弯曲变形产生的弯曲刚度。也就是说，框架结构不仅提供抗剪刚度，还提供一部分抗弯刚度。

由材料力学知识可知，框架柱横截面对框架形心惯性矩为

$$I_{\mathrm{eq}}=\sum_{i=1}^{m}\left(\frac{b_i h_i^3}{12}+b_i h_i L_i^2\right) \tag{3-5}$$

可推出框架抗弯刚度为

$$EI_{\mathrm{eq}}=\sum_{i=1}^{m}\left(\frac{b_i h_i^3}{12}+b_i h_i L_i^2\right) \tag{3-6}$$

式中：b_i、h_i 分别为柱截面的宽度、高度；L_i 是柱中心到形心的距离。

3.2.3　基本假定及计算模型

对于一些复杂、庞大的超高层建筑，学者通过大量的建筑结构分析后，提出了多种高层建筑的连续化分析模型。其中框架结构的连续化动力分析模型可以简化为一个竖放的悬臂梁或柱，即将高层框架结构的质量和刚度替换为几何特性和材料特性相同的悬臂梁或柱。当框架结构层数较多时，楼层的质量相对不均匀，且楼层间的填充墙比较多，可将楼板质量沿层高均匀分布在整个楼层间，从而将整个结构的质量、刚度均匀分布在悬臂梁或柱上。但当高层框架结构的几何尺寸，结构构件刚度、质量沿高度方向有较大变化时，可以将其简化为多段刚度、质量连续的变截面悬臂柱。在对上述结构分析简化之前，需要对结构做一定的基本假定(结构的动力学分析计算都是建立在这些假定之上的)，即：

(1)假定楼板是刚性的，即认为楼板及其刚度在自身平面内无限大，不考虑它的平面外刚度，且楼板沿高度方向对各抗侧力构件的作用是连续的，在相同标高处各构件的转角和侧移相同。

(2)忽略地基变形对上部结构的影响，同时忽略梁的轴向变形、局部弯曲变形和结构的扭转效应。

(3)框架结构各层层高的截面尺寸沿结构高度方向不变，结构的几何参数、材料参数也是均匀不变的。

(4)框架结构的建筑材料沿高度方向不变，其质量和刚度沿高度均匀变化。

高层框架结构动力模型的求解精度与模型的建立息息相关，因此，结构模型的简化建立

对自由振动特性的计算、分析非常重要。高层框架结构的高跨比一般小于3，结构的剪切变形十分显著，故此时的框架结构不能简化为Euler梁，需将结构简化为考虑剪切变形的Timoshenko阶梯柱，根据其力学理论可知，该阶梯柱不仅考虑了弯曲变形，还考虑了结构的剪切变形和转动惯量对结构动力学的影响。

3.3 数值算例

3.3.1 框架结构的基本资料

本算例的框架结构为12层的住宅楼，底层层高为4 m，其余层高为3 m，建筑物总高为37 m，总平面尺寸为16 m×20 m，如图3-3所示。采用C30混凝土，结构的弹性模量$E=3.2\times10^{10}$ Pa，密度$\rho=2\ 500$ kg/m^3。

结构底部4层框架柱截面尺寸为0.45 m×0.9 m，框架梁的截面尺寸为0.4 m×0.8 m；第5～8层框架柱的截面尺寸为0.4 m×0.8 m，框架梁的截面尺寸为0.35 m×0.7 m；第9～12层框架柱的截面尺寸为0.35 m×0.7 m，框架梁的截面尺寸为0.3 m×0.6 m。框架结构前11层的质量均为380 t，最后一层的质量为280 t。

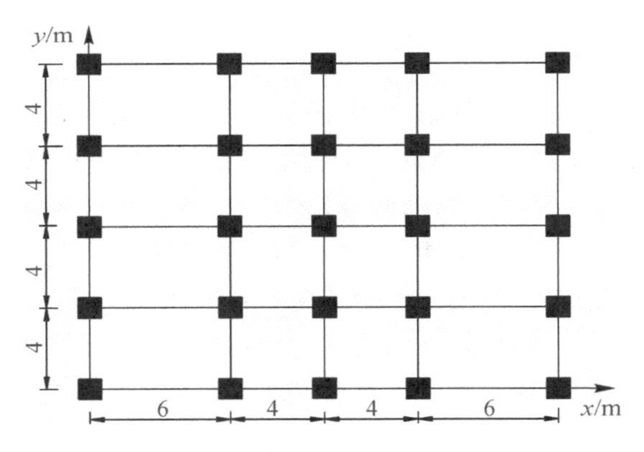

图3-3 框架结构平面图

框架结构的基本资料如下：底部4层梁、柱截面尺寸大小一致，但是层高不一致，底层层高为4 m，第2～4层层高为9 m，底层相较于其他层的质量和刚度较大。故可以将底层单独视为一阶柱，对应$H_1=4$ m；第2～4层视为第二阶柱，对应$H_2=9$ m；而第5～8层框架梁、柱截面相同，且层高均相同，故该4层可以视为第三阶柱，对应$H_3=12$ m；同理可知，第9～12层视为最后一阶柱，对应$H_4=12$ m。由结构的截面尺寸可知，结构的高宽比为37 m/20 m$=1.85<3$，此时结构的剪切变形较明显，故将框架结构简化为四阶Timoshenko阶梯柱分析模型，如图3-4所示。

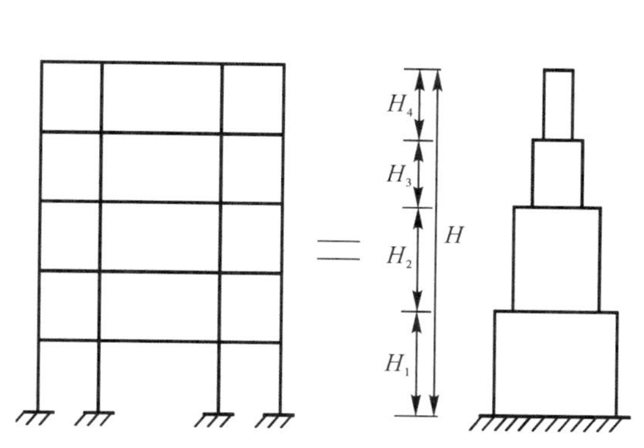

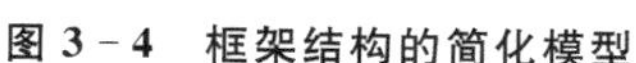
图 3-4　框架结构的简化模型

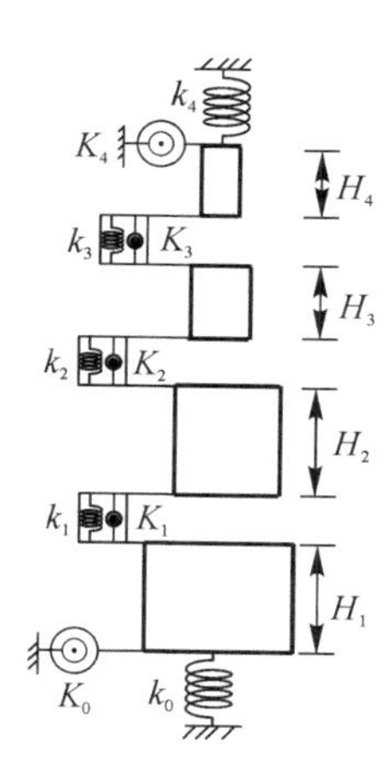

图 3-5　结构的动力分析模型

第 1 层结构矩形截面的等效抗弯刚度为

$$\begin{aligned} EI_{\mathrm{eq1}} &= \left\{3.2\times10^{10}\left[\frac{1}{12}\times0.45\times0.9^{3}+0.45\times0.9\times(10^{2}\times10+4^{2}\times10)\right]\right\}\mathrm{Pa} \\ &= 1.503\,4\times10^{13}\ \mathrm{Pa} \end{aligned}$$

其中惯性矩以过图 3-3 形心的水平轴为求矩轴。类似地，第 2～4 层结构矩形截面的等效抗弯刚度为

$$EI_{\mathrm{eq2}} = EI_{\mathrm{eq1}} = 1.503\,4\times10^{13}\ \mathrm{Pa}$$

第 5～8 层结构矩形截面的等效抗弯刚度为

$$\begin{aligned} EI_{\mathrm{eq3}} &= \left\{3.2\times10^{10}\left[\frac{1}{12}\times0.4\times0.8^{3}+0.4\times0.8\times(10^{2}\times10+4^{2}\times10)\right]\right\}\mathrm{Pa} \\ &= 1.187\,9\times10^{13}\ \mathrm{Pa} \end{aligned}$$

第 9～12 层结构矩形截面的等效抗弯刚度为

$$\begin{aligned} EI_{\mathrm{eq4}} &= \left\{3.2\times10^{10}\left[\frac{1}{12}\times0.35\times0.7^{3}+0.35\times0.7\times(10^{2}\times10+4^{2}\times10)\right]\right\}\mathrm{Pa} \\ &= 9.094\,7\times10^{12}\ \mathrm{Pa} \end{aligned}$$

3.3.2　框架结构分析模型的推导

对于框架结构连续化为 Timoshenko 阶梯柱分析模型，根据改进 Fourier 级数法，将在梁顶部、底部边界处和刚度突变处引入线性弹簧控制边界条件，如图 3-5 所示。结构的横向弹簧刚度为 k_0、k_1、k_2、k_3 和 k_4，其扭转弹簧刚度为 K_0、K_1、K_2、K_3 和 K_4，通过调节弹簧刚度值来模拟其边界条件。

分析 Timoshenko 阶梯柱自由振动时各部分的能量表达式。应用改进 Fourier 级数法表示梁中各段的位移函数如下：

$$\left.\begin{aligned} w(x) &= \sum_{i=-2}^{-1} A_i \sin(\lambda_i x) + \sum_{i=0}^{m} B_i \cos(\lambda_i x) = \sum_{i=-4}^{m} A_i f_i(s) \\ \varphi(x) &= \sum_{i=-2}^{-1} B_i \sin(\lambda_i x) + \sum_{i=0}^{m} B_i \cos(\lambda_i x) = \sum_{i=-4}^{m} B_i f_i(s) \end{aligned}\right\} \tag{3-7}$$

式中：A_i、B_i 为位移函数中待定的级数展开系数；$\lambda_i = \dfrac{i\pi}{H}$，$H$ 为某段阶梯柱的高。

Timoshenko 阶梯柱模型考虑剪切变形和转动惯量对结构振动模态的影响，则结构沿 y 轴方向自由振动时梁的弯曲势能为

$$\begin{aligned} V = &\frac{1}{2}\left[EI_{\text{eq1}} \int_0^{H_1} \left(\frac{\mathrm{d}\varphi_i}{\mathrm{d}x}\right)^2 \mathrm{d}x + GA_1 \int_0^{H_1} \left(\frac{\mathrm{d}w_1}{\mathrm{d}x} - \varphi_1\right)^2 \mathrm{d}x\right] + \\ &\frac{1}{2}\sum_{i=2}^{4}\left[EI_{\text{eq}i} \int_{H_{i-1}}^{H_i} \left(\frac{\mathrm{d}\varphi_1}{\mathrm{d}x}\right)^2 \mathrm{d}x + GA_i \int_{H_{i-1}}^{H_i} \left(\frac{\mathrm{d}w_i}{\mathrm{d}x} - \varphi_i\right)^2 \mathrm{d}x\right] \end{aligned} \tag{3-8}$$

Timoshenko 阶梯柱的边界弹簧势能和耦合弹簧势能记为 V_2，可表示为

$$\begin{aligned} V_2 = &\frac{1}{2}\{k_0 [w_1(0)]^2 + K_0 [\varphi_1(0)]^2 + k_4 [w_4(H_4)]^2 + K_4 [\varphi_4(H_4)]^2\} + \\ &\underline{-\frac{1}{2}\sum_{i=1}^{3}[k_i [w_i(H_i) - w_{i+1}(0)]^2 + K_i [\varphi_i(H_i) - \varphi_{i+1}(0)]^2]} \end{aligned} \tag{3-9}$$

式中：画线部分为耦合弹簧势能部分，其目的是为保证各段梁在连接处位移、转角的连续性。

结构的动能可表示为

$$\begin{aligned} T = &\frac{1}{2}\rho\left[A_{\text{eq1}} \int_0^{H_1} \left(\frac{\partial w_1}{\partial t}\right)^2 \mathrm{d}x + I_{\text{eq1}} \int_0^{H_1} \left(\frac{\partial \varphi_1}{\partial t}\right)^2 \mathrm{d}x\right] + \\ &\frac{1}{2}\rho\sum_{i=2}^{4}\left[A_{\text{eq}i} \int_0^{H_i} \left(\frac{\partial w_i}{\partial t}\right)^2 \mathrm{d}x + I_{\text{eq}i} \int_0^{H_i} \left(\frac{\partial \varphi_i}{\partial t}\right)^2 \mathrm{d}x\right] \end{aligned} \tag{3-10}$$

假设 Timoshenko 阶梯柱做简谐振动，即

$$\left.\begin{aligned} w_j &= w_j(x)\mathrm{e}^{\mathrm{i}\omega t} \\ \varphi_j &= \varphi_j(x)\mathrm{e}^{\mathrm{i}\omega t} \end{aligned}\right\} \tag{3-11}$$

式中：j 为框架结构简化阶数($j=1,2,\cdots,4$)；i 为虚数单位($\mathrm{i}=\sqrt{-1}$)；ω 为圆频率。

做简谐振动的过程中，梁结构的最大动能为

$$\begin{aligned} T_{\max} = &\frac{\omega^2}{2}\rho\int_0^{H_1} [A_{eq1} w_1^2(x) + I_{\text{eq1}}\varphi_1^2(x)]\mathrm{d}x + \\ &\frac{\omega^2}{2}\rho\sum_{i=2}^{4}\left\{\int_0^{H_i} [A_{\text{eq}i} w_i^2(x) + I_{\text{eq}i}\varphi_i^2(x)]\mathrm{d}x\right\} \end{aligned} \tag{3-12}$$

Timoshenko 梁的 Lagrange 函数为

$$L_{\mathrm{T}} = V_1 + V_2 - T_{\max} \tag{3-13}$$

将式(3-8)～式(3-10)代入式(3-13)，并由 Hamilton 原理对待定系数求极值，有

$$\left.\begin{aligned} \frac{\partial L}{\partial A_{n,i}} &= 0 \\ \frac{\partial L}{\partial B_{n,i}} &= 0 \end{aligned}\right\} \quad (n = 1,\cdots,4; i = -2, -1, \cdots, N) \tag{3-14}$$

由式(3－14)可得框架结构的动力特性的标准特征方程式：

$$(\boldsymbol{K}-\omega^2\boldsymbol{M})\boldsymbol{A}=\boldsymbol{0} \tag{3-15}$$

式中：$\boldsymbol{K}$ 为刚度矩阵；$\boldsymbol{M}$ 为质量矩阵；$\boldsymbol{A}$ 为待定常系数向量，即 $\boldsymbol{A}=[A_{-2}\quad A_{-1}\quad \cdots\quad A_N\quad B_{-2}\quad B_{-1}\quad \cdots\quad B_N]$。$\boldsymbol{A}$ 有非零解的条件是

$$|\boldsymbol{K}-\omega^2\boldsymbol{M}|=0 \tag{3-16}$$

求解该矩阵特征值问题，可得框架结构自由振动时的固有频率。

3.3.3　框架结构的简化计算及结果分析

对于上述 12 层框架结构进行连续性简化，根据上述方法简化出结构的等效刚度矩阵和等效质量矩阵。

1. 等效抗剪刚度计算

基于式(3－4)，第 1 层结构矩形截面的等效剪切刚度为

$$\begin{aligned}GA_{\text{eq1}}&=\left[3.2\times10^{10}\times12\times\left(\frac{1}{12}\times0.45\times0.9^3\right)\times\frac{25}{4^2}\right]\text{N}\\&=1.640\ 25\times10^{10}\ \text{N}\end{aligned}$$

第 2～4 层结构矩形截面的等效剪切刚度为

$$\begin{aligned}GA_{\text{eq2}}&=\left[3.2\times10^{10}\times12\times\left(\frac{1}{12}\times0.45\times0.9^3\right)\times\frac{25}{3^2}\right]\text{N}\\&=2.916\times10^{10}\ \text{N}\end{aligned}$$

第 5～8 层结构矩形截面的等效剪切刚度为

$$\begin{aligned}GA_{\text{eq3}}&=\left[3.2\times10^{10}\times12\times\left(\frac{1}{12}\times0.4\times0.8^3\right)\times\frac{25}{3^2}\right]\text{N}\\&=1.820\ 4\times10^{10}\text{N}\end{aligned}$$

第 9～12 层结构矩形截面的等效剪切刚度为

$$\begin{aligned}GA_{\text{eq4}}&=\left[3.2\times10^{10}\times12\times\left(\frac{1}{12}\times0.35\times0.7^3\right)\times\frac{25}{3^2}\right]\text{N}\\&=1.067\ 1\times10^{10}\ \text{N}\end{aligned}$$

2. 等效抗弯刚度的计算

第 1 层结构矩形截面的等效抗弯刚度为 EI_{eq1}，第 2～4 层结构矩形截面的等效抗弯刚度为 EI_{eq2}，而第 5～8 层、第 9～12 层结构矩形截面的等效抗弯刚度分别为 EI_{eq3} 和 EI_{eq4}。其值如下：

$$EI_{\text{eq}i}=\begin{cases}1.503\ 4\times10^{13}\ \text{Pa}\ (i=1)\\1.503\ 4\times10^{13}\ \text{Pa}\ (i=2)\\1.187\ 9\times10^{13}\ \text{Pa}\ (i=3)\\9.094\ 7\times10^{12}\ \text{Pa}\ (i=4)\end{cases}$$

应用本书计算方法时，不仅需要简化后的抗剪刚度和抗弯刚度，还需计算框架结构等效于多段梁的转动惯量和模型的单位高度质量。

3. 框架结构的转动惯量

第 1 层结构矩形截面的转动惯量为

$$\rho I_1 = \left\{2\ 500 \times \left[\frac{1}{12} \times 0.45 \times 0.9^3 + 0.45 \times 0.9 \times (10^2 \times 10 + 4^2 \times 10)\right]\right\}\text{kg} \cdot \text{m}$$
$$= 1.175 \times 10^6\ \text{kg} \cdot \text{m}$$

第 2～4 层结构矩形截面的转动惯量相等，均为

$$\rho I_2 = \rho I_1 = 1.175 \times 10^6\ \text{kg} \cdot \text{m}$$

第 5～8 层结构矩形截面的转动惯量相等，均为

$$\rho I_3 = \left\{2\ 500 \times \left[\frac{1}{12} \times 0.4 \times 0.8^3 + 0.4 \times 0.8 \times (10^2 \times 10 + 4^2 \times 10)\right]\right\}\text{kg} \cdot \text{m}$$
$$= 9.28 \times 10^5\ \text{kg} \cdot \text{m}$$

第 9～12 层结构矩形截面的转动惯量相等，均为

$$\rho I_4 = \left\{2\ 500 \times \left[\frac{1}{12} \times 0.35 \times 0.7^3 + 0.35 \times 0.7 \times (10^2 \times 10 + 4^2 \times 10)\right]\right\}\text{kg} \cdot \text{m}$$
$$= 7.105\ 3 \times 10^5\ \text{kg} \cdot \text{m}$$

4. 结构的单位高度质量

已知框架结构前 11 层的质量均为 380 t，最后一层的质量为 280 t。根据框架的层高及质量，第 1 层结构矩形截面对应的单位高度质量为

$$\rho A_1 = 95\ 000\ \text{kg/m}$$

第 2～4 层结构矩形截面对应的单位高度质量相等，均为

$$\rho A_2 = (380\ 000/3)\text{kg/m} = 126\ 667.67\ \text{kg/m}$$

第 5～8 层结构矩形截面对应的单位高度质量相等，均为

$$\rho A_3 = \rho A_2 = 126\ 667.67\ \text{kg/m}$$

第 9～12 层结构矩形截面对应的单位高度质量相等，为

$$\rho A_4 = (3 \times 380\ 000 + 280\ 000)\ \text{kg/12 m} = 118\ 333.33\ \text{kg/m}$$

通过上述对框架结构的简化分析，本书计算出结构自由振动的固有频率（见表 3 - 1），并将数据结果与两篇相关文献进行对比。通过对比可知，本书方法和微分变换法所示结果的误差较小。将两种数值方法进行对比，分析其计算方法的差异为：①从方法的不同分析，虽然两种数值方法存在一定的差异，即相关文献将框架结构等效为剪力梁，采用微分变换的方法求解 Timoshenko 阶梯柱的控制微分方程，而本书则利用能量系统原理描述出结构的动能和势能，采用 IFSM 法表示位移函数，继而基于最小势能原理对未知 Fourier 系数求极值，最后利用 Rayleigh-Ritz 法求解，但是两种方法都是通过力学手段研究。②由于简化方法存在一定的差异性，对比文献可以发现，两种方法对于等效抗弯刚度的简化较一致，而对于等效抗剪刚度的简化计算方法不同。另外一篇相关文献将框架结构等效为非均匀的梁，采用最小二乘法确定剪切刚度变化的参数。本书方法则假设框架结构的尺寸、材料均匀，即将框架结构等效为均匀的变刚度梁。

表 3-1　变刚度框架结构的自振频率

阶次	频率/Hz		误差/(%)
	IFSM(本书)	微分变换法	
1	7.192	7.662	6.127
2	21.370	21.227	0.676
3	34.783	34.713	0.199
4	46.890	47.600	1.494

在进行数值模拟时，对梁底端及刚度突变处采用系列弹簧控制其边界约束条件，图 3-5 中除顶部自由(对应 $k_4=K_4=0$)外，其他约束均为固支，根据 2.4 节中的验证结果，横向弹簧和扭转弹簧的刚度取值关系为$\dfrac{k_i}{EI}\geqslant 10^{10}$、$\dfrac{K_i}{EI}\geqslant 10^{10}$，即在简化成变刚度梁的框架结构时，弹簧刚度值 $k_i=K_i=10^{10}E_iI_i$。根据本章方法，等效梁的前二阶挠度振型如图 3-6 所示，而前二阶转角振型如图 3-7 所示。

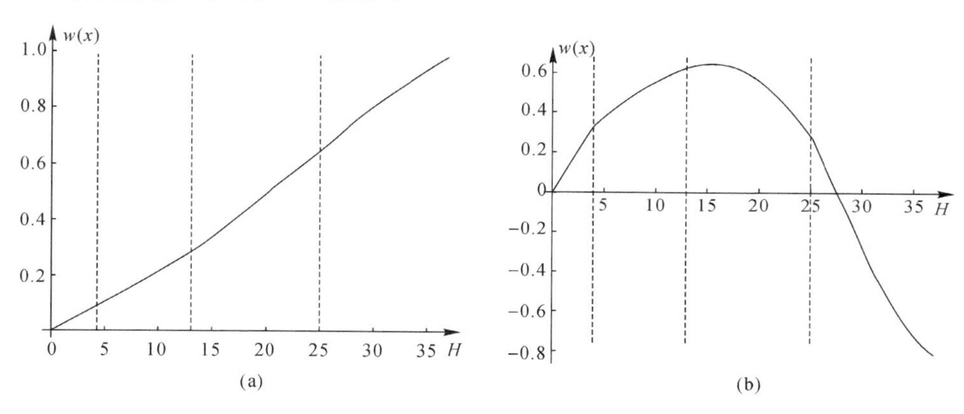

图 3-6　变刚度框架结构等效梁的挠度振型图

(a)第一阶；(b)第二阶

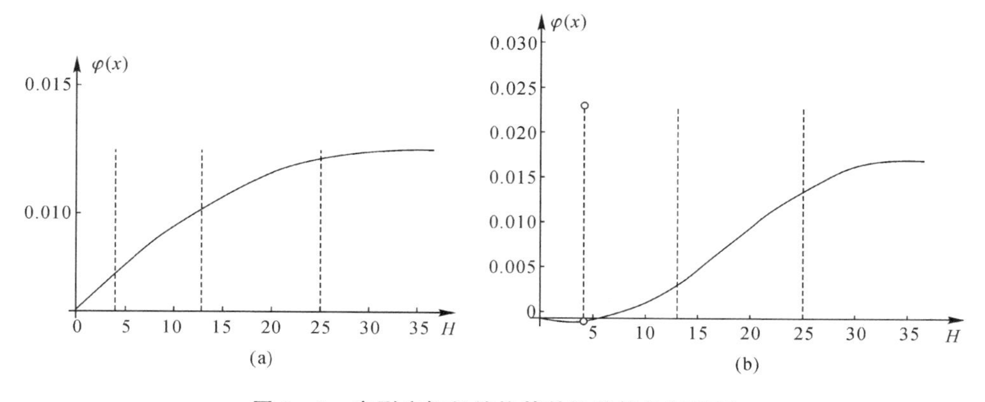

图 3-7　变刚度框架结构等效梁的转角振型图

(a)第一阶；(b)第二阶

3.4 本章小结

本章基于增强谱法(改进 Fourier 级数法)对框架结构进行了连续化处理,将其简化为等刚度、等质量的广义 Timoshenko 阶梯柱,然后根据其性质计算阶梯柱的自振频率,其结果等效为框架结构的自振频率。基于连续化模型,利用框架结构振动分析模型的理论推导,将框架结构简化为变刚度阶梯柱,计算框架的等效剪切刚度和等效抗弯刚度;然后将其等效为阶梯柱,转化为研究变刚度阶梯柱自由振动特性问题;最后获得其固有频率和相应的振型图。

参考文献

[1] 包世华,张铜生. 高层建筑结构设计与计算:上册[M]. 2 版. 北京:清华大学出版社,2013.

[2] 陈继峰. 连体高层建筑结构的简化动力分析[D]. 焦作:河南理工大学,2012.

[3] 王要强. 高层框架结构等效刚度推导与简化分析[D]. 焦作:河南理工大学,2012.

[4] OZTURK D, BOZDOGAN K B. Determination of the dynamic characteristics of frame structures with non-uniform shear stiffness[J]. Iranian Journal of Science and Technology-Transactions of Civil Engineering, 2020, 44(1): 37 - 47.

第4章 平面框架结构的动力学分析

4.1 引 言

在结构力学的背景下，框架的自由振动问题是工程界重点研究的一项课题。平面框架是解决更复杂结构的动力学初步研究的基础。研究结构固有频率的意义之一是为了避免结构振动的固有频率与其相同，防止引起共振和结构产生强烈振动。在结构的动力研究上，为避免共振引起建筑物破坏，结构的动力学成为研究的热点。张晓湘利用力学理论知识不仅分析了单层框架结构失稳时的临界荷载值，还研究分析了其自身的固有频率，获得了结构失稳时相应的临界频率范围。丁星等分析了单层框架结构的自由振动特性，计算了结构的固有频率和振型，重点介绍了平面刚架的各种质量矩阵以及求解特征问题的数值方法，如逆幂法、广义雅可比法和子空间迭代法。彭如海等通过动刚度系数相等得到平面刚架微分动力方程，提出了一种新方法——弹性支撑梁法，探讨、分析了其平面内的弯曲振动模态新方法，进而求出框架结构的各阶固有频率。他们的研究都是基于单层框架的动力分析，对于多层框架结构不具有普适性。

本章将平面框架结构的挠度位移容许函数表示为含4个待定系数的多项式函数叠加余弦辅助函数的位移场形式，继而提出一种研究平面框架结构振动特性的新方法——增强谱法(新型改进 Fourier 级数法)。所提方法中假设的位移函数能更好地模拟平面框架结构的变形，可求解得到高阶的固有频率，且无须离散为较多的单元。其计算步骤类似于杆系结构的有限元法分析，具体步骤如下：首先对平面框架结构进行单元离散，对框架结构的各单元节点和单元构件进行编号，然后用上述假设级数形式表示结构的位移函数，结合 Lagrange 函数表示出结构的动能和势能表达式，利用 Hamilton 原理对 Fourier 系数求极值，最后求解矩阵特征值问题，得到任意边界条件下框架结构的固有频率。通过数值计算和数值模拟分别分析截面形状、边界条件不同时平面框架的振动特性，将固有频率的数值结果与已有文献及有限元数据进行对比，从而验证本方法的准确性和可行性。本书的研究可为工程中平面框架的动力学提供计算依据。

4.2 单层平面框架结构振动的理论模型

4.2.1 结构动力有限元分析的常规做法

1. 建立坐标系

选取单层平面框架结构作为研究对象，计算模型如图 4－1 所示。图中(a)(b)两种框架结构置于局部坐标系中，其柱高分别为 l_1、l_3，梁单元长度为 l_2。

无侧移框架结构：将平面框架离散为 3 个单元，左侧柱设有两个端节点，即节点 1 和节点 2，梁左侧与柱上节点重合，右端设有节点 3，右侧柱顶端与梁右端重合，柱脚设有节点 4；然后再对每个节点进行编号。在图 4－1 可以看出，以柱脚 A、D 为原点沿 z 轴方向向上为正方向，以梁左端点 B 沿 z 轴方向向右为正方向。

有侧移框架结构：与无侧移框架结构建立坐标系方法一致。

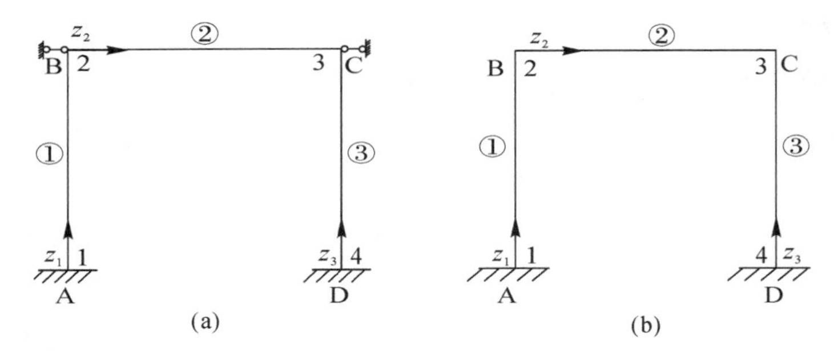

图 4－1 单层框架结构的振动模型

(a)无侧移框架结构； (b)有侧移框架结构

2. 整体结构离散

无侧移框架结构如下：

(1)单元及节点编号描述：图 4－2 所示的一个在整体坐标系中的平面框架结构可离散为 3 个单独的梁构件，形成 4 个节点，其中有 2 个为连接节点。分别将这些构件单元进行编号，记为①～③号，节点编号记为 1～4。本书首先将框架结构进行离散，对置于局部坐标系下的各个单元分别进行单元表达，然后将各单元经过坐标变换，得到整体坐标系下的刚度矩阵和质量矩阵，这样就能使局部坐标系下各单元的不同位置的单元获得公共坐标基准，即整体组装。

(2)节点位移描述：无侧移单层框架结构在节点处可忽略其水平位移，如图 4－2(a)仅考虑每个节点的位移和转角，即每个节点有 2 个自由度(DOF)，框架结构共有 8 个自由度；而有侧移框架结构中节点含有水平方向的位移，如图 4－2(b)需考虑水平方向位移、竖直方向位移及转角，故每个节点有 3 个自由度，框架结构有 12 个自由度，其他参数与无侧移框架结构描述一致。

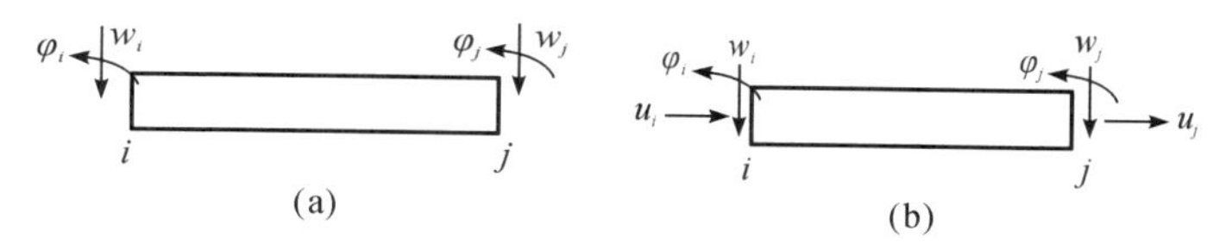

图 4－2　单元的描述

4.2.2　无侧移框架结构

1. 建立位移函数

传统 Fourier 级数法表征位移函数时其位移导数在边界处可能存在不连续的问题，通过引入有限元形函数叠加余弦辅助函数形式使位移函数满足求解域内 2 阶连续且 3 阶导存在，从而有效地解决边界上可能存在的不连续问题，以分析平面框架结构的自由振动问题。

新型改进 Fourier 级数法可看作有限元法的应用。针对一个完整的建筑结构，在进行单元划分时，本书按照结构的构件数将单元离散，即保持每个构件的完整性，如对于槽形平面框架结构，本书只需将结构按自然段划分为 3 个单元，没有必要进行更精细的划分。本书方法基于该较粗糙的单元划分能够满足解的精度要求，且计算效率更高。

将平面框架结构离散为不同的单元，则第 a 个单元的位移函数可表示为

$$w_a(z) = w_{a1} + w_{a2} \tag{4-1}$$

式中：w_a 代表第 a 个框架结构单元的位移函数表达式；w_{a1} 主函数位移表达式；w_{a2} 为辅助函数位移表达式。

其中主函数由每个单元的位移函数表示，即

$$w_{a1} = w_1 N_{-4}(\xi) + \varphi_1 N_{-3}(\xi) + w_2 N_{-2}(\xi) + \varphi_1 N_{-1}(\xi) \tag{4-2}$$

式中：w_1，φ_1 为第 a 个单元一端节点的位移和转角；w_2，φ_2 为第 a 个单元另一端节点的位移和转角；ξ 为无量纲坐标 $\xi = \dfrac{x}{l}$；l 为 a 单元的构件长度；$N_i(\xi)(i=-4,-3,-2,-1)$ 为单元的埃尔米特插值函数，即

$$N_i(\xi) = \begin{cases} 1 - 3\xi^2 + 2\xi^3 & (i = -4) \\ l(\xi - 2\xi^2 + \xi^3) & (i = -3) \\ 3\xi^2 - 2\xi^3 & (i = -2) \\ l(\xi^3 - \xi^2) & (i = -1) \end{cases} \tag{4-3}$$

式(4－1)中辅助函数 w_{a2} 由辅助三角函数组成，表达式为

$$w_{a2} = \sum_{i=0}^{s} A_i [\cos(i\pi\xi) - \cos(i\pi\xi + 2\pi\xi)] \tag{4-4}$$

式中：$i=0,1,2,\cdots,s$，s 应取 ∞，但为了便于计算，本书将其定义为 Fourier 截断数且取为具体值；A_i 为位移函数中未知的常系数。将式(4－2)和式(4－4)代入式(4－1)，得到第 a 个单元的位移函数表达式为

$$w_a = w_1 N_{-4} + \varphi_1 N_{-3} + w_2 N_{-2} + \varphi_2 N_{-1} + \sum_{i=0}^{s} A_i [\cos(i\pi\xi) - \cos(i\pi\xi + 2\pi\xi)] \tag{4-5}$$

2. 求解振动模型的固有频率

基于新型改进 Fourier 级数法表达位移容许函数，结合 Lagrange 函数对平面框架结构进行能量表达，分别求出框架结构的总势能和总动能，然后利用 Hamilton 原理对 Fourier 级数求极值，用 Rayleigh-Ritz 法求解得到结构的特征值方程。对于图 4－1 所示的框架结构忽略了剪切效应，则其产生的弯曲应变能为

$$V=\frac{1}{2}\sum_{i=1}^{3}E_iI_i\int_0^{l_i}\left(\frac{\mathrm{d}^2w_i}{\mathrm{d}z^2}\right)^2\mathrm{d}z \tag{4-6}$$

式中：E_1、I_1 为左侧柱单元材料的弹性模量和惯性矩；E_2、I_2 为梁单元材料的弹性模量和惯性矩；E_3、I_3 为右侧柱单元材料的弹性模量和惯性矩。

框架结构的动能可表示为

$$T=\frac{1}{2}\sum_{i=1}^{3}\rho_iA_i\int_0^{l_i}\left(\frac{\partial w_i}{\partial t}\right)^2\mathrm{d}z \tag{4-7}$$

假设框架结构做简谐振动，即

$$w(z,t)=w(z)\mathrm{e}^{\mathrm{i}\omega t} \tag{4-8}$$

式中：i 为虚数单位；ω 为圆频率。

结构做简谐振动的不同时刻，梁动能的最大值为

$$T_{\max}=\frac{\omega^2}{2}\sum_{i=1}^{3}\rho_iA_i\int_0^{l_i}w_i^2(z)\mathrm{d}z \tag{4-9}$$

式中：ρ_1、A_1 为左侧柱单元的密度和截面面积；ρ_2、A_2 为梁单元的密度和截面面积；ρ_3、A_3 为右侧柱单元的密度和截面面积。

框架结构的 Lagrange 函数为

$$L=V-T_{\max} \tag{4-10}$$

将式(4－6)和式(4－9)代入式(4－10)，利用 Hamilton 原理对 Fourier 系数求极值，有

$$\frac{\partial L}{\partial A_{a,i}}=0 \tag{4-11}$$

式中：a 为单元数，$a=1,2,3$。

由式(4－11)可得单跨框架结构的动力特性的标准特征方程式：

$$(\boldsymbol{K}-\omega^2\boldsymbol{M})\boldsymbol{A}=\boldsymbol{0} \tag{4-12}$$

式中：$\boldsymbol{K}$ 为刚度矩阵；$\boldsymbol{M}$ 为质量矩阵；$\boldsymbol{A}$ 为相关的展开系数向量，即

$$\begin{aligned}\boldsymbol{A}=[&A_{1,-4}\quad A_{1,-3}\quad\cdots\quad A_{1,s}\quad A_{2,-4}\quad A_{2,-3}\quad\cdots\\&A_{2,s}\quad A_{3,-4}\quad A_{3,-3}\quad\cdots\quad A_{3,s}]^{\mathrm{T}}\end{aligned} \tag{4-13}$$

式(4－13)等价于平面框架结构单元的节点位移阵列，即

$$\begin{aligned}\boldsymbol{A}=[&w_1^{(1)}\quad\varphi_1^{(1)}\quad w_2^{(1)}\quad\varphi_2^{(1)}\quad A_0^{(1)}\quad\cdots\quad A_s^{(1)}\mid w_1^{(2)},\varphi_2^{(2)}\quad w_2^{(2)},\\&\varphi_2^{(2)}\quad A_0^{(2)}\quad\cdots\quad A_s^{(2)}\mid w_1^{(3)}\quad\varphi_1^{(3)}\quad w_2^{(3)}\quad\varphi_{①\to②}^{(3)}\quad\cdots\quad A_s^{(3)}]^{\mathrm{T}}\end{aligned} \tag{4-14}$$

或调整顺序写为

$$\begin{aligned}\boldsymbol{A}=[&w_1^{(1)}\quad\varphi_1^{(1)}\quad A_0^{(1)}\quad\cdots\quad A_s^{(1)}\quad w_2^{(1)}\quad\varphi_2^{(1)}\mid w_1^{(2)}\quad\varphi_2^{(2)}\quad A_0^{(2)}\quad\cdots\\&A_s^{(2)}\quad w_2^{(2)}\quad\varphi_2^{(2)}\mid w_1^{(3)}\quad\varphi_1^{(3)}\quad\cdots\quad A_s^{(3)}\quad w_2^{(3)}\quad\varphi_{①\to②}^{(3)}]^{\mathrm{T}}\end{aligned}$$

(4－14’)

式中：挠度 $w_i^{(1)}$、$w_i^{(2)}$、$w_i^{(3)}$（其中 $i=1,2$）中上标分别对应框架结构单元①②③；$\varphi_i^{(1)}$、$\varphi_i^{(2)}$、$\varphi_i^{(3)}$（其中 $i=1,2$）分别为框架结构单元①②③的转角。

3. 基于新型单元的分析

位移函数采用式(4－5)时，可先得到形函数，然后建立单元刚度矩阵和质量矩阵。

将平面框架结构的单元质量矩阵分块为

$$\boldsymbol{M}^e=\begin{bmatrix}\boldsymbol{M}_{11}^{(e)} & \boldsymbol{M}_{12}^{(e)} & \boldsymbol{M}_{13}^{(e)}\\ \boldsymbol{M}_{21}^{(e)} & \boldsymbol{M}_{22}^{(e)} & \boldsymbol{M}_{23}^{(e)}\\ \boldsymbol{M}_{31}^{(e)} & \boldsymbol{M}_{32}^{(e)} & \boldsymbol{M}_{33}^{(e)}\end{bmatrix} \tag{4-15}$$

式中：$\boldsymbol{M}^e$ 表示 e 单元的质量矩阵，分块自由度分别对应于端部位移 $(w_1^{(e)},\varphi_1^{(e)})$、$(w_2^{(e)},\varphi_2^{(e)})$ 和 $[A_0^{(e)}\ \cdots\ A_s^{(e)}]^{\mathrm{T}}$ 的自由度。

类似地，单元刚度矩阵 $\boldsymbol{K}$ 可分块表示为

$$\boldsymbol{K}^e=\begin{bmatrix}\boldsymbol{K}_{11}^{(e)} & \boldsymbol{K}_{12}^{(e)} & \boldsymbol{K}_{13}^{(e)}\\ \boldsymbol{K}_{21}^{(e)} & \boldsymbol{K}_{22}^{(e)} & \boldsymbol{K}_{23}^{(e)}\\ \boldsymbol{K}_{31}^{(e)} & \boldsymbol{K}_{32}^{(e)} & \boldsymbol{K}_{33}^{(e)}\end{bmatrix} \tag{4-16}$$

式中：左端 $\boldsymbol{K}^e$ 表示 e 单元的质量矩阵，按端部位移 $(w_1^{(e)},\varphi_1^{(e)})$、$(w_2^{(e)},\varphi_2^{(e)})$ 和 $[A_0^{(e)}\ \cdots\ A_s^{(e)}]^{\mathrm{T}}$ 的自由度分别分为 3 个方向的子块。

按照图 4－1 的单元连接形式，组装后结构的整体质量矩阵 $\boldsymbol{M}$ 为

$$\boldsymbol{M}=\begin{bmatrix}
\boldsymbol{M}_{11}^{(1)} & \boldsymbol{M}_{12}^{(2)} & \boldsymbol{M}_{13}^{(3)} & \boldsymbol{O}_1 & \boldsymbol{O}_2 & \boldsymbol{O}_1 & \boldsymbol{O}_1 & \boldsymbol{O}_2 & \boldsymbol{O}_1\\
\boldsymbol{M}_{21}^{(1)} & \boldsymbol{M}_{22}^{(2)} & \boldsymbol{M}_{23}^{(3)} & \boldsymbol{O}_2^{\mathrm{T}} & \boldsymbol{O}_3 & \boldsymbol{O}_2^{\mathrm{T}} & \boldsymbol{O}_2^{\mathrm{T}} & \boldsymbol{O}_3 & \boldsymbol{O}_2^{\mathrm{T}}\\
\boldsymbol{M}_{31}^{(1)} & \boldsymbol{M}_{32}^{(2)} & G_1 & \boldsymbol{O}_1 & \boldsymbol{O}_2 & \boldsymbol{O}_1 & \boldsymbol{O}_1 & \boldsymbol{O}_2 & \boldsymbol{O}_1\\
\boldsymbol{O}_1 & \boldsymbol{O}_2 & \boldsymbol{O}_1 & \boldsymbol{G}_1 & \boldsymbol{M}_{12}^{(2)} & \boldsymbol{M}_{13}^{(2)} & \boldsymbol{O}_1 & \boldsymbol{O}_2 & \boldsymbol{O}_1\\
\boldsymbol{O}_2^{\mathrm{T}} & \boldsymbol{O}_3 & \boldsymbol{O}_2^{\mathrm{T}} & \boldsymbol{M}_{21}^{(2)} & \boldsymbol{M}_{22}^{(2)} & \boldsymbol{M}_{23}^{(2)} & \boldsymbol{O}_2^{\mathrm{T}} & \boldsymbol{O}_3 & \boldsymbol{O}_2^{\mathrm{T}}\\
\boldsymbol{O}_1 & \boldsymbol{O}_2 & \boldsymbol{O}_1 & \boldsymbol{M}_{31}^{(2)} & \boldsymbol{M}_{32}^{(2)} & \boldsymbol{G}_2 & \boldsymbol{O}_1 & \boldsymbol{O}_2 & \boldsymbol{O}_1\\
\boldsymbol{O}_1 & \boldsymbol{O}_2 & \boldsymbol{O}_1 & \boldsymbol{O}_1 & \boldsymbol{O}_2 & \boldsymbol{O}_1 & \boldsymbol{G}_2 & \boldsymbol{M}_{12}^{(3)} & \boldsymbol{M}_{13}^{(3)}\\
\boldsymbol{O}_2^{\mathrm{T}} & \boldsymbol{O}_3 & \boldsymbol{O}_2^{\mathrm{T}} & \boldsymbol{O}_2^{\mathrm{T}} & \boldsymbol{O}_3 & \boldsymbol{O}_2^{\mathrm{T}} & \boldsymbol{M}_{21}^{(3)} & \boldsymbol{M}_{22}^{(3)} & \boldsymbol{M}_{23}^{(3)}\\
\boldsymbol{O}_1 & \boldsymbol{O}_2 & \boldsymbol{O}_1 & \boldsymbol{O}_1 & \boldsymbol{O}_2 & \boldsymbol{O}_1 & \boldsymbol{M}_{31}^{(3)} & \boldsymbol{M}_{32}^{(3)} & \boldsymbol{M}_{33}^{(3)}
\end{bmatrix} \tag{4-17}$$

式中：$\boldsymbol{O}_1=\boldsymbol{0}_{2\times2}$，$\boldsymbol{O}_2=\boldsymbol{0}_{2\times(s+1)}$，$\boldsymbol{O}_3=\boldsymbol{0}_{(s+1)\times(s+1)}$，$\boldsymbol{G}_1=\boldsymbol{M}_{33}^{(1)}+\boldsymbol{M}_{11}^{(2)}$，$\boldsymbol{G}_2=\boldsymbol{M}_{33}^{(2)}+\boldsymbol{M}_{11}^{(3)}$。

对于无侧移系统，系统自由度列阵中 2 点的横向挠度和 3 点的横向挠度均为零，而 2 点的转角和 3 点的转角相等，故组装时可把质量矩阵写为

$$\boldsymbol{M}=\begin{bmatrix}
\boldsymbol{M}_{11}^{(1)} & \boldsymbol{M}_{12}^{(1)} & \boldsymbol{M}_{13}^{(1)} & \boldsymbol{O}_2 & \boldsymbol{O}_1 & \boldsymbol{O}_2 & \boldsymbol{O}_1\\
\boldsymbol{M}_{21}^{(1)} & \boldsymbol{M}_{22}^{(1)} & \boldsymbol{M}_{23}^{(1)} & \boldsymbol{O}_3 & \boldsymbol{O}_2^{\mathrm{T}} & \boldsymbol{O}_3 & \boldsymbol{O}_2^{\mathrm{T}}\\
\boldsymbol{M}_{31}^{(1)} & \boldsymbol{O}_2 & \boldsymbol{M}_{33}^{(1)}+\boldsymbol{M}_{11}^{(2)} & \boldsymbol{M}_{12}^{(2)} & \boldsymbol{M}_{13}^{(2)} & \boldsymbol{O}_2 & \boldsymbol{O}_1\\
\boldsymbol{O}_2^{\mathrm{T}} & \boldsymbol{O}_3 & \boldsymbol{M}_{21}^{(2)} & \boldsymbol{M}_{22}^{(2)} & \boldsymbol{M}_{23}^{(2)} & \boldsymbol{O}_3 & \boldsymbol{O}_2^{\mathrm{T}}\\
\boldsymbol{O}_1 & \boldsymbol{O}_2 & \boldsymbol{M}_{31}^{(3)} & \boldsymbol{M}_{32}^{(2)} & \boldsymbol{M}_{33}^{(2)}+\boldsymbol{M}_{11}^{(3)} & \boldsymbol{M}_{12}^{(3)} & \boldsymbol{M}_{13}^{(3)}\\
\boldsymbol{O}_2^{\mathrm{T}} & \boldsymbol{O}_3 & \boldsymbol{O}_2^{\mathrm{T}} & \boldsymbol{O}_3 & \boldsymbol{M}_{21}^{(3)} & \boldsymbol{M}_{22}^{(3)} & \boldsymbol{M}_{23}^{(3)}\\
\boldsymbol{O}_1 & \boldsymbol{O}_2 & \boldsymbol{O}_1 & \boldsymbol{O}_2 & \boldsymbol{M}_{31}^{(3)} & \boldsymbol{M}_{32}^{(3)} & \boldsymbol{M}_{33}^{(3)}
\end{bmatrix} \tag{4-17'}$$

组装后结构的整体刚度矩阵 $\boldsymbol{K}$ 为

$$\boldsymbol{K}=\begin{bmatrix}\boldsymbol{K}_{11}^{(1)} & \boldsymbol{K}_{12}^{(1)} & \boldsymbol{K}_{13}^{(1)} & \boldsymbol{O}_2 & \boldsymbol{O}_1 & \boldsymbol{O}_2 & \boldsymbol{O}_1 \\ \boldsymbol{K}_{21}^{(1)} & \boldsymbol{K}_{22}^{(1)} & \boldsymbol{K}_{23}^{(1)} & \boldsymbol{O}_3 & \boldsymbol{O}_2^{\mathrm{T}} & \boldsymbol{O}_3 & \boldsymbol{O}_2^{\mathrm{T}} \\ \boldsymbol{K}_{31}^{(1)} & \boldsymbol{O}_2 & \boldsymbol{K}_{33}^{(1)}+\boldsymbol{K}_{11}^{(2)} & \boldsymbol{K}_{12}^{(2)} & \boldsymbol{K}_{13}^{(2)} & \boldsymbol{O}_2 & \boldsymbol{O}_1 \\ \boldsymbol{O}_2^{\mathrm{T}} & \boldsymbol{O}_3 & \boldsymbol{K}_{21}^{(2)} & \boldsymbol{K}_{22}^{(2)} & \boldsymbol{K}_{23}^{(2)} & \boldsymbol{O}_3 & \boldsymbol{O}_2^{\mathrm{T}} \\ \boldsymbol{O}_1 & \boldsymbol{O}_2 & \boldsymbol{K}_{31}^{(3)} & \boldsymbol{K}_{32}^{(2)} & \boldsymbol{K}_{33}^{(2)}+\boldsymbol{K}_{11}^{(3)} & \boldsymbol{K}_{12}^{(3)} & \boldsymbol{K}_{13}^{(3)} \\ \boldsymbol{O}_2^{\mathrm{T}} & \boldsymbol{O}_3 & \boldsymbol{O}_2^{\mathrm{T}} & \boldsymbol{O}_3 & \boldsymbol{K}_{21}^{(3)} & \boldsymbol{K}_{22}^{(3)} & \boldsymbol{K}_{23}^{(3)} \\ \boldsymbol{O}_1 & \boldsymbol{O}_2 & \boldsymbol{O}_1 & \boldsymbol{O}_2 & \boldsymbol{K}_{31}^{(3)} & \boldsymbol{K}_{32}^{(3)} & \boldsymbol{K}_{33}^{(3)}\end{bmatrix} \tag{4-18}$$

式(4－12)有非零解的条件是

$$|\boldsymbol{K}-\omega^2\boldsymbol{M}|=0 \tag{4-19}$$

求解该矩阵特征值问题，可得任意边界条件下平面无侧移框架结构的固有频率。

4.2.3 有侧移框架结构

1. 建立位移函数

图 4－1(b)所示有侧移框架结构不仅需要考虑结构的横向振动，还需考虑结构的纵向位移，但不考虑纵向振动。无侧移框架结构横向振动的主函数表达式形成一个 4×4 的刚度矩阵和质量矩阵，而有侧移框架结构中单元的每个节点有三个实际自由度，单元结构的主函数对应 6×6 的刚度矩阵及质量矩阵。

有侧移时，单元的位移列阵为

$$\boldsymbol{q}^e=[u_1\quad w_1\quad \varphi_1\quad w_2\quad u_2\quad \varphi_2^{(1)}\quad A_0\quad A_1\quad \cdots\quad A_s]^{\mathrm{T}} \tag{4-20}$$

式中：$w_i^{(1)}$、$w_i^{(2)}$、$w_i^{(3)}$(其中 $i=1,2$)分别为框架 1、2 和 3 单元的两端位移。

选择单元①为研究对象，在局部坐标系下，图 4－2(b)中单元节点位移主函数对应于式(4－20)中前 6 维列阵，而辅助函数对应的位移列阵为式(4－20)中的后 $s+1$ 维列阵，故单元位移函数对应于 $s+7$ 维列阵。

梁横向位移的形函数为

$$\begin{aligned}\boldsymbol{N}_{\mathrm{D}}=[0\quad 1-3\xi^2+2\xi^3\quad L(\xi-2\xi^2+\xi^3)\quad 0\quad 3\xi^2-2\xi^3\quad L(\xi^3-\xi^2)\\ 1-\cos(2\pi\xi)\quad\cdots\quad\cos(s\pi\xi)-\cos(s\pi\xi+2\pi\xi)]^{\mathrm{T}}\end{aligned} \tag{4-21}$$

式中：$\xi=x/L$；L 为梁长或柱高；s 为 Fourier 截断数。单元横向位移的表达式为

$$w=\boldsymbol{N}_{\mathrm{D}}\boldsymbol{q}^e \tag{4-22}$$

纵向振动主函数的位移函数为

$$\left.\begin{aligned}N_1&=1-\xi\\ N_2&=\xi\end{aligned}\right\}\quad(0\leqslant\xi\leqslant 1)$$

则纵向振动位移函数的表达式为

$$\boldsymbol{u}=[1-\xi\ \xi]\begin{bmatrix}u_1\\ u_2\end{bmatrix} \tag{4-23}$$

单元结构的主位移函数基于 6 个节点自由度，纵向振动位移形函数如下：

$$\boldsymbol{N}_{\mathrm{B}}=[1-\xi\quad 0\quad 0\quad \xi\quad 0\quad 0\quad 0\quad 0\quad 0\quad \cdots\quad 0\quad 0\quad 0] \tag{4-24}$$

则纵向振动位移的表达式为

$$u=\boldsymbol{N}_{\mathrm{B}}\boldsymbol{q}^{e} \tag{4-25}$$

式中：s 为 Fourier 截断数。

2. 单元分析、组装及求解

由有限元法的基本理论，有侧移框架结构的单元刚度矩阵可表示为

$$\boldsymbol{K}^{e}=EA\int_{0}^{L}(\boldsymbol{N'}_{\mathrm{B}})^{\mathrm{T}}\boldsymbol{N'}_{\mathrm{B}}\mathrm{d}z+EI\int_{0}^{L}(\boldsymbol{N''}_{\mathrm{D}})^{\mathrm{T}}\boldsymbol{N''}_{\mathrm{D}}\mathrm{d}z \tag{4-26}$$

式中：$\boldsymbol{N'}_{\mathrm{B}}$ 为结构纵向的几何矩阵；$\boldsymbol{N'}_{\mathrm{B}}$ 为 $\boldsymbol{N}_{\mathrm{B}}$ 对 ξ 求一阶导数所得矩阵；$\boldsymbol{N''}_{\mathrm{D}}$ 为横向振动形函数矩阵 $\boldsymbol{N}_{\mathrm{D}}$ 对 ξ 求二阶导所得的矩阵。

质量矩阵表达式为

$$\boldsymbol{M}^{e}=\rho A\int_{0}^{L}(\boldsymbol{N}_{\mathrm{B}})^{\mathrm{T}}\boldsymbol{N}_{\mathrm{B}}\mathrm{d}z+\rho I\int_{0}^{L}(\boldsymbol{N}_{\mathrm{D}})^{\mathrm{T}}\boldsymbol{N}_{\mathrm{D}}\mathrm{d}z \tag{4-27}$$

在局部坐标系下，主函数中具有实际意义的自由度对应的单元刚度矩阵和质量矩阵分别为

$$\boldsymbol{K}^{e}=\begin{bmatrix}\frac{EA}{L} & 0 & 0 & -\frac{EA}{L} & 0 & 0\\ 0 & \frac{12EI}{L^{3}} & \frac{6EI}{L^{2}} & 0 & -\frac{12EI}{L^{3}} & \frac{6EI}{L^{2}}\\ 0 & \frac{6EI}{L^{2}} & \frac{4EI}{L} & 0 & -\frac{6EI}{L^{2}} & \frac{2EI}{L}\\ -\frac{EA}{L} & 0 & 0 & \frac{EA}{L} & 0 & 0\\ 0 & -\frac{12EI}{L^{3}} & -\frac{6EI}{L^{2}} & 0 & \frac{12EI}{L^{3}} & -\frac{6EI}{L^{2}}\\ 0 & \frac{6EI}{L^{2}} & \frac{2EI}{L} & 0 & -\frac{6EI}{L^{2}} & \frac{4EI}{L}\end{bmatrix} \tag{4-28}$$

$$\boldsymbol{M}^{e}=\rho\begin{bmatrix}\frac{L}{3}A & 0 & 0 & \frac{L}{6}A & 0 & 0\\ 0 & \frac{13L}{35}I & \frac{11L^{2}}{210}I & 0 & -\frac{9L}{70}I & -\frac{13L^{2}}{420}I\\ 0 & \frac{11L^{2}}{210}I & \frac{L^{3}}{105}I & 0 & \frac{13L^{2}}{420}I & -\frac{L^{3}}{140}I\\ \frac{L}{6}A & 0 & 0 & \frac{L}{3}A & 0 & 0\\ 0 & \frac{9L}{70}I & \frac{13IL^{2}}{420} & 0 & \frac{13IL}{35} & -\frac{11IL^{2}}{210}\\ 0 & -\frac{13IL^{2}}{420} & -\frac{IL^{3}}{140} & 0 & -\frac{11IL^{2}}{210} & \frac{IL^{3}}{105}\end{bmatrix} \tag{4-29}$$

式(4-28)及式(4-29)是在局部坐标系下得到的部分矩阵形式,若要获得整体框架结构的刚度矩阵及质量矩阵,应先得到各单元的矩阵分块,然后对3个单元按照"对号入座"的方式进行刚度矩阵的组装。

由此可得框架结构动力学的标准特征方程式,即

$$(\boldsymbol{K}-\omega^2\boldsymbol{M})\boldsymbol{A}=\boldsymbol{0} \tag{4-30}$$

式(4-30)有非零解的条件为

$$|\boldsymbol{K}-\omega^2\boldsymbol{M}|=0 \tag{4-31}$$

求解式(4-31)即可获得有侧移框架结构的固有频率。

4.3 数值算例

通过数值算例验证本书方法的有效性和准确性。本节研究不同边界条件、不同形状的单层刚框架的振动频率。利用有限元软件建立平面框架振动模型,分析其做自由振动时的振型,并将有限元结果与新型改进 Fourier 级数法得到的结果进行比较,验证本书方法的准确性。

4.3.1 Fourier 截断数对收敛性的影响

Fourier 截断数 s 将影响数据的精度,即 s 越大,得到的计算结果越精确。Fourier 截断数 s 取值越大,会使得矩阵维数增大,从而增大计算量。为了权衡二者以达到最优效果,本节研究 Fourier 截断数 s 的取值。

为了便于与文献对比,引入固有频率的无量纲化公式为:$\Omega=\omega L^2\sqrt{\rho_1 A_1/(E_1 I_1)}$。为了便于与有限元数据比较,部分算例中采用以 Hz 为单位的固有频率,即 $f=\dfrac{\omega}{2\pi}$。

为考察所提方法的精度,选取误差绝对值为最大值:

$$e_{\max}=\left|\frac{\Omega-\Omega^*}{\Omega}\times 100\%\right| \tag{4-32a}$$

或

$$e_{\max}=\left|\frac{f-f^*}{f}\times 100\%\right| \tag{4-32b}$$

式中:Ω^* 为文献中的数据结果;f^* 为有限元数据结果。

选取柱脚两端固支的平面框架结构。结构的几何参数如下:3个单元构件的截面均为圆截面,且直径 $d_1=d_2=d_3=0.4$ m,左、右侧柱的高度 $l_1=l_3=5$ m,柱与柱的间距 $l_2=5$ m。框架结构的材料参数为:密度 $\rho_1=\rho_2=\rho_3=2\ 500$ kg/m^3,弹性模量 $E_1=E_2=E_3=2\ 500$ N/m^2。Fourier 截断数 s 取2、4、6、8、10和12,表4-1给出对应的无量纲固有频率,并与已有相关文献的结果进行误差对比,验证所提方法的准确性和可行性。

表 4-1　不同展开阶数时框架结构的无量纲频率

阶次	频率							误差/(%)
	Fourier 截断数取 2	Fourier 截断数取 4	Fourier 截断数取 6	Fourier 截断数取 8	Fourier 截断数取 10	Fourier 截断数取 12	相关文献	
1	12.740	12.655	12.651	12.650	12.649	12.648	12.750	0.77
2	18.723	18.491	18.479	18.474	18.472	18.471	18.480	0.042
3	22.792	22.410	22.391	22.383	22.379	22.377	22.400	0.093
4	45.815	45.222	45.088	45.040	45.020	45.009	44.990	0.67
5	56.412	55.551	55.347	55.274	55.272	55.226	55.200	0.131

从表 4-1 中可以看出，相关文中 Fourier 截断数 s 取 10 与已有文献计算结果的误差均较小，一阶无量纲频率产生的最大误差仅为 0.77%，满足相关规范的误差要求。结合表 4-1 可知，随 Fourier 截断数 s 的增加，无量纲频率变化很小，变化幅度逐渐趋于稳定。为均衡计算效率和精度，Fourier 截断数 s 取 10 能够满足计算精度要求，故本书取 Fourier 截断数 $s=10$。

4.3.2　无侧移框架的自由振动分析

算例 4.1：槽形、T 形、L 形和矩形 4 种不同形状的平面框架结构。

4 种形状的平面框架结构各段梁和柱高度 l 均相等，各段弹性模量 E、密度 ρ 等材料参数均相等，研究平面框架结构自由振动时的固有频率。表 4-2 给出 4 种不同形状平面框架结构的前四阶无量纲固有频率，为进一步验证本书方法的正确性，将本书方法得到的结果与相应文献及有限元结果对比，得到本书方法的数值解与相关文献最大误差仅为 0.691%，与有限元解的最大误差为 1.785%，即使有限元结果产生的误差相对较大，但均满足最大误差要求，表明本书方法具有较高的精度和准确度。

表 4-2　不同截面形状的框架结构无量纲固有频率

形状		来源	频率			
			阶次为 1	阶次为 2	阶次为 3	阶次为 4
槽形	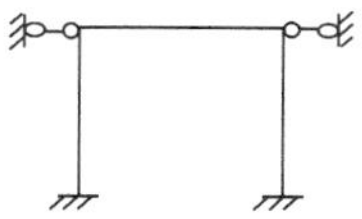	本书方法	12.649	18.472	22.379	45.020 2
		已有文献	12.650	18.480	22.400	44.99
		误差/(%)	0.005 5	0.041 7	0.092 9	0.067 1
T 形	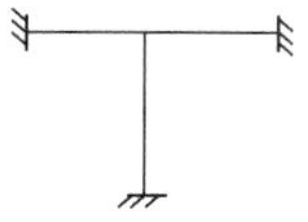	本书方法	15.432	50.250	104.933	178.292
		已有文献	15.420	49.960	104.220	178.19
		误差/(%)	0.077	0.581	0.684	0.057
L 形	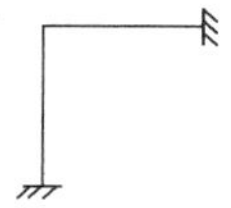	本书方法	8.187	18.044	26.105	47.838 4
		已有文献	8.210	18.020	25.950	47.51
		误差/(%)	0.269	0.135	0.600	0.691

续 表

形状		来源	频率			
			阶次为 1	阶次为 2	阶次为 3	阶次为 4
矩形		本书方法	9.870	15.420	15.420	22.379 2
		有限元	9.877	15.304	15.304	21.986 7
		误差/(%)	0.070 9	0.760 5	0.760 5	1.785

将各类型的无量纲频率代入式(4-5)得到一阶振型，如图 4-3 所示。由图 4-3 可以看出：4 种类型的框架结构各节点的线位移均为 0；无侧移槽形、矩形框架结构的一阶模态图均为对称图。可见本节所提方法的计算效率较高，为平面框架结构的振动特性计算提供一种新方法。

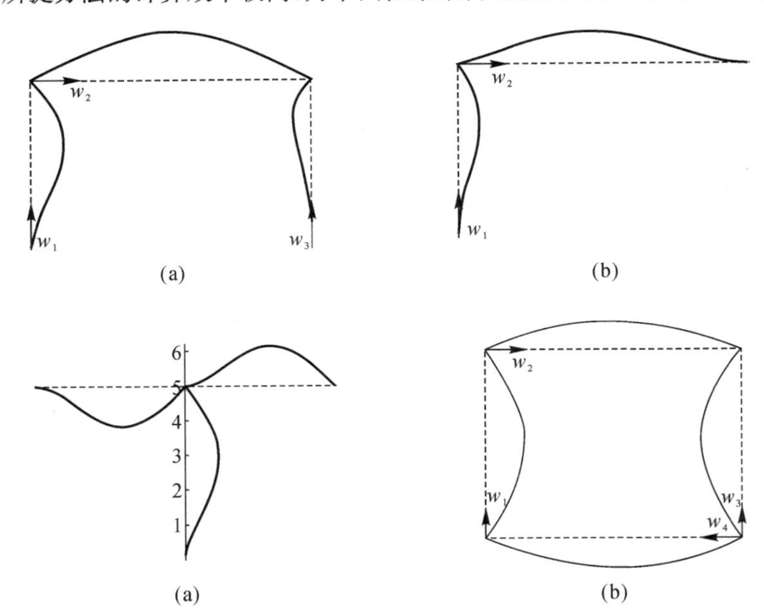

图 4-3　不同形状框架结构自由振动的一阶振型图

(a)槽形结构；(b)L 形结构；(c)T 形结构；(d)矩形结构

算例 4.2：单层无侧移框架结构的固有频率。

计算柱脚固支-固支(C-C)和柱脚简支-简支(S-S)边界条件下，不同跨高比下平面无侧移框架结构的固有频率，分析结构固有频率的变化趋势。槽形框架结构的材料及截面属性为：弹性模量 $E=2.8\times10^{10}$ N/m^2，密度 $\rho=2\ 500$ kg/m^3，两侧柱的截面尺寸为 $b_1\times h_1=0.4$ m$\times0.4$ m，柱高 $l_1=l_3=5$ m，梁截面尺寸为 $b_2\times h_2=0.25$ m$\times0.6$ m。

对于图 4-1 所示的无侧移槽形框架结构 B、C 点的水平位移挠度等于 0，即 $w_B=w_C=0$。表 4-3、表 4-4 分别给出采用新型改进 Fourier 级数法和有限元法两种方法求解两类边界条件下单层单跨槽形框架结构和单层双跨槽形框架结构的固有频率，其中柱脚处的连接分别为固支-固支(C-C)和简支-简支(S-S)。

表 4-3　单层单跨框架结构的固有频率 f_i

边界条件	跨度 l_2/m	f_1/Hz			f_2/Hz		
		本书	有限元	误差/(%)	本书	有限元	误差/(%)
C-C	5	37.103	36.996	0.289	48.624	48.776	0.311
	6	30.074	29.917	0.525	47.538	47.678	0.092
	7	23.878	23.763	0.486	46.185	46.286	0.217
	8	19.174	19.103	0.376	44.230	44.243	0.028
	9	15.680	15.638	0.270	41.168	41.034	0.328
	10	13.051	13.027	0.188	36.901	36.656	0.669
S-S	5	27.703	27.742	0.139	33.438	33.533	0.281
	6	24.624	24.604	0.082	32.780	32.876	0.291
	7	20.878	20.831	0.226	32.087	32.177	0.279
	8	17.337	17.271	0.382	31.294	31.258	0.116
	9	14.417	14.389	0.197	30.301	30.354	0.171
	10	12.110	12.094	0.134	28.962	28.972	0.032

表 4-3 和表 4-4 数据表明：在柱脚连接分别为固支-固支、铰接-铰接边界下，单层单跨框架结构和单层双跨框架结构的柱高均保持不变时，前两阶固有频率随梁跨的增加而逐渐减小；将本书所提方法数据结果与有限元软件模拟结果进行对比，发现两者最大误差仅为 1.252%，满足规定的误差要求，从而验证所提方法的可行性和准确性。需要说明的是，相关文献中所提有限元结果均利用有限元软件中的线单元类型进行模拟得出。

表 4-4　单层双跨槽形框架结构的固有频率 f_i

边界条件	跨度 l_2/m	f_1/Hz			f_2/Hz		
		本书	有限元	误差/(%)	本书	有限元	误差/(%)
C-C	5	37.157	36.855	0.815	44.830	44.533	0.663
	6	29.313	29.049	0.902	38.894	38.437	1.176
	7	22.930	22.749	0.789	31.112	30.723	1.252
	8	18.268	18.148	0.659	24.701	24.435	1.078
	9	14.869	14.787	0.551	19.939	19.760	0.898
	10	12.338	12.281	0.464	16.399	16.276	0.752
S-S	5	28.431	28.317	0.402	31.742	31.607	0.427
	6	24.802	24.578	0.904	29.984	29.632	1.174
	7	20.552	20.426	0.613	26.954	26.753	0.748
	8	16.799	16.704	0.568	22.813	22.617	0.860
	9	13.838	13.770	0.494	18.889	18.738	0.799
	10	11.554	11.505	0.427	15.708	15.598	0.703

图 4-4 为有限元软件给出柱脚固支-固支梁跨 $l_2=5$ m 时，单层单跨和单层双跨框架结构的振型图。

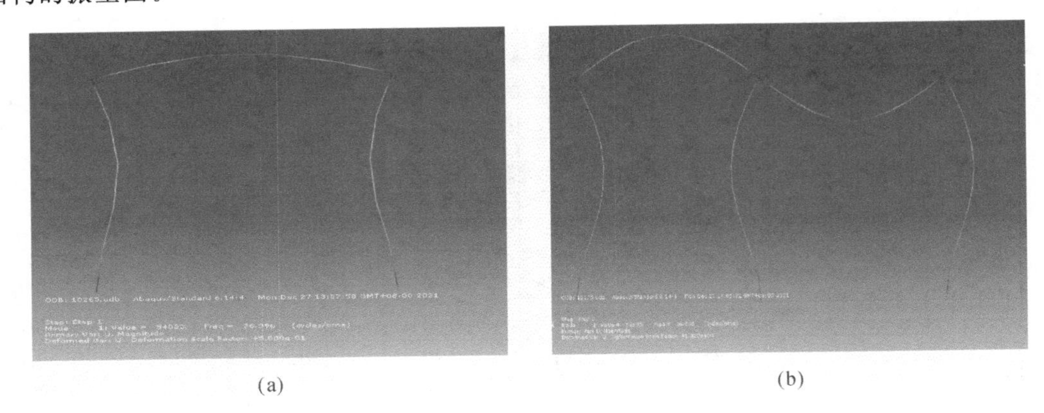

(a)　　(b)

图 4-4　单层框架结构的一阶振型图

(a)单层单跨；　(b)单层双跨

4.3.3　有侧移框架的自由振动分析

算例 4.3：槽形框架结构。

本节计算单层单跨槽形框架结构的自由振动，将图 4-1 无侧移框架结构中 B、C 点的链杆去除则为有侧移框架结构，此时 B、C 两点产生的水平位移大小相等，即有 $w_B=w_C$。对于有侧移框架结构，单元的每个节点均采用 3 个方向位移(水平位移、竖向位移和转角)，即有侧移单层单跨平面框架结构的节点位移列阵为 $\mathbf{A}=[u_1\quad v_1\quad \theta_1\quad u_2\quad v_2\quad \theta_2\quad u_3\quad v_3\quad \theta_3\quad u_4\quad v_4\quad \theta_4\quad A_0^{(1)}\quad \cdots\quad A_s^{(1)}\quad \cdots\quad A_0^{(3)}\quad A_1^{(3)}\quad \cdots\quad A_s^{(3)}]^{\mathrm{T}}$，其中“$u_1$”中下标 1 代表节点 1，$A_1^{(3)}$ 中上标“(3)”代表单元 3，其他以此类推。

本节采用新型改进 Fourier 级数法和改进 Fourier 级数法计算有侧移框架结构的固有频率，其各单元杆件的材料参数与算例 4.2 相同。表 4-5 及表 4-6 分别列出了柱脚固支-固支(C-C)和柱脚简支-简支(S-S)边界下单层单跨框架结构的固有频率。

新型改进 Fourier 级数法计算有侧移平面框架结构的动力特性时，各单元的弹性势能和动能表达式与无侧移平面框架结构的表达式相同，但节点自由度数不同，而导致刚度矩阵(质量矩阵)不同，程序中的组装函数有一定的区别。

表 4-5　柱脚固支-固支单层单跨框架结构的固有频率 f_i

跨度 l_2/m	f_1/Hz			f_2/Hz		
	新型 IFSM	IFSM	误差/(%)	新型 IFSM	IFSM	误差/(%)
5	13.065	13.064	0.003	37.275	37.266	0.025
6	12.944	12.931	0.107	30.188	30.182	0.020

续 表

跨度 l_2/m	f_1/Hz			f_2/Hz		
	新型 IFSM	IFSM	误差/(%)	新型 IFSM	IFSM	误差/(%)
7	12.827	12.815	0.096	23.962	23.947	0.063
8	12.710	12.698	0.095	19.241	19.249	0.042
9	12.592	12.588	0.028	15.734	15.737	0.020
10	12.468	12.454	0.114	13.096	13.090	0.044

利用所提方法结合 Rayleigh-Ritz 法求解矩阵的特征值问题时，将相应特征向量代入式(4－5)的位移函数表达式中，可以绘制出有侧移单层框架的振型图。图 4－5 给出梁跨度 l_2＝5 m 时，柱脚固支-固支边界下单层单跨框架结构的前两阶振型图。

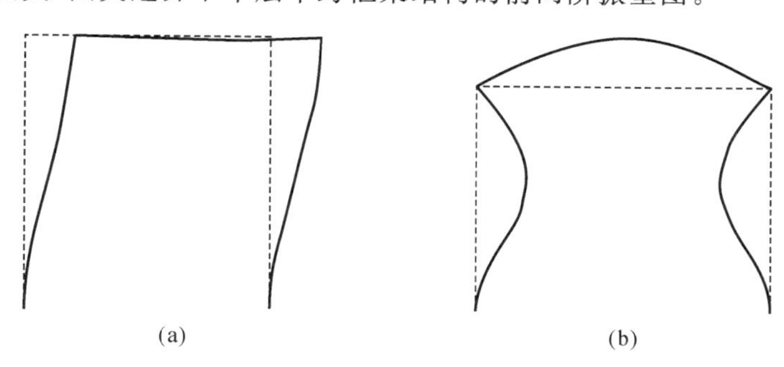

图 4－5　柱脚固支-固支单层单跨框架结构的前两阶振型图

(a)一阶模态图；(b)二阶模态图

表 4－6　柱脚简支-简支单层单跨框架结构的固有频率 f_i

跨度 l_2/m	f_1/Hz			f_2/Hz		
	新型 IFSM	IFSM	误差/(%)	新型 IFSM	IFSM	误差/(%)
5	5.639	5.639	0.004 1	27.890	27.845	0.161 96
6	5.563	5.564	0.012 8	24.73 4	24.73 0	0.013 7
7	5.489	5.490	0.003 6	20.957	20.955	0.011 5
8	5.418	5.418	0.008 9	17.398	17.395	0.013 2
9	5.348	5.349	0.011 6	14.466	14.465	0.010 4
10	5.280	5.281	0.013 6	12.151	12.149	0.0140

表 4－5 及表 4－6 表明：柱脚固支-固支(S－S)和柱脚简支-简支(C－C)的单层单跨框架结构自由振动的固有频率均随梁跨的增加而不断减小；从两种方法计算结果的误差可以看出，两种方法的计算结果的误差均很小，最大误差仅为 0.161 96%，满足常规误差要求。图 4－6 给出柱脚简支-简支(S－S)时单层单跨框架结构的一阶振型图。

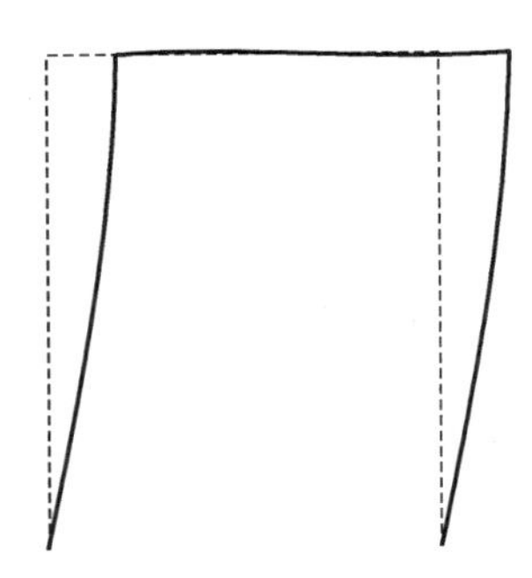

图 4-6　柱脚简支-简支(S-S)单层单跨框架结构的一阶振型图

4.4　双层框架结构的振动分析

4.4.1　建立双层框架的动力模型

本节以无侧移双层框架结构为例分析其自由振动特性。结构模型的分析步骤如下。

1. 建立整体坐标系

选取双层单跨、双跨框架结构为研究对象，计算模型如图 4-7 所示。在局部坐标系中，假设每段杆件单元挠度都以向上、向右为正方向来规定。平面框架柱高为 L_c、梁跨长为 L_b。

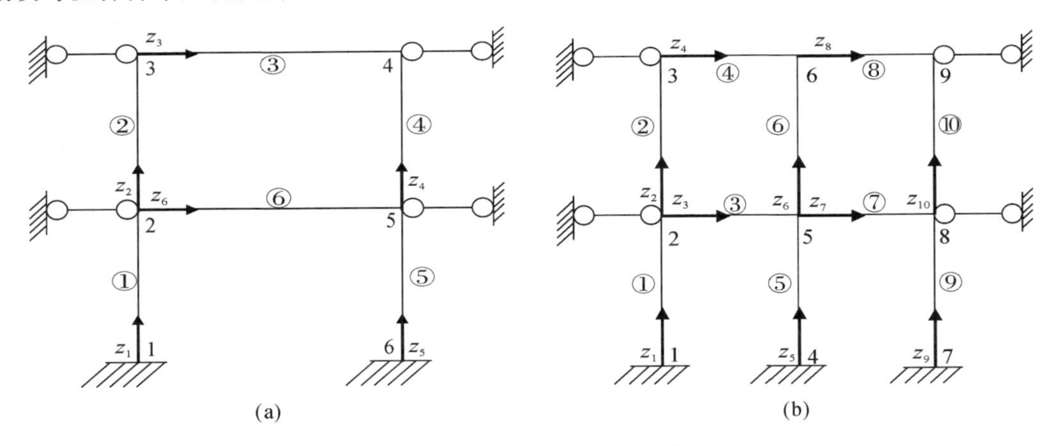

图 4-7　双层无侧移框架结构模型

(a)双层单跨框架模型；(b)双层双跨框架模型

2. 整体结构离散

(1)双层单跨框架结构：对原整体结构按几何形状的变化性质划分节点，进行 1～6 编号，其中两个(位于支座处)节点，4 个节点(位于杆段连接处)；将双层框架结构进行单元离散，离散为 6 个单元，即①～⑥单元。

(2)双层双跨框架结构:将双层双跨整体结构进行节点编号,共 9 个节点,即 1～9;同时将结构进行单元离散,共 10 个单元,即单元编号为①～⑩。

(3)框架结构的节点位移:

1)对于无侧移框架结构每个节点有 2 个自由度,即位移 w 和转角 φ。

2)双层单跨结构有 6 个单元,产生 2 个支座节点,4 个连接节点,共 6 个节点,对应 12 个自由度。

3)双层双跨结构有 10 个单元,3 个支座节点,6 个连接节点,共有 9 个节点,对应 18 个自由度。

在局部坐标系中分析每个单元的动力特性,建立每一个单元的能量表达式,获得单元刚度矩阵和质量矩阵;然后将各个单元的矩阵根据图形结构进行的组装,以获得不同结构的整体刚度矩阵和质量矩阵,从而得到结构自由振动的固有频率。

3. 位移函数表达式

对各段梁,横向位移采用新型改进 Fourier 级数形式,即按照 4.2.2 节中的形式,具体如下:

$$w_a = w_1 N_{-4} + \varphi_1 N_{-3} + w_2 N_{-2} + \varphi_2 N_{-1} + \sum_{i=0}^{s} A_{a,i}[\cos(i\pi\xi) - \cos(i\pi\xi + 2\pi\xi)] \tag{4-33}$$

式中:a 为单元最大编号。其中,双层单跨框架结构 $a=6$,双层双跨框架结构 $a=10$。

4.4.2　计算各单元的刚度矩阵、质量矩阵

采用新型改进 Fourier 级数法表示位移函数,结合 Lagrange 函数求解框架的振动方程,各单元构件组成的弯曲势能可表示为

$$V = \frac{1}{2}\sum_{i=1}^{a} E_i I_i \int_0^{l_i} \left(\frac{\mathrm{d}^2 w_i}{\mathrm{d}z^2}\right)^2 \mathrm{d}z \tag{4-34}$$

式中:a 表示整体框架结构的最大单元数。

两层平面框架结构的动能可表示为

$$T = \frac{1}{2}\sum_{i=1}^{a} \rho A_i \int_0^{L_i} \left(\frac{\partial w_i}{\partial t}\right)^2 \mathrm{d}z \tag{4-35}$$

记 $w_i(x,t) = w_i \sin(\omega t)$,则

$$T_{\max} = \frac{\omega^2}{2}\sum_{i=1}^{a}\int_0^{L_i} \rho A_i w_{\mathrm{d}}^2 z \tag{4-36}$$

框架结构的 Lagrange 函数表示为

$$L = V - T_{\max} \tag{4-37}$$

由 Hamilton 原理对位移展开时的各待定系数求极值,即

$$\frac{\partial L}{\partial A_{a,i}} = 0 \tag{4-38}$$

由式(4-37)可得双层框架结构的动力标准方程式：

$$(\boldsymbol{K}-\omega^2\boldsymbol{M})\boldsymbol{A}=\boldsymbol{0} \tag{4-39}$$

式中：$\boldsymbol{K}$ 为双层框架结构的刚度矩阵；$\boldsymbol{M}$ 为双层框架结构的质量矩阵；$\boldsymbol{A}$ 为相关的级数展开系数向量，也即对应于框架结构的整体节点位移列阵，为

$$\begin{aligned}\boldsymbol{A}=[&w_1^{(1)} \quad \varphi_1^{(1)} \quad w_2^{(1)} \quad \varphi_2^{(1)} \quad A_0^{(1)} \quad \cdots \quad A_s^{(1)} \quad \cdots \\ &w_1^{(a)} \quad \varphi_1^{(a)} \quad w_2^{(a)} \quad \varphi_2^{(a)} \quad A_0^{(a)} \quad A_1^{(a)} \quad \cdots \quad A_s^{(a)}]^{\mathrm{T}}\end{aligned} \tag{4-40}$$

或按照有无实际物理意义，将各分量元素重新编排为

$$\begin{aligned}\boldsymbol{q}=[&w_1^{(1)} \quad \varphi_1^{(1)} \quad w_2^{(1)} \quad \varphi_2^{(1)} \quad \cdots \quad w_1^{(a)} \quad \varphi_1^{(a)} \quad w_2^{(a)} \\ &\varphi_2^{(a)} \quad A_0^{(1)} \quad \cdots \quad A_s^{(1)} \quad \cdots \quad A_0^{(a)} \quad A_1^{(a)} \quad \cdots \quad A_s^{(a)}]^{\mathrm{T}}\end{aligned} \tag{4-41}$$

其中，节点的自由度如有重复需合并。平面双层框架结构的单元刚度矩阵和单元质量矩阵与4.2.2节一致，之后组装可得整体双层框架结构刚度矩阵和质量矩阵。

式(4-39)有非零解的条件是

$$|\boldsymbol{K}-\omega^2\boldsymbol{M}|=0 \tag{4-42}$$

解式(4-42)标准矩阵特征值问题，即可获得双层框架结构的固有频率；再将相应的特征向量代入式(4-33)即可画出结构的振型图。

4.4.3 数值计算

算例4.4：双层单跨框架。

如图4-7(a)所示的双层单跨框架，材料参数：弹性模 $E=2\times10^{10}$ N/m^2，密度 $\rho=2\ 500$ kg/m^3；几何参数：梁截面面积0.4 m×0.4 m，柱截面面积0.2 m×0.2 m，柱的相对线刚度为 $i_{\mathrm{c}}=E_{\mathrm{c}}I_{\mathrm{c}}/l_{\mathrm{c}}$，梁的相对线刚度为 $i_{\mathrm{b}}=E_{\mathrm{b}}I_{\mathrm{b}}/l_{\mathrm{b}}$，梁柱线刚度比为 K，即 $K=i_{\mathrm{b}}/i_{\mathrm{c}}=I_{\mathrm{b}}l_{\mathrm{c}}/(I_{\mathrm{c}}l_{\mathrm{b}})$。

表4-7及表4-8给出柱脚固支-固支(C-C)和柱脚一端固支-一端自由(C-F)边界下，不同线刚度比的双层框架结构自由振动时的固有频率。

表4-7　柱脚C-C边界下双层单跨框架的固有频率 f_i

K	l_{c}/m	l_{b}/m	f_1/Hz			f_2/Hz		
			本书方法	有限元法	误差/(%)	本书方法	有限元法	误差/(%)
8	3	6	15.167	15.174	0.04	16.784	16.745	0.24
	4	8	8.531	8.439	1.08	9.441	9.264	1.90
	5	10	5.460	5.423	0.68	6.042	5.966	1.26
	6	12	3.791	3.774	0.47	4.196	4.158	0.90
10.67	3	4.5	26.060	26.154	0.36	28.546	28.228	1.12
	4	6	14.658	14.789	0.88	16.057	15.867	1.19
	5	7.5	9.381	9.347	0.36	10.276	10.116	1.58
	6	9	6.515	6.499	0.24	7.136	7.059	1.09

表 4－8　柱脚 C－F 边界双层单跨框架的固有频率 f_i

K	l_c/m	l_b/m	f_1/Hz			f_2/Hz		
			本书	有限元	误差/(%)	本书	有限元	误差/(%)
8	3	6	9.353	9.321	0.346	15.240	15.498	1.66
	4	8	5.261	5.250	0.213	8.572	8.699	1.45
	5	10	3.367	3.362	0.141	5.486	5.585	1.76
	6	12	2.338	2.335	0.109	3.810	3.869	1.53
10.67	3	4.5	9.612	9.850	2.42	26.095	26.001	0.36
	4	6	5.406	5.551	2.61	14.678	14.812	0.90
	5	7.5	3.460	3.460	0.000 5	9.394	9.403	0.10
	6	9	2.403	2.470	2.74	6.523	6.642	1.78

算例 4.5:双层双跨框架。

如图 4－7(b)所示,双层双跨平面框架由 6 根柱和 4 根梁构件组成,梁、柱的截面参数均为 $b\times h=0.2\ \mathrm{m}\times 0.24\ \mathrm{m}$,柱高、梁跨均为 $l=2$ m,密度 $\rho=2\ 500\ \mathrm{kg/m^3}$,弹性模量 $E=20$ GPa,表 4－9 给出柱脚固支-固支(C－C)和柱脚简支-简支(S－S)边界下双层双跨平面框架结构的前五阶固有频率。

表 4－9　双层双跨框架结构的固有频率 f_i

边界条件	方法	f_1/Hz	f_2/Hz	f_3/Hz	f_4/Hz	f_5/Hz
固支-固支	本书方法	83.410	102.591	114.241	126.563	139.497
	有限元	82.480	103.640	114.670	128.700	138.480
	误差/(%)	1.120	1.010	0.370	1.660	0.730
简支-简支	本书方法	76.957	89.7818	102.534	102.534	120.232
	有限元	75.595	87.529	101.347	101.347	120.610
	误差/(%)	1.802	2.573	1.171	1.171	0.313

观察表 4－9 可知:柱脚简支-简支(S－S)边界下三阶和四节固有频率的大小一致;本书方法与有限元计算结果的最大误差为 2.573%,满足常规的误差要求。

4.5　本章小结

本章在增强谱法(改进 Fourier 级数法)的基础上,提出了一种适合有限元理论中的 C1 型连续问题的新型增强谱法(新型改进 Fourier 级数法)。基于 Euler 梁理论中位移导数具有实际的物理意义(即转角),所构造的位移场含有三角函数,且能够人为添加有限的若干项,进一步按照有限元的基本理论研究单层框架和双层框架结构的动力学特性。数值算例中无侧移和有侧移的单层框架结构，根据所提方法计算出两种结构的自振频率。本书还研究了无侧移的双层框架结构，包括双层单跨和双层双跨情况，通过本书方法求解特征值获得了两种模型的自振频率。

参考文献

[1] 张晓湘. 竖向周期荷载作用下单层钢框架的动力稳定性分析[D]. 长沙：中南大学，2013.

[2] 丁星，王清远. MATLAB杆系结构分析[M]. 北京：科学出版社，2008.

[3] 彭如海，刘杰，彭劼. 刚架模态分析的弹性支承梁法[J]. 河海大学学报(自然科学版)，2002，30(2)：9－13.

第 5 章　考虑剪切变形的框架结构的动力学分析

第 4 章基于 Euler 梁基本理论研究了框架结构的自由振动分析，而 Timoshenko 梁理论则考虑剪切变形因素的影响。本章所提一种新型增强谱法（新型改进 Fourier 级数法）中对考虑剪切变形结构的位移容许函数形式做新的假设，其形式与 Euler 梁结构的函数形式有所区别。本章结构位移函数展开以有限元 Timoshenko 梁形函数为主函数、正弦函数为辅助函数的形式，这种形式的位移函数结合能量变分原理能很好地拟合结构的变形。本章通过研究连续阶梯悬臂梁、单层框架结构和双层框架结构模型的算例，验证本书方法在考虑剪切变形结构动力问题上的可行性和准确性。

5.1　Timoshenko 阶梯梁的模型

5.1.1　Timoshenko 阶梯梁的动力模型

本节根据 Timoshenko 阶梯梁沿中心轴做自由振动进行分析，建立多阶 Timoshenko 阶梯梁振动分析模型如图 5－1 所示。Timoshenko 阶梯梁各段的长度为 L_n，各段材料的弹性模量均为 E，泊松比为 υ，剪切模量为 G，材料密度为 ρ，各段 Timoshenko 阶梯梁对中性轴的惯性矩 I_n 和截面面积 A_n 不同。

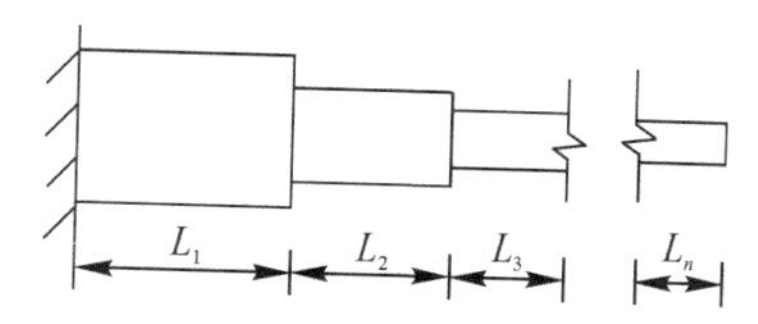

图 5－1　Timoshenko 阶梯梁的动力学模型

1. 位移函数的表达式

考虑剪切变形的 Timoshenko 阶梯梁的位移函数的主函数由 Euler 梁形函数的四项式转化为由两项位移场表示，而两个位移函数分别为位移场和转角场。通过该方法可以探究剪切变形对结构振动特性的影响。

利用新型改进 Fourier 级数表示梁位移函数，可以将各段位移函数展开为主函数叠加

正弦三角级数辅助函数的形式，即 Timoshenko 阶梯梁第 a 段的两个位许函数可表示为

$$\left.\begin{aligned} w_n(x) &= w_{主} + w_{辅} \\ \varphi_n(x) &= \varphi_{主} + \varphi_{辅} \end{aligned}\right\} \tag{5-1}$$

式中：$w_n(x)$代表第 n 段位移函数的表达式；$\varphi_n(x)$代表第 n 段转角函数表达式。

其中主函数是考虑剪切变形 Timoshenko 阶梯梁的位移函数，即

$$\left.\begin{aligned} w_{主} &= [N_{-2} \quad N_{-1}]\begin{bmatrix} w_1 \\ w_2 \end{bmatrix} \\ \varphi_{主} &= [N_{-2} \quad N_{-1}]\begin{bmatrix} \varphi_1 \\ \varphi_2 \end{bmatrix} \end{aligned}\right\} \tag{5-2}$$

式中：w_1、φ_1 为第 n 段梁左端点的位移和转角；w_2、φ_2 为第 n 段右端点的位移和转角；$N_i(\xi)$ 则为采用 Timoshenko 梁单元的形状函数，可以表示为如下形式：

$$\left.\begin{aligned} N_{-2} &= 1-\xi \\ N_{-1} &= \xi \end{aligned}\right\} \quad (0 \leqslant \xi \leqslant 1) \tag{5-3}$$

式中：$\xi = x/L$，L 为阶梯梁的长度。

式(5-1)中辅助函数由正弦函数的形式组成，其表达式为

$$\left.\begin{aligned} w_{辅} &= \sum_{i=0}^{\infty} A_i \sin(i\pi\xi + \pi\xi) \\ \varphi_{辅} &= \sum_{i=0}^{\infty} B_i \sin(i\pi\xi + \pi\xi) \end{aligned}\right\} \tag{5-4}$$

式中：A_i、B_i 为未知 Fourier 展开系数。需要说明的是，式中级数截断为 $p+1$ 项，其具体取值后文会给出详细解释。

将式(5-3)和式(5-4)代入式(5-2)可得第 a 段的位移函数表达式：

$$w_a = [N_{-2} \quad N_{-1} \quad \sin(\pi\xi) \quad \sin(2\pi\xi) \quad \cdots \quad \sin(p\pi\xi + \pi\xi)]\begin{bmatrix} w_1 \\ w_2 \\ A_0 \\ A_1 \\ \vdots \\ A_p \end{bmatrix} \tag{5-5}$$

$$\varphi_a = [N_{-2} \quad N_{-1} \quad \sin(\pi\xi) \quad \sin(2\pi\xi) \quad \cdots \quad \sin(p\pi\xi + \pi\xi)]\begin{bmatrix} \varphi_1 \\ \varphi_2 \\ B_0 \\ B_1 \\ \vdots \\ B_p \end{bmatrix} \tag{5-6}$$

式(5-5)及式(5-6)中：p 为 Fourier 截断数。

采用新型改进 Fourier 级数法表达位移函数，第 a 段梁的位移、转角函数的整体表达式为

$$\left.\begin{aligned} w_a(x) &= \sum_{i=-2}^{\infty} A_i N_i(x) \approx \sum_{i=-2}^{p} A_i N_i(x) \\ \varphi_a(x) &= \sum_{i=-2}^{\infty} B_i N_i(x) \approx \sum_{i=-2}^{p} B_i N_i(x) \end{aligned}\right\} \tag{5-7}$$

式中：p 为 Fourier 截断数；$N_i(x)$（其中 $i=-2,-1,0,\cdots,p$）为分段函数，具体形式为

$$N_i(x)=\begin{cases} 1-\xi & (i=-2) \\ \xi & (i=-1) \\ \sin(i\pi\xi+\pi\xi) & (i\geqslant 0) \end{cases} \tag{5-8}$$

将式(5-5)、式(5-6)合并成矩阵形式为

$$\begin{bmatrix} w_a \\ \varphi_a \end{bmatrix} = \begin{bmatrix} N_{-2} & 0 & N_{-1} & 0 & N_0 & 0 & N_1 & 0 & \cdots & N_{p+1} & 0 \\ 0 & N_{-2} & 0 & N_{-1} & 0 & N_0 & 0 & N_1 & \cdots & 0 & N_{p+1} \end{bmatrix} \begin{bmatrix} w_1 \\ \varphi_1 \\ w_2 \\ \varphi_2 \\ A_0 \\ B_0 \\ A_1 \\ B_1 \\ \vdots \\ A_p \\ B_p \end{bmatrix} \tag{5-9}$$

从上述形式上可以看出，Timoshenko 梁的形函数表示方式与 Euler 梁的表示方式不一样，考虑剪切变形的算法更复杂一些。本书方法可认为是一种有限元法。计算步骤是首先对梁结构的单元离散，分别表示其位移函数，然后进行单元分析，最后组装，并结合边界条件进行整体分析。对于 Timoshenko 梁问题可将每段梁看作一个单元。

2. 振动模型的求解过程

为计算连续阶梯梁的固有频率，本书基于 Timoshenko 梁模型分析，该模型考虑剪切变形与转动惯量对梁振动模态的影响，此时梁的总势能为

$$V=\frac{1}{2}\sum_{i=1}^{a}\left[EI_i\int_0^{L_i}\left(\frac{\mathrm{d}\varphi_i}{\mathrm{d}x}\right)^2\mathrm{d}x+\kappa GA_i\int_0^{L_i}\left(\frac{\mathrm{d}w_i}{\mathrm{d}x}-\varphi_i\right)^2\mathrm{d}x\right] \tag{5-10}$$

式中：κ 为剪切修正系数；a 为框架中梁的段数。

Timoshenko 梁的动能为

$$T=\frac{1}{2}\sum_{i=1}^{a}\left[\rho A_i\int_0^{L_i}\left(\frac{\partial w_i(x,t)}{\partial t}\right)^2\mathrm{d}x+\rho I_i\int_0^{L_i}\left(\frac{\partial \varphi_i(x,t)}{\partial t}\right)^2\mathrm{d}x\right] \tag{5-11}$$

记 $w_i(x,t)=w_i\sin(\omega t)$，则

$$T_{\max}=\frac{\omega^2}{2}\sum_{i=1}^{a}\left[\int_0^{L_i}(\rho A_i w_i^2)\mathrm{d}x+\int_0^{L_i}(\rho I_i\varphi_i^2)\mathrm{d}x\right] \tag{5-12}$$

Timoshenko 梁结构的 Lagrange 函数为 $L=V-T_{\max}$。由 Hamilton 原理对相关的展开系数求极值，即

$$\left.\begin{aligned}\frac{\partial L}{\partial A_{n,i}}=0\\ \frac{\partial L}{\partial B_{n,i}}=0\end{aligned}\right\}\quad (n=1,\cdots,a;i=-2,-1,\cdots,p) \tag{5-13}$$

其中，第 n 段的部分参数具有实际意义，即对应于节点位移或转角，或 $A_{n,-2}=w_1^{(n)}$，$A_{n,-1}=\varphi_1^{(n)}$，$B_{n,-2}=w_2^{(n)}$，$B_{n,-1}=\varphi_2^{(n)}$，其中 $w_2^{(1)}$ 表示第 1 段梁右端点的位移，依此类推。

由式(5-13)可得框架结构的标准特征方程式

$$(\boldsymbol{K}-\omega^2\boldsymbol{M})\boldsymbol{A}=\boldsymbol{0} \tag{5-14}$$

式中：$\boldsymbol{K}$ 为刚度矩阵；$\boldsymbol{M}$ 为质量矩阵；$\boldsymbol{A}$ 为相关展开时的未知系数向量，可记为位移列阵 $\boldsymbol{q}$，即

$$\boldsymbol{A}=[w_1^{(1)}\quad \varphi_1^{(1)}\quad B_{n,-2}] \tag{5-15}$$

式(5-14)有非零解的条件是：

$$|\boldsymbol{K}-\omega^2\boldsymbol{M}|=0 \tag{5-16}$$

求解该矩阵特征值问题，可得 Timoshenko 梁的固有频率。

5.1.2 Fourier 截断数对收敛性的影响

Fourier 截断数对收敛性产生的影响不可忽略。本书以单根杆件的悬臂梁为例，通过研究结构的固有频率随 Fourier 截断数 p 变化的规律，进一步确定 Fourier 截断数 p 的取值。为了便于与文献对比，引入固有频率的无量纲化公式为

$$\Omega=\omega L^2\sqrt{\rho A/(EI)} \tag{5-17}$$

为评价本书方法的精度，选取误差的最大绝对值为 e，有

$$e=\left|\frac{\Omega-\Omega^*}{\Omega}\times 100\%\right|_{\max}$$

梁的材料和几何参数为：$L=1$ m，$E=2.1\times10^{11}$ Pa，$\rho=7\ 860$ kg/m^3，$\upsilon=0.3$，$\kappa=5/6$。分别探讨高跨比 $h/L=0.05$、0.1、0.2 时，Fourier 截断数的变化规律，结果见表 5-1。

表 5-1 Timoshenko 梁的固有频率随 Fourier 截断数不同的收敛情况

h/L	阶次	p						相关文献	误差/(%)
		2	4	6	8	10	12		
0.05	1	1.993	1.922	1.898	1.887	1.882	1.879	1.873 24	0.327
	2	4.979	4.787	4.725	4.698	4.684	4.677	4.662 04	0.324
	3	9.155	7.973	7.842	7.792	7.768	7.755	7.730 48	0.327
0.1	1	1.926	1.888	1.876	1.872	1.870	1.869	1.867 71	0.098
	2	4.709	4.620	4.594	4.583	4.579	4.576	4.572 41	0.093
	3	7.979	7.516	7.455	7.435	7.426	7.422	7.415 42	0.096

续 表

h/L	阶次	p						相关文献	误差/(%)
		2	4	6	8	10	12		
0.2	1	1.868	1.852	1.849	1.847	1.847	1.847	1.846 56	0.025
	2	4.3267	4.297	4.291	4.288	4.286	4.286	4.285 29	0.022
	3	6.792	6.642	6.622	6.616	6.614	6.613	6.611 28	0.026

注:误差为 $p=12$ 时本书结果和文献结果的相对误差。

从表 5-1 的三组数据中可以发现,固有频率的大小随着 Fourier 截断数的增大逐渐趋于收敛,与参考文献的结果接近;在计算的过程中可以发现,当 Fourier 截断数时,计算时间增加得越多;当 Fourier 截断数取 8 时,一阶频率产生的误差分别为 0.78%、0.26%、0.07%,而 p 取 12 时一阶频率的误差分别为 0.327%、0.098%、0.025%,这组数据误差较小。为了使本方法具有较高的精度,之后计算中 Fourier 截断数均取 12。

5.1.3　Timoshenko 梁的固有频率

本节计算 Timoshenko 梁的振动特性,需对式(5-16)求解特征值问题,可得到结构的固有频率,进而获得结构的振型。

算例 5.1:不同回转半径 r 的二阶阶梯梁。

二段阶梯梁如图 5-2 所示。梁计算参数如下:$L_1=2L_2$,$E=2.6\ G$,$\kappa=5/6$,回转半径 $r=\sqrt{I_1/(A_1L^2)}$。截面为矩形,宽度 b 为常量,截面高度 $h_2=0.8h_1$。应用本书方法计算该阶梯梁为不同回转半径时其固有频率的变化。其中回转半径 r 取 0.02、0.04 和 0.06,所得无量纲前三阶固有频率 $\Omega_i=\omega_iL_1^2\sqrt{\rho_1A_1/(EI_1)}(i=1,2,3)$ 的计算结果见表 5-2。

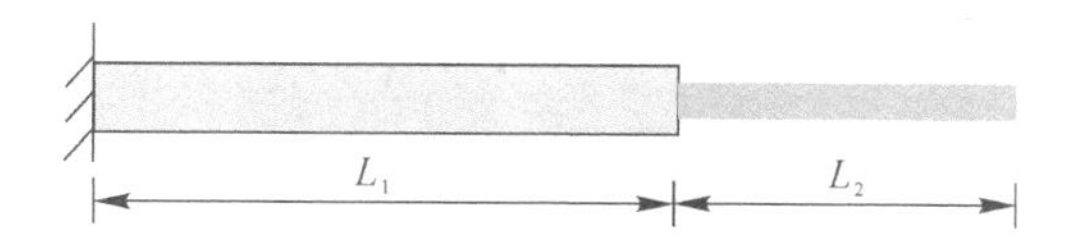

图 5-2　二阶阶梯梁示意图

表 5-2　二阶阶梯梁的无量纲固有频率及误差

r	阶次	本书方法	相关文献	误差/(%)
0.02	1	3.844	3.818 8	0.65
	2	21.574	21.353 7	1.029
	3	55.905	55.965 9	0.108

续表

r	阶次	本书方法	相关文献	误差/(%)
0.04	1	3.800	3.805 8	0.148
	2	20.538	20.701 8	0.790
	3	50.689	51.651 7	1.864
0.06	1	3.774	3.770 6	0.097
	2	19.813	19.797 2	0.083
	3	47.373	47.369 2	0.008

由表 5-2 可以看出：二阶阶梯梁的无量纲频率与相关文献结果最大误差仅为 1.86%，满足规定的误差要求，再次验证该方法的准确性；梁结构自由振动的前三阶无量纲频率随回转半径 r 的增大而不断减小。图 5-3 给出梁结构相应频率下的前两阶挠度的振型图。

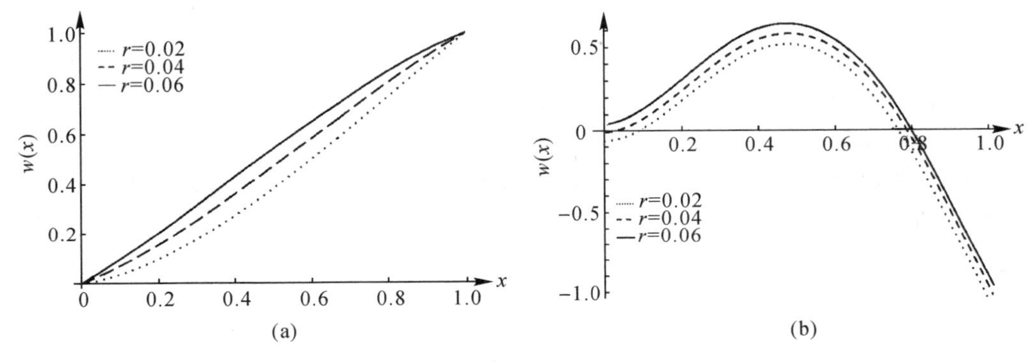

图 5-3 不同回转半径 r 下阶梯梁前两阶振型图

(a)第一阶；(b)第二阶

5.2 单层框架结构的模型和求解

5.2.1 单层框架结构的模型

本节所研究的框架结构分为单层单跨、单层双跨结构，如图 5-4 和图 5-5 所示。框架结构中的各个梁段或单元均考虑其剪切变形，即研究剪切变形对框架结构动力学的影响。

1. 坐标系建立

无侧移单层框架结构：①单层单跨框架结构，以柱脚 A、D 点沿 z 轴方向向上为正方向，以 B 点沿梁轴右方向为正方向建立坐标系；②单层双跨框架结构，以柱脚 A、C、E 三点向上为正方向，以梁、柱节点 B、D 右方向为正方向建立坐标系。有侧移框架结构中的坐标系与无侧移框架结构建立坐标系方法一致。

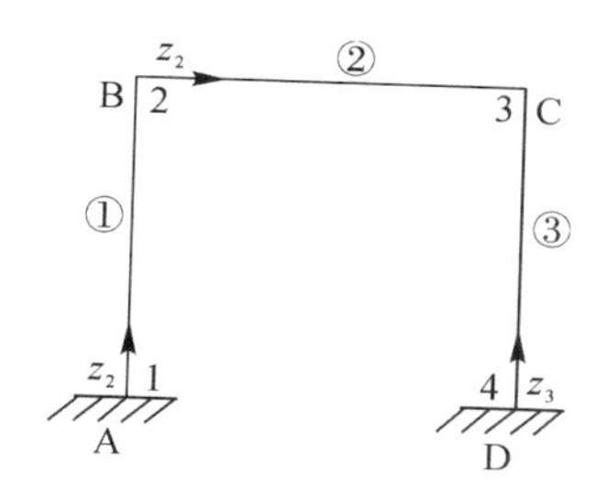

图 5-4　单层单跨框架结构模型

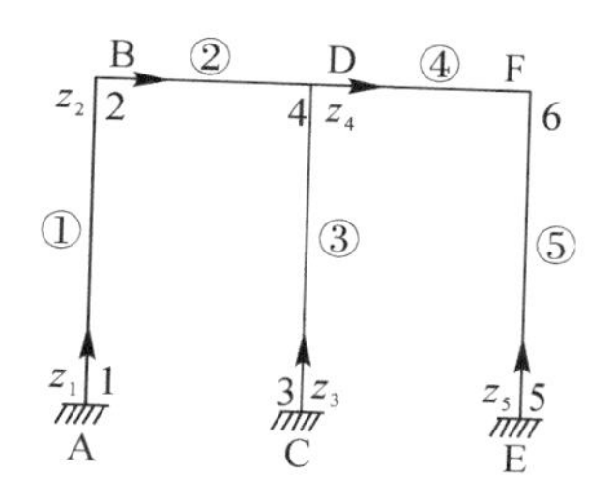

图 5-5　单层双跨框架结构模型

2. 整体结构离散

(1)对于无侧移框架结构。

1)单层单跨框架结构:①单元及节点编号描述。整体结构离散为 1 个梁单元和 2 个柱单元构件,形成 4 个节点,分别进行编号,如图 5-4 所示(但需在 B、C 端各添加 1 个链杆)。②节点位移描述。由于无侧移框架结构在节点 B、C 处需添加约束链杆,以约束其横向位移,因此此时可考虑每个节点均具有 2 个自由度,共产生 8 个自由度,补充 Fourier 级数展开中的其他系数。得节点位移列阵为

$$\boldsymbol{q}^e=[w_1\quad \varphi_1\quad w_2\quad \varphi_2\quad w_3\quad \varphi_3\quad w_4\quad \varphi_4\quad A_{-2}^{(1)}\quad B_{-2}^{(1)}\quad A_{-1}^{(1)}\quad B_{-1}^{(1)}\quad \cdots\quad A_p^{(3)}\quad B_p^{(3)}]^{\mathrm{T}}$$

2)单层双跨框架结构:①单元及节点编号描述。结构被离散为 5 个单元,即 2 个梁单元和 3 个柱单元构件,形成 6 个节点,分别进行编号,如图 5-5 所示(但需在 B、F 端各添加 1 个链杆)。②节点位移描述。由于无侧移框架结构在节点 B、F 处需添加约束链杆,故约束 B、D、F 三节点的轴向位移,此时可考虑每个节点均有 2 个自由度,共产生 12 个自由度,并补充 Fourier 级数展开中的其他系数。得节点列阵为

$$\boldsymbol{q}^e=[w_1\quad \varphi_1\quad w_2\quad \varphi_2\quad w_3\quad \varphi_3\quad w_4\quad \varphi_4\quad w_5\quad \varphi_5\quad w_6\quad \varphi_6\quad A_{-2}^{(1)}\quad B_{-2}^{(1)}\quad A_{-1}^{(1)}\quad B_{-1}^{(1)}\quad \cdots\quad A_p^{(6)}\quad B_p^{(6)}]^{\mathrm{T}}$$

(2)对于有侧移框架结构。如图 5-4 和图 5-5 所示,有侧移框架结构无水平链杆的约束。考虑框架结构产生的水平位移,则每个节点产生 3 个自由度。

1)单层单跨结构共有 12 个自由度,即节点位移列阵(含补充 Fourier 级数展开中的其他系数)表示为

$$\boldsymbol{q}^e=[u_1\quad w_1\quad \varphi_1\quad u_2\quad w_2\quad \varphi_2\quad u_3\quad w_3\quad \varphi_3\quad u_4\quad w_4\quad \varphi_4\quad A_{-2}^{(1)}\quad B_{-2}^{(1)}\quad A_{-1}^{(1)}\quad B_{-1}^{(1)}\quad \cdots\quad A_p^{(3)}\quad B_p^{(3)}]^{\mathrm{T}}$$

2)单层双跨框架结构每个节点有 3 个自由度,即整体共有 18 个自由度,并补充 Fourier 级数展开中的其他系数,得节点列阵为

$$\boldsymbol{q}^e=[u_1\quad w_1\quad \varphi_1\quad u_2\quad w_2\quad \varphi_2\quad u_3\quad w_3\quad \varphi_3\quad u_4\quad w_4\quad \varphi_4\quad u_5\quad w_5\quad \varphi_5\quad u_6\quad w_6\quad \varphi_6\quad A_{-2}^{(1)}\quad B_{-2}^{(1)}\quad A_{-1}^{(1)}\quad B_{-1}^{(1)}\quad \cdots\quad A_p^{(5)}\quad B_p^{(5)}]^{\mathrm{T}}$$

5.2.2 求解结构的固有频率

1. 位移函数表达式

将框架结构各单元的位移函数展开为主函数叠加辅助三角函数的形式，即该方法为新型改进 Fourier 级数法。其中，主函数是基于 Timoshenko 梁的有限元的形状函数，辅助函数则为正弦三角函数的形式。表达式同 5.1 节中所示。

第 a 单元的位移、转角函数截断后的表达式为

$$\left.\begin{aligned} w_a(z) &= \sum_{i=-2}^{-1} w_i N_i(z) + \sum_{i=0}^{p} A_i \sin(i\pi\xi + \pi\xi) \\ \varphi_a(z) &= \sum_{i=-2}^{-1} \varphi_i N_i(z) + \sum_{i=0}^{p} B_i \sin(i\pi\xi + \pi\xi) \end{aligned}\right\} \tag{5-18}$$

式中：$\xi = z/L_i$，p 为 Fourier 截断数。

2. 框架结构模型的求解过程

同 5.1 节基于新型改进 Fourier 级数法，结合 Lagrange 函数对 Fourier 未知数求极值，利用 Rayleigh-Ritz 法，将框架结构的振动问题转化为求解特征方程解的问题。位移函数和基底函数的表达式分别引用 5.1 节中式(5-1)和式(5-9)。

单层单跨框架结构由各单元组成的弹性势能为

$$V = \frac{1}{2}\sum_{i=1}^{3}\left[EI_i\int_0^{L_i}\left(\frac{\mathrm{d}\varphi_i}{\mathrm{d}z}\right)^2\mathrm{d}z + \kappa GA_i\int_0^{L_i}\left(\frac{\mathrm{d}w_i}{\mathrm{d}z} - \varphi_i\right)^2\mathrm{d}z\right] \tag{5-19}$$

单层单跨框架结构由各单元组成的动能为

$$T = \frac{1}{2}\sum_{i=1}^{3}\left[\rho A_i\int_0^{L_i}\left[\frac{\partial w_i(z,t)}{\partial t}\right]^2\mathrm{d}z + \rho I_i\int_0^{L_i}\left[\frac{\partial \varphi_i(z,t)}{\partial t}\right]^2\mathrm{d}z\right] \tag{5-20}$$

记 $w_i(x,t) = w_i\sin(\omega t)$，则

$$T_{\max} = \frac{\omega^2}{2}\sum_{i=1}^{3}\left[\int_0^{L_i}(\rho A_i w_i^2)\mathrm{d}z + \int_0^{L_i}(\rho I_i \varphi_i^2)\mathrm{d}z\right] \tag{5-21}$$

结构的 Lagrange 函数为

$$L = V - T_{\max} \tag{5-22}$$

根据 Hamilton 原理对相关的未知系数求极小值，可得单层单跨框架结构的动力特性的标准特征方程式，即

$$(\boldsymbol{K} - \omega^2\boldsymbol{M})\boldsymbol{q} = \boldsymbol{0} \tag{5-23}$$

式中：$\boldsymbol{K}$ 为总体刚度矩阵；$\boldsymbol{M}$ 为总体质量矩阵；$\boldsymbol{q}$ 为结构的节点位移列阵(含 Fourier 未知系数)，即

$$\begin{aligned} \boldsymbol{q}^e = [&w_1^{(1)} \quad \varphi_1^{(1)} \quad w_2^{(1)} \quad \varphi_2^{(1)} \quad A_0^{(1)} \quad B_0^{(1)} \quad \cdots \quad A_p^{(1)} \quad B_p^{(1)} \quad | \cdots \\ &w_1^{(3)} \quad \varphi_1^{(3)} \quad w_2^{(3)} \quad \varphi_2^{(3)} \quad A_0^{(3)} \quad B_0^{(3)} \quad \cdots \quad A_p^{(3)} \quad B_p^{(3)}]^{\mathrm{T}} \end{aligned} \tag{5-24}$$

式中：各项的上标表示单元编号。

进行单元分析时，由式(5-22)得单元质量矩阵分块形式为

$$\boldsymbol{M}^e=\begin{bmatrix}\boldsymbol{M}_{11}^{(e)} & \boldsymbol{M}_{12}^{(e)} & \boldsymbol{M}_{13}^{(e)}\\ \boldsymbol{M}_{21}^{(e)} & \boldsymbol{M}_{22}^{(e)} & \boldsymbol{M}_{23}^{(e)}\\ \boldsymbol{M}_{31}^{(e)} & \boldsymbol{M}_{32}^{(e)} & \boldsymbol{M}_{33}^{(e)}\end{bmatrix} \tag{5-25}$$

类似地，单元刚度矩阵可分块表示为

$$\boldsymbol{K}^e=\begin{bmatrix}\boldsymbol{K}_{11}^{(e)} & \boldsymbol{K}_{12}^{(e)} & \boldsymbol{K}_{13}^{(e)}\\ \boldsymbol{K}_{21}^{(e)} & \boldsymbol{K}_{22}^{(e)} & \boldsymbol{K}_{23}^{(e)}\\ \boldsymbol{K}_{31}^{(e)} & \boldsymbol{K}_{32}^{(e)} & \boldsymbol{K}_{33}^{(e)}\end{bmatrix} \tag{5-26}$$

式(5－25)及式(5－26)中 $\boldsymbol{M}^e$、$\boldsymbol{K}^e$ 分别表示 e 单元的质量矩阵和刚度矩阵，分块对应于端部位移($w_1^{(e)}$，$\varphi_1^{(e)}$)($w_2^{(e)}$，$\varphi_2^{(e)}$)和($A_0^{(3)}$，$B_0^{(3)}$，…，$A_p^{(3)}$，$B_p^{(3)}$)的自由度。

调用自编组装函数，将各单元的质量矩阵按图 5－4 和图 5－5 中节点连接的方式组装，可得结构的整体质量矩阵，类似地对刚度矩阵组装可得整体刚度矩阵。

以单层单跨框架为例，整体刚度矩阵或质量矩阵的子块叠加形式为

$$\boldsymbol{K}=\begin{bmatrix}
\boldsymbol{K}_{11}^{(1)} & \boldsymbol{K}_{12}^{(1)} & \boldsymbol{O}_1 & \cdots & \boldsymbol{O}_1^{\mathrm{T}} & \boldsymbol{K}_{13}^{(1)} & \boldsymbol{O}_2^{\mathrm{T}} & \cdots & \boldsymbol{O}_1^{\mathrm{T}} & \boldsymbol{O}_1^{\mathrm{T}}\\
\boldsymbol{K}_{21}^{(1)} & \boldsymbol{K}_{22}^{(1)}+\boldsymbol{K}_{11}^{(2)} & \boldsymbol{K}_{12}^{(2)} & \cdots & \boldsymbol{O}_1^{\mathrm{T}} & \boldsymbol{K}_{23}^{(1)} & \boldsymbol{K}_{13}^{(2)} & \cdots & \boldsymbol{O}_1^{\mathrm{T}} & \boldsymbol{O}_1^{\mathrm{T}}\\
\boldsymbol{O}_1 & \boldsymbol{K}_{21}^{(2)} & \boldsymbol{K}_{22}^{(2)}+\boldsymbol{K}_{11}^{(3)} & \cdots & \boldsymbol{O}_1^{\mathrm{T}} & \boldsymbol{O}_2^{\mathrm{T}} & \boldsymbol{K}_{23}^{(2)} & \cdots & \boldsymbol{O}_1^{\mathrm{T}} & \boldsymbol{O}_1^{\mathrm{T}}\\
\vdots & \vdots & \vdots & & \vdots & \vdots & \vdots & & \vdots & \vdots\\
\boldsymbol{O}_1 & \boldsymbol{O}_1 & & \cdots & \boldsymbol{K}_{22}^{(a)} & \boldsymbol{O}_2^{\mathrm{T}} & \boldsymbol{O}_2^{\mathrm{T}} & \vdots & \boldsymbol{O}_1^{\mathrm{T}} & \boldsymbol{K}_{23}^{(a)}\\
\boldsymbol{K}_{31}^{(1)} & \boldsymbol{K}_{32}^{(1)} & \boldsymbol{O}_2 & \cdots & \boldsymbol{O}_2 & \boldsymbol{K}_{33}^{(1)} & \boldsymbol{O}_2^{\mathrm{T}} & \vdots & \boldsymbol{O}_3^{\mathrm{T}} & \boldsymbol{O}_3^{\mathrm{T}}\\
\boldsymbol{O}_2 & \boldsymbol{K}_{31}^{(2)} & \boldsymbol{K}_{32}^{(2)} & \cdots & \boldsymbol{O}_2 & \boldsymbol{O}_2 & \boldsymbol{K}_{33}^{(2)} & \vdots & \boldsymbol{O}_3^{\mathrm{T}} & \boldsymbol{O}_3^{\mathrm{T}}\\
\vdots & \vdots & \vdots & & \vdots & \vdots & \vdots & & \vdots & \vdots\\
\boldsymbol{O}_1 & \boldsymbol{O}_1 & \boldsymbol{O}_1 & \cdots & \boldsymbol{O}_1 & \boldsymbol{O}_3 & \boldsymbol{O}_3 & \cdots & \boldsymbol{K}_{33}^{(a-1)} & \boldsymbol{O}_3^{\mathrm{T}}\\
\boldsymbol{O}_1 & \boldsymbol{O}_1 & \boldsymbol{O}_1 & \cdots & \boldsymbol{K}_{32}^{(a)} & \boldsymbol{O}_3 & \boldsymbol{O}_3 & \cdots & \boldsymbol{O}_3 & \boldsymbol{K}_{33}^{(a)}
\end{bmatrix} \tag{5-27}$$

式中：$\boldsymbol{O}_1=\boldsymbol{0}_{2\times 2}$，$\boldsymbol{O}_2=\boldsymbol{0}_{(s+1)\times 2}$，$\boldsymbol{O}_2=\boldsymbol{0}_{(s+1)\times(s+1)}$，杆、梁连接处的节点挠度均为零，直接将作为一个自由度组装。

$$\boldsymbol{M}=\begin{bmatrix}
\boldsymbol{M}_{11}^{(1)} & \boldsymbol{M}_{12}^{(1)} & \boldsymbol{O}_1 & \cdots & \boldsymbol{O}_1^{\mathrm{T}} & \boldsymbol{M}_{13}^{(1)} & \boldsymbol{O}_2^{\mathrm{T}} & \cdots & \boldsymbol{O}_1^{\mathrm{T}} & \boldsymbol{O}_1^{\mathrm{T}}\\
\boldsymbol{M}_{21}^{(1)} & \boldsymbol{M}_{22}^{(1)}+\boldsymbol{M}_{11}^{(2)} & \boldsymbol{M}_{12}^{(2)} & \cdots & \boldsymbol{O}_1^{\mathrm{T}} & \boldsymbol{M}_{23}^{(1)} & \boldsymbol{M}_{13}^{(2)} & \cdots & \boldsymbol{O}_1^{\mathrm{T}} & \boldsymbol{O}_1^{\mathrm{T}}\\
\boldsymbol{O}_1 & \boldsymbol{M}_{21}^{(2)} & \boldsymbol{M}_{22}^{(2)}+\boldsymbol{M}_{11}^{(3)} & \cdots & \boldsymbol{O}_1^{\mathrm{T}} & \boldsymbol{O}_2^{\mathrm{T}} & \boldsymbol{M}_{23}^{(2)} & \cdots & \boldsymbol{O}_1^{\mathrm{T}} & \boldsymbol{O}_1^{\mathrm{T}}\\
\vdots & \vdots & \vdots & & \vdots & \vdots & \vdots & & \vdots & \vdots\\
\boldsymbol{O}_1 & \boldsymbol{O}_1 & \boldsymbol{O}_1 & \cdots & \boldsymbol{M}_{22}^{(a)} & \boldsymbol{O}_2^{\mathrm{T}} & \boldsymbol{O}_2^{\mathrm{T}} & \cdots & \boldsymbol{O}_1^{\mathrm{T}} & \boldsymbol{M}_{23}^{(a)}\\
\boldsymbol{M}_{31}^{(1)} & \boldsymbol{M}_{32}^{(1)} & \boldsymbol{O}_2 & \cdots & \boldsymbol{O}_2 & \boldsymbol{M}_{33}^{(1)} & \boldsymbol{O}_2^{\mathrm{T}} & \cdots & \boldsymbol{O}_3^{\mathrm{T}} & \boldsymbol{O}_3^{\mathrm{T}}\\
\boldsymbol{O}_2 & \boldsymbol{M}_{31}^{(2)} & \boldsymbol{M}_{32}^{(2)} & \cdots & \boldsymbol{O}_2 & \boldsymbol{O}_2 & \boldsymbol{M}_{33}^{(2)} & \cdots & \boldsymbol{O}_3^{\mathrm{T}} & \boldsymbol{O}_3^{\mathrm{T}}\\
\vdots & \vdots & \vdots & & \vdots & \vdots & \vdots & & \vdots & \vdots\\
\boldsymbol{O}_1 & \boldsymbol{O}_1 & \boldsymbol{O}_1 & \cdots & \boldsymbol{O}_1 & \boldsymbol{O}_3 & \boldsymbol{O}_3 & \cdots & \boldsymbol{M}_{33}^{(a-1)} & \boldsymbol{O}_3^{\mathrm{T}}\\
\boldsymbol{O}_1 & \boldsymbol{O}_1 & \boldsymbol{O}_1 & \cdots & \boldsymbol{M}_{32}^{(a)} & \boldsymbol{O}_3 & \boldsymbol{O}_3 & \cdots & \boldsymbol{O}_3 & \boldsymbol{M}_{33}^{(a)}
\end{bmatrix} \tag{5-28}$$

式中：$a=3$。

式(5-23)有非零解的条件是

$$|\boldsymbol{K}-\omega^2\boldsymbol{M}|=0 \tag{5-29}$$

求解式(5-29)可得框架结构的固有频率。

5.2.3 单层框架结构的数值算例

由5.1节中已经研究了Fourier截断数 p 取12,能够满足计算结果的精度,结构计算效率也足够高。而本小节中仍采用相同的取值计算框架结构的固有频率。

为了方面与有限元结果对比,将固有频率结果的单位转化为赫兹,对应误差的计算公式为

$$e_i=\left|\frac{f_i-f_i^*}{f_i}\times 100\%\right| \tag{5-30}$$

式中:f_i^* 为有限元结果。

算例5.2:无侧移单层单跨框架结构。

单层单跨框架结构的材料和几何参数为:弹性模量 $E=2.1\times10^{10}$ Pa,密度 $\rho=2\ 500$ kg/m^3,泊松比 $\upsilon=0.3$,截面面积均为 $b\times h=0.3$ m$\times0.7$ m,剪切修正系数 $\kappa=5/6$。表5-3给出柱脚在不同边界条件下框架结构的固有频率。

表5-3 单层单跨框架结构的前六阶固有频率

边界条件	来源	f_i/Hz					
		1	2	3	4	5	6
C-C	本书方法	23.227	62.864	91.649	101.256	137.560	207.158
	有限元法	23.116	62.834	91.849	100.940	136.940	204.870
	误差/(%)	0.480	0.048	0.217	0.312	0.450	1.104
C-F	本书方法	10.381	24.979	63.196	92.008	100.896	136.592
	有限元法	10.277	24.927	63.155	90.546	99.677	136.570
	误差/(%)	1.010	0.211	0.065	1.589	1.208	0.016
S-S	本书方法	21.826	54.779	67.459	80.792	132.463	194.966
	有限元法	21.859	54.937	67.738	81.181	132.880	194.490
	误差/(%)	0.150	0.287	0.412	0.481	0.314	0.244

算例5.3:考虑剪切变形的无侧移框架结构。

为研究剪切变形对框架结构自由振动特性的影响,选取矩形框架结构为研究对象,结构材料及截面参数如下:长度 L 为3 m,截面面积 A 为0.35 m$\times$0.5 m;弹性模量 E 为 2.1×10^{10} Pa,密度 $\rho=2\ 500$ kg/m^3,若考虑剪切变形,结构的剪切修正系数 $\kappa=0.3$。书中4个节点均为铰接时,记为铰接-铰接;若下端两节点为固支,上面两节点为铰支,记为刚接-铰接。

表5-4分别给出基于Euler梁理论和Timoshenko梁理论的矩形框架结构的固有频

率。从表中可以发现，考虑结构的剪切变形对框架结构的固有频率具有一定的影响，即对低阶频率的影响较小，而对于高阶频率影响较大。考虑剪切变形的矩形框架结构的固有频率与有限元结果进行比较，最大误差仅为 1.363%。

表 5-4　矩形框架结构的固有频率

阶次	频率/Hz							
	铰接-铰接				刚接-铰接			
	Euler 梁理论	Timoshenko 梁理论	有限元	误差/(%)	Euler 梁理论	Timoshenko 梁理论	有限元	误差/(%)
1	73.025	69.874	68.935	1.363	93.593	86.986	86.961	0.029
2	114.107	103.635	103.560	0.072	136.705	121.169	121.070	0.082
3	114.107	103.635	103.560	0.072	165.642	141.659	141.560	0.070
4	165.642	141.695	141.560	0.095	165.642	141.659	141.560	0.070
5	292.588	250.918	251.020	0.040	333.547	274.078	273.930	0.054
6	370.513	294.616	294.170	0.151	409.444	314.831	313.990	0.267
7	370.513	294.616	294.170	0.151	457.703	336.497	335.110	0.414

图 5-6 和图 5-7 分别为简支-简支及固支-简支连接下矩形框架结构的前两阶振型图。

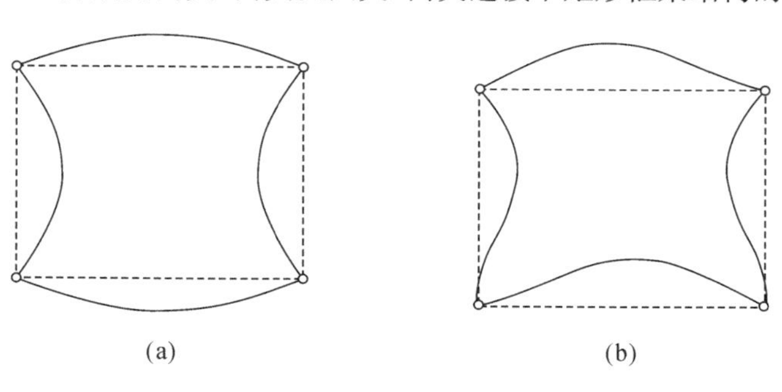

(a)　　(b)

图 5-6　铰接-铰接矩形框架结构的振型图

(a)第一阶；(b)第二阶

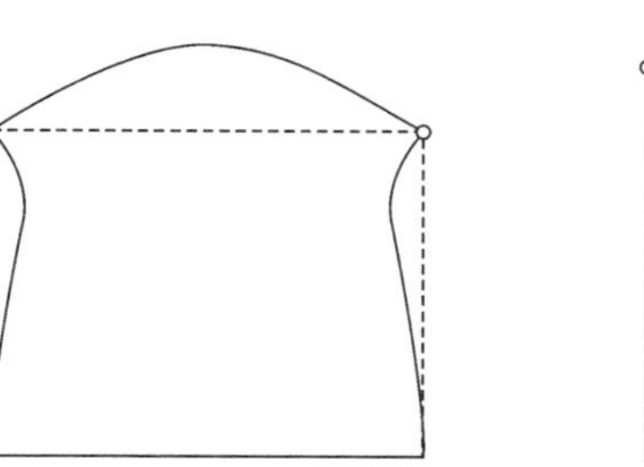

(a)

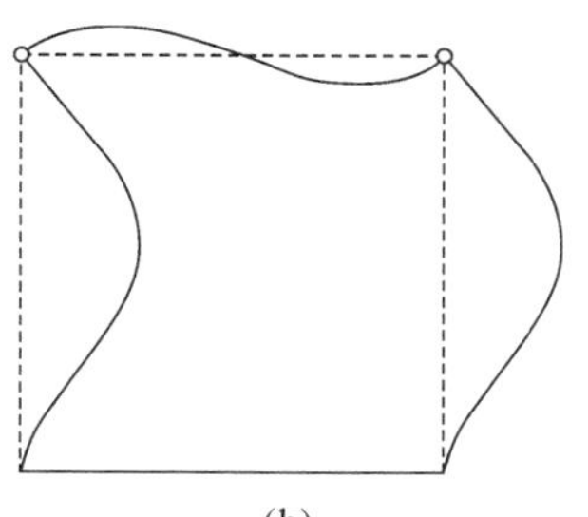

(b)

图 5-7　刚接-铰接矩形框架结构的振型图

(a)第一阶；(b)第二阶

算例 5.4:无侧移单层双跨框架结构。

单层双跨框架结构的材料和截面参数为:弹性模量 E 为 7.8×10^{10} Pa,密度 $\rho=2\ 500$ kg/m^3,截面面积 A 为 0.04 m^2,截面惯性矩 I 为 1.333×10^{-4} m^4。表 5-5 为计算得到的单层双跨结构柱脚在两种边界条件下的固有频率。

表 5-5　单层双跨结构的固有频率

边界条件	来源	f_i/Hz					
		1	2	3	4	5	6
C-C	本书方法	20.625	26.474	52.251	57.757	63.372	78.593
	有限元法	20.529	26.175	52.280	57.487	63.033	78.190
	误差/(%)	0.467	1.130	0.055	0.468	0.536	0.513
S-S	本书方法	18.884	24.731	38.313	42.187	45.225	70.951
	有限元法	18.851	24.534	38.298	41.914	44.995	70.830
	误差/(%)	0.176	0.795	0.039	0.647	0.510	0.170

将本书方法的结果与有限元软件计算出的结果对比发现,表中最大相对误差仅为 1.130%,其他误差均较小,说明本书方法具有可行性,且本书结果的精度较高。与有限元法产生的误差可能是由有限元网格划分导致。图 5-8 给出两种柱脚固支边界下单层框架结构的一阶模态图。

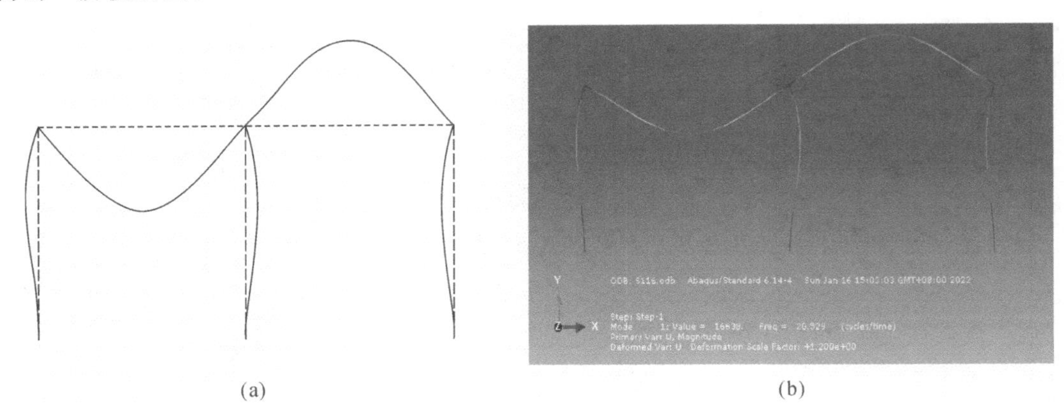

(a)　　　　(b)

图 5-8　柱脚固支边界下单层框架结构的一阶振型图

(a)本书方法;　(b)有限元法

算例 5.5:有侧移单层双跨框架结构。

基于算例 5.4 框架结构的几何及材料参数,计算柱底为固接的有侧移单层双跨框架结构的固有频率,计算结果见表 5-6。

表 5－6　有侧移框架结构的固有频率

边界条件	来源	f_i/Hz				
		1	2	3	4	5
C－C	本书方法	7.850	20.514	26.026	53.886	56.971
	相关文献	7.866	20.551	26.093	54.255	57.306
	误差/(%)	0.202	0.180	0.259	0.682	0.586

将本书计算结果与该文献数值结果进行对比可以发现，两种方法所得前五阶自振频率的最大误差仅为 0.682%，即本书方法具有较高的精度。

5.3　双层框架结构的模型和求解

5.3.1　双层框架的模型及求解

与 5.2 节中的模型图(见图 5－4 和图 5－5)类似，仅层数不同，本节研究考虑剪切变形框架结构的自由振动特性。

1. 位移函数的表达式

基于新型改进 Fourier 级数法表示位移函数，即需将框架结构离散为若干个单元，把各单元的位移函数展开为主函数叠加辅助函数的形式。表达式同 5.2.1 节中的式(5－19)。

2. 双层框架结构的求解过程

本节基于改进 Fourier 级数法表示位移容许函数，根据 Lagrange 函数和 Rayleigh-Ritz 法求解双层单跨框架结构的自振频率。首先表示出双层框架结构的势能和动能，然后转化为矩阵特征值问题进行求解。

双层单跨框架结构由 6 个杆段组成，其总势能由各段的弹性势能组成，即

$$V=\frac{1}{2}\sum_{i=1}^{6}\left[EI_i\int_0^{L_i}\left(\frac{\mathrm{d}\varphi_i}{\mathrm{d}z}\right)^2\mathrm{d}z+\kappa GA_i\int_0^{L_i}\left(\frac{\mathrm{d}w_i}{\mathrm{d}z}-\varphi_i\right)^2\mathrm{d}z\right]\tag{5－31}$$

双层单跨框架结构的动能表示为

$$T=\frac{1}{2}\sum_{i=1}^{6}\left[\rho A_i\int_0^{L_i}\left(\frac{\partial w_i(z,t)}{\partial t}\right)^2\mathrm{d}z+\rho I_i\int_0^{L_i}\left(\frac{\partial \varphi_i(z,t)}{\partial t}\right)^2\mathrm{d}z\right]\tag{5－32}$$

框架做简谐振动时，双层单跨框架结构的 Lagrange 函数为

$$L=V-T_{\max}=V-\omega^2T_1\tag{5－33}$$

式中

$$T_1=\frac{1}{2}\rho\sum_{i=1}^{6}\left[\int_0^{L_i}(A_iw_i^2+I_i\varphi_i^2)\mathrm{d}z\right]\tag{5－34}$$

由 Hamilton 原理对式(5-34)中的相关系数求极值,可得到 $2p+6$ 个线性方程,则矩阵化为

$$(\boldsymbol{K}-\omega^2\boldsymbol{M})\boldsymbol{q}=\boldsymbol{0} \tag{5-35}$$

式中:$\boldsymbol{K}$ 为总体刚度矩阵;$\boldsymbol{M}$ 为总体质量矩阵;$\boldsymbol{q}$ 为结构的节点位移列阵(含 Fourier 未知系数),即

$$\boldsymbol{q}^e=[w_1^{(1)}\quad \varphi_1^{(1)}\quad w_2^{(1)}\quad \varphi_2^{(1)}\quad A_0^{(1)}\quad B_0^{(1)}\quad \cdots\quad A_p^{(1)}\quad B_p^{(1)}\mid\quad \cdots\mid\quad w_1^{(6)}\quad \varphi_1^{(6)}\quad w_2^{(6)}\quad \varphi_2^{(6)}\quad A_0^{(6)}\quad B_0^{(6)}\quad \cdots\quad A_p^{(6)}\quad B_p^{(6)}]^{\mathrm{T}} \tag{5-36}$$

式中:各项的上标表示单元编号。

实际计算时,可逐杆段单元进行分析得到相应的单元刚度(质量)矩阵。而式(5-35)中的整体弹性刚度矩阵 $\boldsymbol{K}$ 和质量矩阵 $\boldsymbol{M}$ 均可由各单元刚度(或质量)矩阵按对号入座的方式进行组装得到。

式(5-35)有非零解的条件是

$$|\boldsymbol{K}-\omega^2\boldsymbol{M}|=0 \tag{5-37}$$

求解式(5-37)可得到结构的自振频率。

5.3.2 双层框架结构的固有频率

采用新型改进 Fourier 级数法分析双层单跨框架结构。级数展开时的 Fourier 截断取 12。

双层单跨框架结构的材料参数为:弹性模量 $E=2.1\times10^{10}$ N/m^2,密度 $\rho=7\ 800$ kg/m^3,泊松比 $\upsilon=0.2$。截面参数如下:截面面积 $A=0.35$ m×0.6 m,剪切修正系数 $\kappa=5/6$,柱高和梁长均为 5 m。由于本例没有或不易得到解析解,本节分别采用新型改进 Fourier 级数法和有限元法计算双层单跨框架结构柱脚在不同边界条件下进行自由振动的固有频率,结果见表 5-7。

表 5-7 柱脚不同约束下双层框架结构的固有频率

边界条件	来源	f_i/Hz					
		1	2	3	4	5	6
C-C	本书方法	19.025	26.549	26.549	35.122	37.291	37.2917
	有限元法	19.052	26.605	26.605	35.231	37.420	37.420
	误差/(%)	0.139	0.208	0.208	0.309	0.344	0.344
C-F	本书方法	4.992	19.126	26.549	26.635	35.099	37.2691
	有限元法	4.971	19.141	26.605	26.617	34.992	37.218
	误差/(%)	0.436	0.077	0.208	0.067	0.305	0.137
S-S	本书方法	17.464	22.044	23.534	29.709	31.392	37.2917
	有限元法	17.487	22.081	23.577	29.781	31.474	37.42
	误差/(%)	0.129	0.166	0.178	0.240	0.261	0.344

由表 5-7 可以发现，柱脚固支-固支(C-C)边界下双层单跨框架结构自由振动的第二、第三阶固有频率出现重频现象。类似地，第五、第六阶固有频率也出现重频现象。图 5-9～图 5-11给了出柱脚固支-固支边界下双层框架结构的前三阶模态图。

对比表 5-7 和图 5-9～图 5-11 可知：柱脚固支-固支(C-C)边界条件下双层框架结构的第二阶固有频率和第三阶固有频率的大小虽相同，但是结构的振型模态图的形状却有很大的区别，说明两者固有频率虽相同，但位移走向不一样；图 5-9～图 5-11 分别由本书所提方法和有限元软件生成，观察图可知，两种不同方法生成的振型图一致，故再次验证了本书方法的可行性。

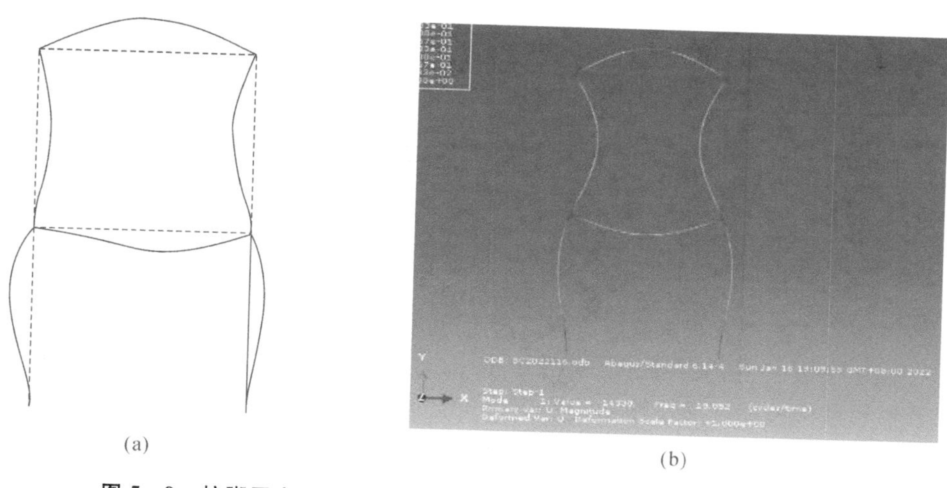

(a)　　(b)

图 5-9　柱脚固支-固支(C-C)边界下双层单跨框架结构的一阶振型图

(**a**)本书方法；(**b**)有限元法

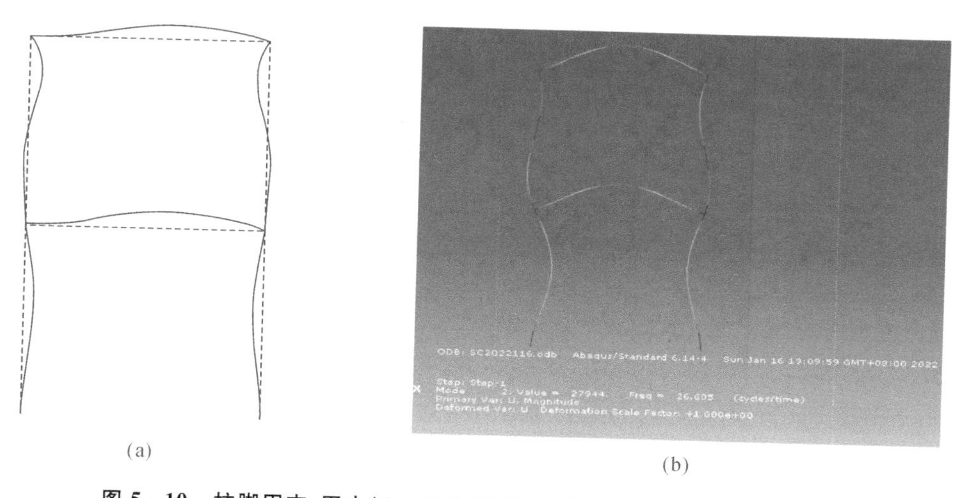

(a)　　(b)

图 5-10　柱脚固支-固支(C-C)边界下双层单跨框架结构的二阶振型图

(**a**)本书方法；(**b**)有限元法

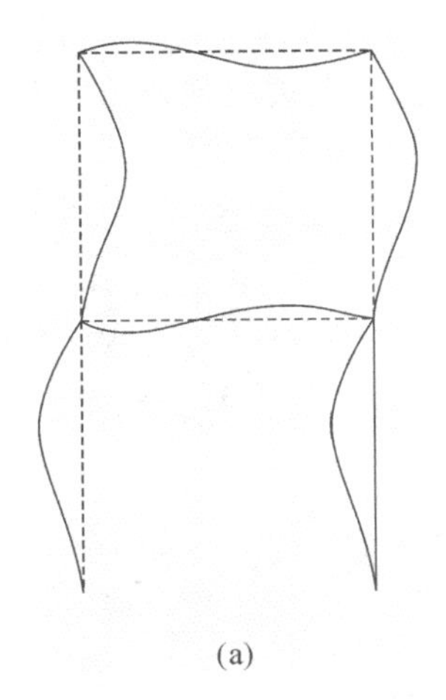

(a)

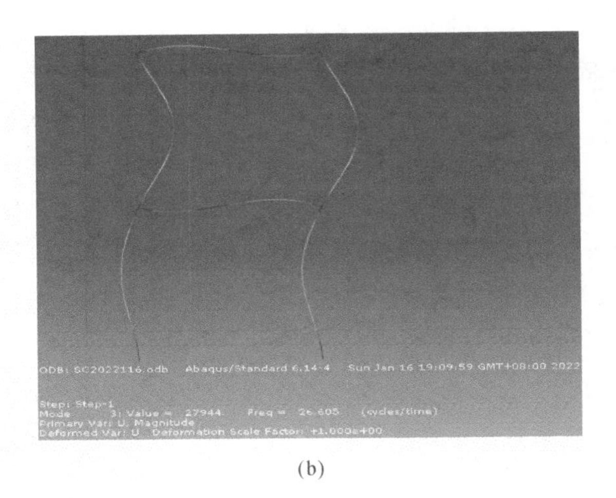

(b)

图 5-11　柱脚固支-固支(C-C)边界下双层单跨框架结构的三阶振型图

(a)本书法；(b)有限元法

5.4　本章小结

本章框架结构考虑其剪切变形，基于 Timoshenko 梁理论研究了框架结构的自由振动特性。本章提出了一种以有限元为主函数叠加正弦函数表示位移函数的新方法，将该方法运用于单层单跨、单层双跨和双层框架结构中，求解得到任意边界条件下框架结构的自振特性。本章还通过有限元软件 Abaqus 建模得到有限元分析结果，以验证本书方法的正确性。

参考文献

[1] 李华，曾庆元. 关于考虑剪切变形的影响计算梁挠度方法的综述[J]. 力学季刊，1999(增刊)：141-146.

[2] 张晓磊. 功能梯度 Timoshenko 梁有限元动力分析[D]. 南宁：广西大学，2013.

[3] 潘旦光，吴顺川，张维. 变截面 Timoshenko 悬臂梁自由振动分析[J]. 土木建筑与环境工程，2009，31(3)：25-28.

[4] MESQUITA N E D，BARRETTO S F A B，PAVANELLO R. Dynamic behavior of frame structures by boundary integral procedures[J]. Engineering Analysis with Boundary Elements，2000，24(5)：399-406.

[5] 龙志飞. 刚架振动的高精度单元[J]. 工程力学，1989，6(1)：136-139.

[6] 彭如海，彭吉力，刘杰. 平面刚架横向振动模态分析新方法探讨[J]. 江苏理工大学学报(自然科学版)，2001，22(5)：90-94.

第 6 章　平面梁结构静变形

6.1　Timoshenko 梁结构静变形

工程中，常见的梁结构模型多以 Euler 梁理论和 Timoshenko 梁理论为基础进行创建。前者认为在进行计算时，可以忽略横向剪切变形和转动惯性对计算结果的影响，适用于厚度和长度之比小于 0.01 的梁结构；后者认为分析时应将横向剪切变形与转动惯量考虑在内，此理论不再局限于厚度和长度之比，适应性更广泛。在土木工程中，许多构件都可以被简化成 Timoshenko 梁，例如高跨比较大的桥梁结构、地下隧道的管体结构、轨道结构等。基于 Timoshenko 梁理论研究梁结构的静变形，更能满足计算结果的精度要求。

本节采用改进 Fourier 级数方法，推导 Timoshenko 梁的静变形公式，获得 Timoshenko 梁在复杂荷载作用下的静力弯曲挠度以及相应的静力学特性，以期为受到不同复杂荷载作用、任意边界条件下的 Timoshenko 梁的静变形分析提供参考。

6.1.1　位移函数的形式

对于 Timoshenko 梁，在外载荷的作用下，梁体会发生弯曲变形，从而产生位移 $w(x)$ 和转角 $\varphi(x)$。力学计算模型如图 6－1 所示。

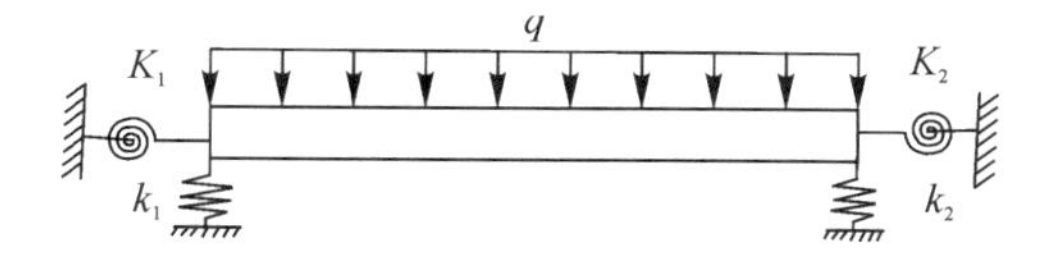

图 6－1　受横向荷载作用的 Timoshenko 梁的力学模型

此时 Timoshenko 梁的微分控制方程为

$$\kappa GA\left[\frac{\mathrm{d}^2 w(x)}{\mathrm{d}x^2}-\frac{\mathrm{d}\varphi(x)}{\mathrm{d}x}\right]-q=0 \tag{6-1}$$

$$\kappa GA\left[\frac{\mathrm{d}w(x)}{\mathrm{d}x}-\varphi\right]+\frac{\mathrm{d}}{\mathrm{d}x}\left[EI\,\frac{\mathrm{d}\varphi(x)}{\mathrm{d}x}\right]=0 \tag{6-2}$$

式中：E 为弹性模量（GPa）；G 为剪切模量（GPa）；I 为截面的惯性矩（m^4）；A 为截面面积（m^2）；κ 为剪切修正系数；q 为单位长度内的荷载集度（N/m）。位移以向上为正方向。

在横截面上的弯矩 $M(x)$ 和剪力 $Q(x)$ 为

$$\left.\begin{aligned} M &= -EI\frac{\mathrm{d}\varphi(x)}{\mathrm{d}x} \\ Q &= -\kappa GA\left[\frac{\mathrm{d}w(x)}{\mathrm{d}x}-\varphi(x)\right] \end{aligned}\right\} \tag{6-3}$$

此时，Timoshenko 梁结构的边界条件可以描述为

$$\left.\begin{aligned} Q|_{x=0} &= k_1 w(0), \quad M|_{x=0} = -K_1\varphi(0) \\ Q|_{x=L} &= k_2 w(L), \quad M|_{x=L} = -K_2\varphi(L) \end{aligned}\right\} \tag{6-4}$$

式中：k_1 和 K_1 分别是梁的左边界处线性弹簧和旋转弹簧的弹性系数；k_2 和 K_2 分别是梁右边界处线性弹簧和旋转弹簧的弹性系数。通过在边界处设置两类不同弹簧模拟线性和旋转约束，改变弹簧的弹性系数可以模拟各种边界条件。当弹性系数取值为 0 时，认为没有约束，即自由边界；当弹性系数取值为无穷大(理论上)时，认为是刚性约束，即固支边界；当弹性系数取值介于 0～∞之间时，认为是弹性约束(弹性边界)。

Li 首先提出将位移函数用传统 Fourier 级数加辅助函数的形式表示，以消除位移函数的导数在梁边界处的不连续性的现象，避免影响到梁结构振动问题的求解。其中，辅助函数的形式为多项式函数。蒋士亮将辅助函数用正弦函数表达，并将此方法命名为谱几何法，其中位移函数全部采用三角级数的形式，可缩短微积分的计算时间。石先杰在分析 Timoshenko 梁振动问题时认为由于 Timoshenko 梁的位移函数考虑了两项，即位移 $w(x)$ 和转角 $\varphi(x)$，所以改进后的位移函数只需满足一阶导函数连续和二阶导函数绝对可积的条件，辅助函数的个数可从 4 个减少至 2 个。辅助函数的形式没有标准公式，只要满足求解域边界处导数连续即可，可以是多项式、三角函数或多项式乘三角函数等形式，这些形式已经被证明具有较高的精确性和收敛性。

本节基于改进 Fourier 级数法，构建的 Timoshenko 梁位移函数 $w(x)$ 和 $\varphi(x)$ 如下所示(辅助函数采用多项式和三角函数相结合的形式，该辅助函数也可以推广到二维、三维结构中)：

$$\left.\begin{aligned} w(x) &= \sum_{n=-2}^{\infty} a_n f_n(x) \\ \varphi(x) &= \sum_{n=-2}^{\infty} b_n f_n(x) \end{aligned}\right\} \tag{6-5}$$

式中：辅助函数的形式为

$$f_n(x)=\begin{cases} \cos(\lambda_n x) \quad (n \geqslant 0) \\ \dfrac{32L}{21\pi}\sin\left(\dfrac{\lambda_3 x}{2}\right)-\dfrac{9L}{14\pi}\sin(\lambda_2 x) \quad (n=-1) \\ -\dfrac{32L}{21\pi}\cos\left(\dfrac{\lambda_3 x}{2}\right)-\dfrac{9L}{14\pi}\cos(\lambda_2 x) \quad (n=-2) \end{cases} \tag{6-6}$$

式中：$\lambda_n=n\pi/L$；n 为项数；L 为 Timoshenko 梁的长度；$f_{-1}(x)$、$f_{-2}(x)$ 为位移容许函数中增加的辅助函数；a_n 和 b_n 为改进 Fourier 级数法的待定系数项；a_{-1}、a_{-2}、b_{-1}、b_{-2} 分别为辅助函数的待定系数项。

增加辅助函数后，位移函数在边界处可满足如下关系：

$$\left.\begin{aligned} w'(0) &= a_{-1} \\ w'(L) &= a_{-2} \\ \varphi'(0) &= b_{-1} \\ \varphi'(L) &= b_{-2} \end{aligned}\right\} \tag{6-7}$$

6.1.2　模型求解

描述复杂外荷载作用下 Timoshenko 梁的各种能量的表达式，并基于最小位能原理得到 Lagrange 函数，通过 Rayleigh-Ritz 法对 Lagrange 函数中的位移容许函数展开系数取极值，得到弹性边界条件下结构弯曲的矩阵方程形式，最后通过求解矩阵方程组得到系数矩阵，将其代入位移函数中，就能计算出 Timoshenko 梁在复杂外荷载作用下的实际变形。计算模型如图 6-2 所示。

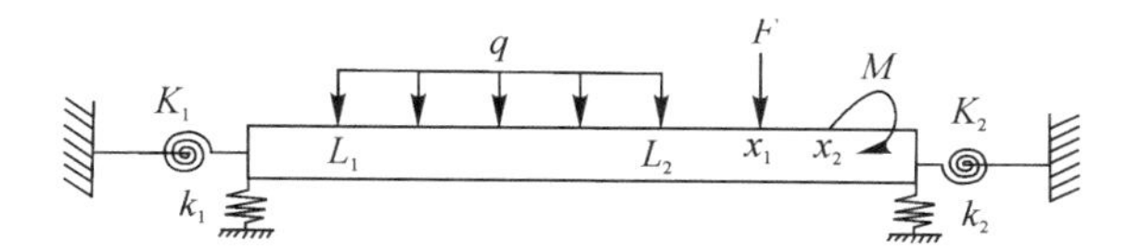

图 6-2　复杂外荷载作用下 Timoshenko 梁的计算模型

Timoshenko 梁的应变势能 V_p 由弯曲势能和剪切势能两部分组成，其表达式为

$$V_p = \frac{1}{2}EI\int_0^L \left[\frac{\mathrm{d}\varphi(x)}{\mathrm{d}x}\right]^2 \mathrm{d}x + \frac{1}{2}\kappa GA\int_0^L \left[\frac{\mathrm{d}w(x)}{\mathrm{d}x} - \varphi(x)\right]^2 \mathrm{d}x \tag{6-8}$$

梁的弹性势能 V_s 由边界处设置的弹簧提供，其表达式为

$$V_s = \frac{1}{2}\left[k_1 w(x)\,|_{x=0}^2 + K_1\varphi(x)\,|_{x=0}^2 + k_2 w(x)\,|_{x=L}^2 + K_2\varphi(x)\,|_{x=L}^2\right] \tag{6-9}$$

当梁上作用局部均布荷载时，作用位置为梁上坐标 L_1 到 L_2 的区间，产生的势能表达式为

$$W_1 = -\int_{L_1}^{L_2} q w(x)\mathrm{d}x \tag{6-10}$$

当梁上 x_1 处作用一个集中力 F 时，可采用 Delta 函数将作用在点 x_1 上的力转化为分布整段梁的荷载集度，使得外力做功在梁上连续。此阶段集中荷载 F 产生的势能为

$$W_2 = -\int_0^L F\delta(x - x_1)w(x)\mathrm{d}x \tag{6-11}$$

当梁上 x_2 处作用一个顺时针集中力偶 M 时，可采用 σ 函数将作用在点 x_2 上的力偶转化为分布整段梁的力偶集度，使得外力做功在梁上连续。此时集中力偶 M 产生的势能为

$$W_3 = -\int_0^L M\delta(x - x_2)\varphi(x)\mathrm{d}x \tag{6-12}$$

根据以上分析，Timoshenko 梁系统的 Lagrange 函数为

$$L = (V_p + V_s) + (W_1 + W_2 + W_3) \tag{6-13}$$

基于最小位能原理，对 Lagrange 函数取一阶变分为零。在实际数值计算时，由于位移

级数中的 n 无法取无穷大，所以需要截断。假设截断数为 t，对每个未知 Fourier 系数取极值得

$$EI\cdot\int_0^L\varphi'_n\cdot\sum_{m=-2}^{\infty}f'_m(x)\mathrm{d}x+\kappa GA\cdot[\int_0^L w'_m(x)\mathrm{d}x-\int_0^L w'_n\cdot\sum_{m=-2}^{\infty}f_m(x)\mathrm{d}x-$$
$$\int_0^L\varphi_n\cdot\sum_{m=-2}^{\infty}f'_m(x)\mathrm{d}x+\int_0^L\varphi_n\cdot\sum_{m=-2}^{\infty}f_m(x)\mathrm{d}x]+k_1w_n(0)\cdot\sum_{m=-2}^{\infty}f_m(0)+$$
$$K_1\varphi_n(0)\cdot\sum_{m=-2}^{\infty}f_m(0)+k_2w_n(L)\sum_{m=-2}^{\infty}f_m(L)+K_2\varphi_n(L)\cdot\sum_{m=-2}^{\infty}f_m(L)-$$
$$\int_0^L F\delta(x-x_1)\cdot\sum_{m=-2}^{\infty}f_m(x)\mathrm{d}x-\int_0^L M\delta(x-x_2)\cdot\sum_{m=-2}^{\infty}f_m(x)\mathrm{d}x-$$
$$\int_{L_1}^{L_2}q\cdot\sum_{m=-2}^{\infty}f_m(x)\mathrm{d}x=0 \tag{6-14}$$

式中：$w_n=\sum_{n=-2}^{t}a_nf_n(x)$，$\varphi_n=\sum_{n=-2}^{t}b_nf_n(x)$，$n$、$m$ 为 $-2,-1,0,1,\cdots,t$。

整理式(6.14)得到矩阵方程的形式，即

$$\boldsymbol{KA}=\boldsymbol{F} \tag{6-15}$$

式中：$\boldsymbol{K}$ 为结构的刚度矩阵；矩阵维数为 $2(t+3)\times2(t+3)$；$\boldsymbol{A}$ 为改进 Fourier 级数法展开系数列阵；$\boldsymbol{F}$ 为外荷载列阵。

为描述矩阵的具体形式，定义以下参数：

$$c_{n,m}=\beta GA\int_0^L[f'_n(x)\cdot f'_m(x)]\mathrm{d}x+k_1f_n(0)\cdot f_m(0)+k_2f_n(L)\cdot f_m(L)$$

$$d_{n,m}=-\kappa GA\int_0^L[f'_m(x)\cdot f_m(x)]\mathrm{d}x$$

$$g_n,m=EI\int_0^L f'_n(x)\mathrm{d}x+\kappa GA\int_0^L f_n(x)\cdot f_m(x)\mathrm{d}x+K_1f_n(0)\cdot f_m(0)+$$
$$K_2\cdot f_n(L)\cdot f_m(L)$$

$$e_{n,m}=-\kappa GA\cdot\int_0^L[f'_n(x)\cdot f_m(x)]\mathrm{d}x$$

$$i_m=-\int_{L_1}^{L_2}q\cdot f_m(x)\mathrm{d}x-\int_0^L F\delta(x-x_1)\cdot f_m(x)\mathrm{d}x$$

$$h_m=-\int_0^L M\delta(x-x_2)\cdot f_m(x)\mathrm{d}x$$

则 $\boldsymbol{K}$ 具体的形式为 $\boldsymbol{K}=\begin{bmatrix}\boldsymbol{C}&\boldsymbol{D}\\\boldsymbol{E}&\boldsymbol{G}\end{bmatrix}$，且 $\boldsymbol{C}$，$\boldsymbol{D}$，$\boldsymbol{E}$，$\boldsymbol{G}$ 分别具有如下形式：

$$\boldsymbol{Z}=\begin{bmatrix}z_{-2,-2}&z_{-2,-1}&z_{-2,0}&\cdots&z_{-2,t}\\z_{-1,-2}&z_{-1,-1}&z_{-1,0}&\cdots&z_{-1,t}\\z_{0,-2}&z_{0,-1}&z_{0,0}&\cdots&z_{0,t}\\\vdots&\vdots&\vdots&&\vdots\\z_{t,-2}&z_{t,-1}&z_{t,0}&\cdots&z_{t,t}\end{bmatrix}$$

而列阵 $\boldsymbol{A}$、$\boldsymbol{F}$ 的形式分别为

$$\boldsymbol{A}=[a_{-2}\quad a_{-1}\quad a_0\quad\cdots\quad a_t\quad b_{-2}\quad b_{-1}\quad b_0\quad\cdots\quad b_t]^{\mathrm{T}}$$
$$\boldsymbol{F}=[i_{-2}\quad i_{-1}\quad i_0\quad\cdots\quad i_t\quad h_{-2}\quad h_{-1}\quad h_0\quad\cdots\quad h_t]^{\mathrm{T}}$$

通过求解矩阵方程[见式(6－18)]，得到系数列阵 **A**，再将系数列阵 **A** 代入位移函数[见式(6－5)和式(6－6)]中，就可得到 Timoshenko 梁的实际位移。该求解方法可推广至多种荷载作用的情形，其他有关的力学变量也可通过对位移容许函数进行计算得到。

6.1.3　Reddy 高阶剪切变形梁模型求解

6.1.1 节讨论的 Timoshenko 梁模型属于一阶剪切变形梁，一阶剪切变形理论认为需要考虑剪切修正。Reddy 考虑高阶剪力和弯矩，直接利用变分原理提出高阶剪切变形梁理论。该理论可以更加精确地描述梁的变形情况。本书采用的改进 Fourier 级数法也可以应用于高阶梁的静变形分析中，以高阶剪切变形理论为基础理论，得到 Reddy 高阶梁最终的变形矩阵方程式，进而求解 Reddy 高阶梁的静变形。

以等截面矩形 Reddy 高阶梁为例，梁长 L、宽 b、高 h，轴线坐标为 x，横向坐标为 z。基于高阶剪切变形理论，此时梁的位移场为

$$\left.\begin{aligned} U(x,z) &= u(x) - zw'(x) + f(z)[w'(x) - \varphi(x)] \\ W(x,z) &= w(x) \end{aligned}\right\} \tag{6-16}$$

式中：$u(x)$、$w(x)$ 和 $\varphi(x)$ 分别为轴向位移、横向位移和转角位移函数；$f(z)$ 为剪切应变形状函数，$f(z)=z-4z^3/3h^2$。通常，材料匀质梁的几何中面与物理中面一致，所以可忽略其轴向位移 $u(x)$，材料非匀质的梁则需要考虑轴向位移 $u(x)$。

此时，高阶梁的应变为

$$\left.\begin{aligned} \varepsilon_x &= u'(x) - zw''(x) + f(z)[w''(x) - \varphi'(x)] \\ \gamma_{xz} &= f'(z)[w'(x) - \varphi(x)] \end{aligned}\right\} \tag{6-17}$$

由胡克定律，梁的正应力和剪应力为

$$\left.\begin{aligned} \sigma_x &= E\varepsilon_x \\ \tau_{xz} &= G\gamma_{xz} \end{aligned}\right\} \tag{6-18}$$

可推导出高阶梁系统的势能为

$$U = \frac{1}{2}\int_{\Omega}(\sigma_x\varepsilon_x + \tau_{xz}\gamma_{xz})\mathrm{d}\Omega = \frac{1}{2}\int_0^L\int_A(E\varepsilon_x^2 + G\gamma_{xz}^2)\mathrm{d}A\mathrm{d}x \tag{6-19}$$

为简化势能推导式，定义以下截面刚度：

$$\left.\begin{aligned} &H_1 = \int_A Ez^2\mathrm{d}A, \quad H_2 = \int_A Ezf(z)\mathrm{d}A \\ &H_3 = \int_A Ef^2(z)\mathrm{d}A, \quad H_4 = \int_A Gf^2(z)\mathrm{d}A \end{aligned}\right\} \tag{6-20}$$

以材料匀质的梁为例，Reddy 高阶剪切变形梁的应变势能 U 可表示为

$$U = \frac{1}{2}\int_0^L[H_1p^2 - 2H_2pq + H_3q^2 + H_4r^2]\mathrm{d}x \tag{6-21}$$

式中：

$$q = \frac{\mathrm{d}^2w(x)}{\mathrm{d}x^2}, \quad q = \frac{\mathrm{d}^2w(x)}{\mathrm{d}x^2} - \frac{\mathrm{d}\varphi(x)}{\mathrm{d}x}, \quad r = \frac{\mathrm{d}w(x)}{\mathrm{d}x} - \varphi(x)$$

将不同梁模型理论对应的剪切应变形状函数 $f(z)$ 进行转换，即可得到不同梁模型理论

的应变势能公式。例如，当剪切应变形状函数 $f(z)=z$ 时，式(6-21)就能变成 Timoshenko 梁的应变势能，即式(6-11)；当 $f(z)=0$ 时，式(6-21)就能变成 Euler 梁的应变势能。

用改进 Fourier 级数法求解 Reddy 高阶剪切变形梁时，采用的位移容许函数 $w(x)$ 和 $\varphi(x)$ 可参考式(6-5)和式(6-6)，辅助函数形式也相同。同样通过设置弹簧模拟边界条件，施加相同形式的外荷载，所以分析时，高阶剪切变形梁的弹性势能 V_s 和外力势能与 6.1.2 节相同。

由此，Reddy 高阶剪切梁系统的 Lagrange 函数为

$$L=(U+V_s)+(W_1+W_2+W_3) \tag{6-22}$$

应用最小位能原理进行变分，对每个未知 Fourier 系数取极值得到矩阵方程的形式：

$$\boldsymbol{KA}=\boldsymbol{F} \tag{6-23}$$

在实际数值计算时，假设截断数为 t。通过求解矩阵形式的方程组[见式(6-23)]，得到系数矩阵 $\boldsymbol{A}$，再将 $\boldsymbol{A}$ 代入位移容许函数中，就可得到 Reddy 高阶剪切变形梁的实际位移大小。

6.1.4 数值算例

由于改进 Fourier 级数法是通过求解矩阵方程得到的弱解，随着截断数 t 增大，矩阵的维数会增大，计算量也会增加。故本节将改进 Fourier 级数法应用于以下几个算例中，并将所得结果与现有文献或有限元软件模拟结果进行比较，以期验证解的收敛性和有效性。考虑不同截面高度、不同边界条件和不同类型荷载作用的 Timoshenko 梁变形，并通过该方法给出了它们的解决方案。

算例 6.1：Timoshenko 梁受均布荷载。

以满载均布荷载的矩形等截面简支 Timoshenko 梁为例，力学计算模型如图 6-3 所示。Timoshenko 梁的材料和几何参数如下：梁长 $L=1$ m、弹性模量 $E=210$ GPa、剪切模量 $G=81$ GPa、矩形截面剪切修正系数 $\kappa=0.833$、均布荷载 $q=1$ kN/m^2、截面宽度 $T=0.02$ m、截面高度 $H=0.05$ m、0.02 m 和 0.01 m。计算时简支 Timoshenko 梁的边界弹簧取值为 $k_1=k_2=10^{10}EI$，$K_1=K_2=0$，计算不同截断数和截面高度下的 Timoshenko 梁竖向挠度的最大值。

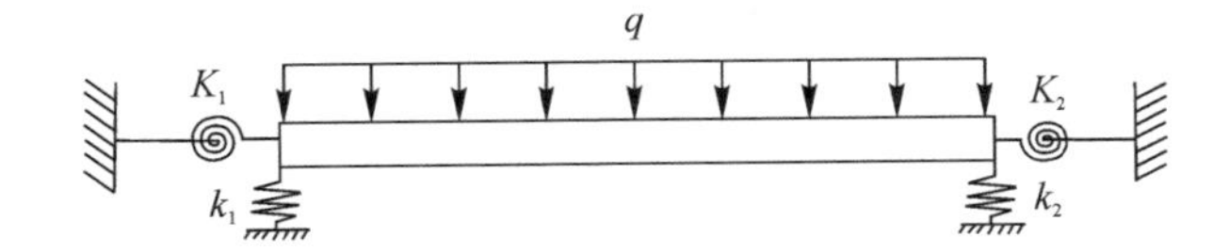

图 6-3　受均布荷载作用的简支 Timoshenko 梁的力学模型

材料力学中给出了受均布荷载的矩形截面简支 Timoshenko 梁的位移精确解公式：

$$w(x)=\frac{qL^4}{24EI}\left(\frac{x^4}{L}-2\frac{x^3}{L^3}+\frac{x}{L}\right)+\frac{kqL^2}{2GA}\left(\frac{x}{L}-\frac{x^2}{L^2}\right) \tag{6-24}$$

由于在实际计算中，截断数的选取是人为选择，所以给出不同截断数下改进 Fourier 级数法的计算结果，并与精确解进行对比，以期检验算法的收敛效果。具体计算结果见表 6-1。

表 6-1　不同截断数下简支 Timoshenko 梁的最大挠度值

截断数 t	截面高度 H/m	本书解/m	精确解/m	误差/(%)
5	0.05	0.000 297 1	0.000 298 9	−0.60
	0.02	0.004 528 9	0.004 653 5	−2.68
	0.01	0.035 515 9	0.037 208 8	−4.55
6	0.05	0.000 298 3	0.000 298 9	−0.20
	0.02	0.004 612 6	0.004 653 5	−0.88
	0.01	0.036 591 7	0.037 208 8	−1.66
7	0.05	0.000 298 8	0.000 298 9	−0.03
	0.02	0.004 620 8	0.004 653 5	−0.70
	0.01	0.036 739 7	0.037 208 8	−1.26
8	0.05	0.000 299 1	0.000 298 9	0.07
	0.02	0.004 639 1	0.004 653 5	−0.31
	0.01	0.037 201 2	0.037 208 8	−0.68
9	0.05	0.000 299 3	0.000 298 9	0.13
	0.02	0.004 653 6	0.004 653 5	−0.11
	0.01	0.037 204 8	0.037 208 8	−0.03
10	0.05	0.000 299 3	0.000 298 9	0.13
	0.02	0.004 648 7	0.004 653 5	−0.10
	0.01	0.037 204 8	0.037 208 8	−0.01
11	0.05	0.000 299 3	0.000 298 9	0.13
	0.02	0.004 648 7	0.004 653 5	−0.10
	0.01	0.037 204 8	0.037 208 8	−0.01

从表 6-1 中的数据可以看出：

对于 Timoshenko 梁来说，本书方法计算出均布荷载作用下的最大挠度值：当截断数 t 取 5～9 时，输出的计算结果之间存在较小的差距；当截断数 t 取 10 和 11 时，计算结果相互间基本保持一致。这说明，本书结果可以在截断数 t 很小的时候就达到一定的精度，并且随着截断数取到一定数值后，即当 $t=10$ 时，位移的计算结果能够体现出较好的收敛性。将收敛性较好的结果与精确解进行比较，发现计算的误差最大只有 0.13%，由此可见本书方法有较高的准确性。对于后文的例题应用，为了确保求解的精度和收敛性，均选取截断数 $t=10$。

表 6-1 中还给出了不同截面高度下简支 Timoshenko 梁的最大位移。由数据可见，随着截面高度的减小，梁的最大位移明显增加。截面高度对本书方法的精度也存在影响：当截面高度较大时，本书方法结果和精确解存在一定的小偏差；当截面高度较小时，本书方法得到的计算结果非常接近精确解。误差和截面高度变化呈现正相关。

算例 6.2：Timoshenko 梁受线性荷载。

令 Timoshenko 梁的材料和几何参数和算例 6.1 保持一致，但将作用的外荷载由均布荷载 q 换成线性荷载 $q(x)=900x+100$，计算模型如图 6-4 所示。截断数 t 取 10 进行计算，并且通过改变梁两端的弹簧刚度系数值（见表 6-2），计算不同边界条件和不同截面高度下，受线性荷载作用的 Timoshenko 梁的最大位移和最大弯矩。将计算的结果与有限元软件模拟结果进行了比较，有限元软件建模时选择梁模型，建模时考虑剪切修正，运行分析时单元划分数为 100。结果见表 6-3 和表 6-4。

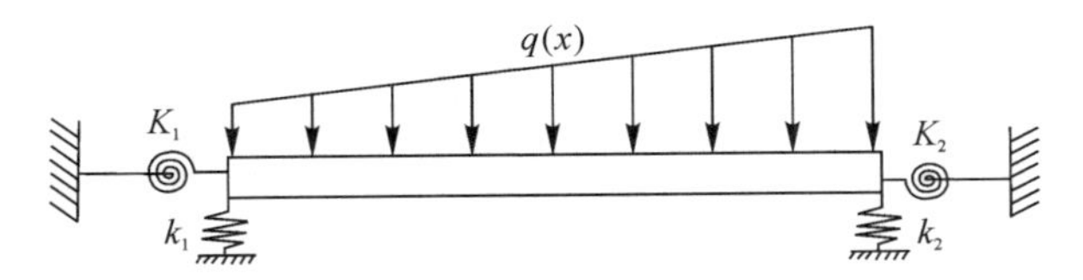

图 6-4　受线性荷载作用的简支 Timoshenko 梁的力学模型

表 6-2　模拟不同边界的各弹簧刚度系数取值表

边界条件	左端竖向刚度 $k_1/(\mathrm{N\cdot m^{-1}})$	左端转动刚度 $K_1/(\mathrm{N\cdot m\cdot rad^{-1}})$	右端竖向刚度 $k_2/(\mathrm{N\cdot m^{-1}})$	右端转动刚度 $K_2/(\mathrm{N\cdot m\cdot rad^{-1}})$
S-S	$10^{10}EI$	0	$10^{10}EI$	0
C-C	$10^{10}EI$	$10^{10}EI$	$10^{10}EI$	$10^{10}EI$
C-F	$10^{10}EI$	$10^{10}EI$	0	0
E-E	$10^{3}EI$	$10^{3}EI$	$10^{3}EI$	$10^{3}EI$

表 6-3　线性荷载作用下不同边界 Timoshenko 梁的最大挠度

边界条件	来源	最大挠度 w_{max}/m		
		$H=0.05$	$H=0.02$	$H=0.01$
S-S	本书方法 （发生位置坐标）	0.000 165 (0.516 438)	0.002 560 (0.516 166)	0.020 491 (0.516 066)
	有限元法	0.000 165	0.002 563	0.020 490
C-C	本书方法 （发生位置坐标）	0.000 034 0.520 907	0.000 515 0.520 444	0.004 101 0.520 237
	有限元法	(0.000 034)	(0.000 515)	(0.004 099)
C-F	本书方法 （发生位置坐标）	0.002 175 1.000 000	0.033 864 1.000 000	0.262 857 1.000 000
	有限元法	(0.002 175)	(0.033 863)	(0.262 859)
E-E	本书方法 （发生位置坐标）	0.000 040 0.532 841	0.000 620 0.531 432	0.004 936 0.530 392
	有限元法	(0.000 040)	(0.000 616)	(0.004 916)

表 6-4　线性荷载作用下不同边界 Timoshenko 梁的最大弯矩

边界条件	来源	最大弯矩 M_{max}/(N·m)		
		0.05	0.02	0.01
S-S	本书方法	−70.38	−70.66	−70.84
	有限元法	−68.75	−68.75	−68.75
C-C	本书方法	−23.09	−23.27	−23.38
	有限元法	−22.92	−22.92	−22.92
C-F	本书方法	354.00	359.00	361.00
	有限元法	350.00	350.00	350.00
E-E	本书方法	−23.46	−23.46	−23.48
	有限元法	−23.00	−23.00	−23.00

从表 6-3 中的数据可知：

本书得出的不同边界条件和不同截面高度下线性荷载作用的 Timoshenko 梁变形结果，与有限元软件模拟出的数值解对比，计算结果基本一致，说明本书方法不仅可以输出经典边界线性荷载作用下梁的静变形位移，还可输出任意弹性边界下梁的位移。

从表 6-3 中可见，对于简支梁、固支梁和弹性边界梁，在线性荷载作用下 Timoshenko 梁的最大位移的位置坐标，实际上并不是在 0.5 m 处，而是在梁中点附近，这是由于考虑了转动惯量和剪切变形的影响。对于悬臂梁，在线性荷载作用下 Timoshenko 梁的最大位移的位置坐标在梁端固支点处。当截面高度是单一变量时，随着截面高度的减小，梁的最大位移会逐渐增大。从表 6-4 中可见，本书方法计算出的弯矩考虑了梁结构本身参数，最大弯矩值随截面高度的减小而小幅度地增加。

算例 6.3：弹性边界梁在中点受集中荷载。

选取材料为 C40 混凝土的弹性边界梁，梁的具体参数见表 6-5。考虑在梁中点处施加一个集中荷载 F，大小为 1 kN，再在梁的轴向处施加一对集中拉力 T。由于加了轴向力，所以用能量法分析时需要加上轴向力产生的势能 V_T，其表达式为

$$V_T = \frac{1}{2}T\int_0^L \left(\frac{\mathrm{d}w}{\mathrm{d}x}\right)^2 \mathrm{d}x \tag{6-25}$$

此时，Lagrange 函数[见式(6-16)]中多了一项轴向变形势能，其他计算步骤和6.1.2节相同。为了研究轴向荷载条件对 Timoshenko 梁静变形的影响，仅改变轴向荷载取值，令轴向力 T 分别为 0 kN、±50 kN 和±100 kN。计算得到不同轴向荷载下 Timoshenko 梁的变形值(见表 6-6)，并绘制相关挠度和转角曲线，如图 6-5 和图 6-6 所示。

表 6-5　弹性边界梁模型的具体参数表

相关参数	单位	数值
左端竖向刚度 k_1	$\mathrm{N\cdot m^{-1}}$	10^4
左端转动刚度 K_1	$\mathrm{N\cdot m\cdot rad^{-1}}$	10^4
右端竖向刚度 k_2	$\mathrm{N\cdot m^{-1}}$	10^4

续　表

相关参数	单位	数值
右端转动刚度 K_2	N·m·rad^{-1}	10^4
杨氏模量 E	GPa	3.25×10^{10}
剪切模量 G	GPa	1.35×10^{10}
梁长 L	m	0.5
截面半径 r	m	0.02
剪切修正系数 β		9/10

表 6-6　不同轴向荷载下 Timoshenko 梁的最大挠度和最大转角

	轴向荷载 T/kN	本书	SAP2000	误差/(%)
最大位移 w_{max}/m	−100	0.050 818 1	0.050 82	0.00
	−50	0.050 591 3	0.050 60	−0.02
	0	0.050 463 5	0.050 46	0.01
	50	0.050 381 5	0.050 38	0.00
	100	0.050 324 4	0.050 32	0.01
最大转角 φ_{max}/rad	−100	0.004 513 1	0.004 52	−0.15
	−50	0.003 233 1	0.003 23	0.10
	0	0.002 512 2	0.002 51	0.09
	50	0.002 052 1	0.002 05	0.10
	100	0.001 732 5	0.001 73	0.15

从表 6-6 中可知，本书方法模拟出的在轴向荷载作用下的 Timoshenko 梁变形数据，和有限元软件模拟的数据相比，最大挠度值基本相同，最大偏差为−0.02%。最大转角值也基本一致，最大偏差仅为 0.15%，说明本书方法可用于求解施加轴向荷载的 Timoshenko 梁静变形。

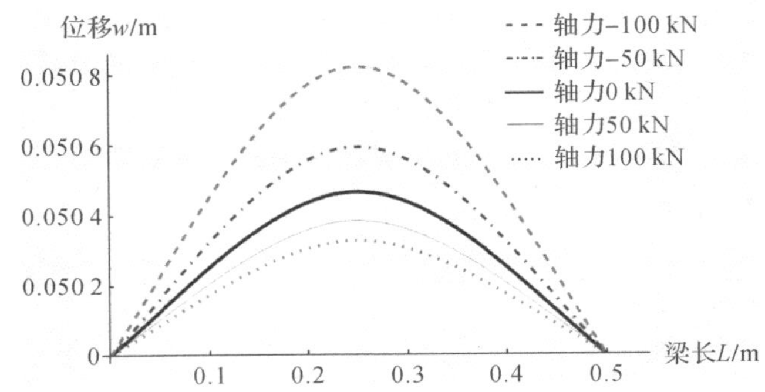

图 6-5　不同轴向荷载下 Timoshenko 梁的挠度曲线

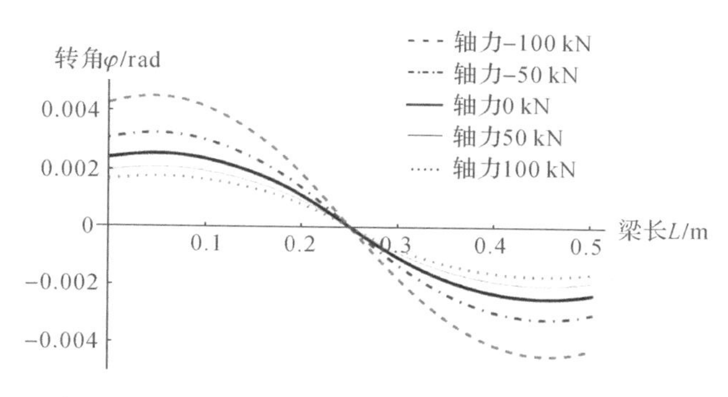

图 6－6　不同轴向荷载下 Timoshenko 梁的转角曲线

从图 6－5 和图 6－6 的曲线中可以看出：当轴向荷载为负值，即施加压力时，Timoshenko 梁的位移变化和轴向荷载的变化呈正相关，轴向压力的绝对值越大，位移和转角越大；当轴向荷载为正值，即施加拉力时，Timoshenko 梁的位移变化和轴向荷载的变化呈负相关，轴向拉力的绝对值越大，位移和转角越小。因此，可通过适当地改变轴向荷载条件去调整梁结构的变形性能。

6.2　组合多段 Timoshenko 梁静变形

在实际工程中，将某些工程结构简化为单跨梁结构是不符合实际受力情况的。例如，在大跨径桥梁的梁体结构施工中，如果采用顶推法施工，那么预制的箱梁结构模块之间的连接方式并不符合刚性耦合的形式。结构之间需要保留施工缝等工程措施，满足梁体的柔性需求，实现柔性耦合连接。在机械工程中，简化为梁模型的构件彼此之间用螺栓、焊接或者胶黏等方式连接，那么连接处也会出现自由度强弱耦合不同的现象。在土木工程中，多跨梁结构多指大型多支撑桥梁结构，跨接点处与基础之间往往安装有隔振器、阻尼器等装置，跨接点处则变为弹性约束。分析连续刚构桥时，根据梁柱之间的刚度比值，可将连续刚构桥的柱等效成多点弹性支撑进行分析。在力学模型的构建中，上述情形需要模拟为多跨 Timoshenko 梁模型，再进行相应分析。

本节采用改进 Fourier 级数法，推导有弹性支撑的多跨 Timoshenko 梁的静变形公式，获得有弹性支撑的多跨 Timoshenko 梁在复杂荷载作用下的静力弯曲挠度以及相应的静力学特性，以期为受到不同复杂荷载作用和任意边界条件下的多跨 Timoshenko 梁的静变形分析提供参考数据。

6.2.1　位移函数的容许形式

含弹性支撑的多跨 Timoshenko 梁的力学模型如图 6－7 所示。以等截面梁为例，把弹性支撑点作为节点进行离散分离。设梁的总跨数为 p，在梁边界处设置线性弹簧和旋转弹簧，通过改变弹簧刚度的取值模拟不同边界条件，图中从左到右依次为 k_1、K_1、k_{p+1}、K_{p+1}。在梁中设置横向弹簧模拟支撑，通过改变横向弹簧刚度取值去模拟不同弹性支撑状态，刚度值依次为 k_2、k_3、…、k_p。由于在第 q 和 $q+1$ 段梁的耦合处需要满足线位移和角位移的连续性，因此将横向弹簧和旋转弹簧设置在耦合连接处，刚度值分别为 $k_{q,q+1}$ 和 $K_{q,q+1}$。当耦合处的刚度值 $k_{q,q+1}$ 和 $K_{q,q+1}$ 取无穷大（理论上）时，模拟分离段之间刚性耦合状态；当耦合处的刚度值 $k_{q,q+1}$ 和 $K_{q,q+1}$ 为具体数值时，模拟分离段之间弹性耦合状态。分段之间支撑支座的质量和长度和整段梁相比，可忽略不计，所以模型分析时不考虑此部分。

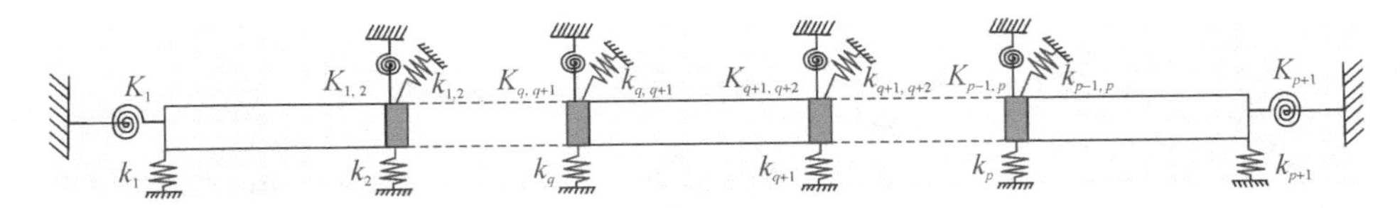

图 6-7　含弹性支撑的多跨 Timoshenko 梁的力学模型

q 段代表多跨梁中任意段，由于荷载作用的位置坐标和形式均不固定，以外荷载施加在 q 段梁上为例进行分析，如图 6-8 所示。

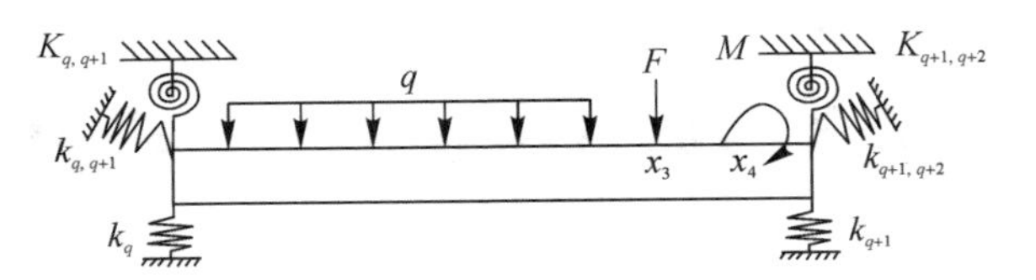

图 6-8　第 q 段 Timoshenko 梁的力学模型

第 q 段 Timoshenko 梁的位移容许函数 $w_q(x)$ 和 $\varphi_q(x)$ 如下（其中辅助函数采用多项式和三角函数相结合的形式，与 6.1 节形式一致）：

$$\left.\begin{aligned} w_q(x) &= \sum_{n=-2}^{\infty} a_{q,n} f_{q,n}(x) \\ \varphi_q(x) &= \sum_{n=-2}^{\infty} b_{q,n} f_{q,n}(x) \end{aligned}\right\} \tag{6-26}$$

式中：第 q 段 Timoshenko 梁的辅助函数的形式为

$$f_{q,n}(x) = \begin{cases} \cos(\lambda_{q,n} x) \quad (n \geqslant 0) \\ \dfrac{32L}{21\pi}\sin\left(\dfrac{\lambda_{q,3} x}{2}\right) - \dfrac{9L}{14\pi}\sin(\lambda_{q,2} x) \quad (n = -1) \\ -\dfrac{32L}{21\pi}\cos\left(\dfrac{\lambda_{q,3} x}{2}\right) - \dfrac{9L}{14\pi}\cos(\lambda_{q,2} x) \quad (n = -2) \end{cases} \tag{6.27}$$

式中：$\lambda_{q,n} = n\pi/L_q$，n 为项数；q 表示 $1 \sim p$ 中任意数；L_p 为第 q 段 Timoshenko 梁的长度；$f_{q,-1}(x)$、$f_{q,-2}(x)$ 为第 q 段 Timoshenko 梁位移容许函数增加的辅助函数；$a_{q,n}$ 和 $b_{q,n}$ 为第 q 段 Timoshenko 梁位移容许函数改进 Fourier 级数形式的待定系数项；$a_{q,-1}$、$a_{q,-2}$、$b_{q,-1}$、$b_{q,-2}$ 分别为辅助函数的待定系数项。

6.2.2 模型求解

描述复杂外荷载作用下含弹性支撑的多跨 Timoshenko 梁结构的各种能量表达式，并基于最小位能原理得到 Lagrange 函数，通过 Rayleigh-Ritz 法对 Lagrange 函数中的位移函数展开系数取极值，得到弹性边界条件下结构弯曲的矩阵方程形式，最后通过求解矩阵方程组得到系数矩阵，将其代入位移函数中，就能计算出有弹性支撑的多跨 Timoshenko 梁结构在复杂外荷载作用下的实际变形。

多跨 Timoshenko 梁的应变势能 V_{p} 由弯曲势能和剪切势能两部分组成，其表达式为

$$V_{\mathrm{p}}=\frac{1}{2}\sum_{q=1}^{p}E_qI_q\int_0^L\left(\frac{\mathrm{d}\varphi_q}{\mathrm{d}x}\right)^2\mathrm{d}x+\frac{1}{2}\sum_{q=1}^{p}\kappa G_qA_q\int_0^{L_q}\left(\frac{\mathrm{d}w_q}{\mathrm{d}x}-\varphi_q\right)^2\mathrm{d}x \tag{6-28}$$

含弹性支撑的多跨 Timoshenko 梁的弹性势能由三部分组成，分别是边界处设置的弹簧产生的势能 V_{s1}、相邻段耦合之间的势能 V_{s2} 和弹性支撑产生的势能 V_{s3} 组成，其表达式分别为

$$V_{\mathrm{s1}}=\frac{1}{2}\left(k_1w_1^2\mid_{x=0}+K_1\varphi_1^2\mid_{x=0}+k_{p+1}w_p^2\mid_{x=L_p}+K_{p+1}\varphi_p^2\mid_{x=L_p}\right) \tag{6-29}$$

$$V_{\mathrm{s2}}=\frac{1}{2}\sum_{q=1}^{p-1}k_{q,q+1}\left(w_q\mid_{x=L_q}-w_{q+1}\mid_{x=0}\right)^2+\frac{1}{2}\sum_{q=1}^{p-1}K_{q,q+1}\left(\varphi_q\mid_{x=L_q}-\varphi_{q+1}\mid_{x=0}\right)^2 \tag{6-30}$$

$$V_{\mathrm{s3}}=\frac{1}{2}\sum_{q=2}^{p}k_qw_{q-1}^2\mid_{x=L_q-1} \tag{6-31}$$

当第 q 段梁上作用局部均布荷载 f_q 时，作用位置为梁上坐标 (x_1,x_2) 区间，产生势能的表达式为

$$W_1=-\sum_{q=1}^{p}\int_{x_1}^{x_2}f_qw_q\mathrm{d}x \tag{6-32}$$

当第 q 段梁上 x_3 处作用一个集中力 F_q 时，可采用 σ 函数将作用在 x_3 上的力，转化为分布在第 q 段梁的荷载集度，使得外力做功在梁上连续，此时集中荷载产生的势能为

$$W_2=-\sum_{q=1}^{p}\int_0^{L_q}F_qw_q\delta(x-x_3)\mathrm{d}x \tag{6-33}$$

当梁上 x_4 处作用一个顺时针集中力偶 M_q 时，可采用 σ 函数将作用在 x_4 上的力偶，转化为分布在第 q 段梁的力偶集度，使得外力做功在梁上连续，此时集中力偶产生的势能为

$$W_3=-\sum_{q=1}^{p}\int_0^{L_q}M_q\varphi_q\delta(x-x_4)\mathrm{d}x \tag{6-34}$$

由此，含弹性支撑的多跨 Timoshenko 梁的 Lagrange 函数为

$$L=(V_p+V_{s1}+V_{s2}+V_{s3})+(W_1+W_2+W_3) \tag{6-35}$$

基于最小位能原理，对 Lagrange 函数取一阶变分为零。在实际数值计算时，位移级数中的 n 无法取无穷大，需要截断。设截断数为 t，由此得到矩阵方程形式：

$$\boldsymbol{KA}=\boldsymbol{F} \tag{6-36}$$

其中：$\boldsymbol{K}$ 为含弹性支撑的多跨 Timoshenko 梁的刚度矩阵，矩阵维数为 $2p(t+3)\times$

$2p(t+3)$；$\boldsymbol{A}$ 为位移级数展开系数列阵，矩阵维数为 $2p(t+3)\times1$；$\boldsymbol{F}$ 为外荷载作用向量，矩阵维数为 $2p(t+3)\times1$。

系数矩阵 $\boldsymbol{A}$ 具体的展开形式为

$$\boldsymbol{A}=[a_{-2}^{(1)}\quad a_{-1}^{(1)}\quad a_{0}^{(1)}\quad\cdots\quad a_{t}^{(1)}\quad\cdots\quad a_{-2}^{(p)}\quad a_{-1}^{(p)}\quad\cdots\quad a_{t}^{(p)}\quad b_{-2}^{(1)}\quad b_{-1}^{(1)}\quad b_{0}^{(1)}\quad\cdots\quad b_{t}^{(1)}\quad\cdots\quad b_{-2}^{(p)}\quad b_{-1}^{(p)}\quad\cdots\quad b_{t}^{(p)}]^{\mathrm{T}} \tag{6-37}$$

其中，上标表示单元的编号。通过求解该矩阵方程[见式(6－36)]，得到系数矩阵 $\boldsymbol{A}$，再将系数矩阵代入位移函数表达式[见式(6－26)]中，就可得到有弹性支撑的多跨 Timoshenko 梁的实际位移大小。其他有关的力学变量也可通过对位移容许函数进行计算得到。

6.2.3 数值算例

为了评估所提出方法的可行性和准确性，对一些数值算例进行分析、讨论，并将结果与参考文献中现有的数据进行比较。

算例 6.4：双跨 Timoshenko 梁受分布荷载。

考虑一个变截面阶梯状的双跨 Timoshenko 梁。梁的材料和几何参数如下：梁加载均匀，分布荷载 $q_1=q_2=10\ \mathrm{kN\cdot m^{-1}}$，两段梁截面高度不同，呈阶梯状，$h_1=0.6\ \mathrm{m}$，$h_2=0.3\ \mathrm{m}$，总梁长 $L=2\ \mathrm{m}$，两段梁 $L_1=L_2=1\ \mathrm{m}$，截面宽度 $b_1=b_2=0.25\ \mathrm{m}$，弹性模量 $E_1=E_2=2\times10^{11}\ \mathrm{N\cdot m^{-2}}$，泊松比 $\upsilon_1=\upsilon_2=0.3$，剪切刚度 $G_1=G_2=0.77\times10^{11}\ \mathrm{N\cdot m^{-2}}$，矩形截面的剪切修正系数 $\beta=0.85$。梁的边界条件为弹性边界，边界处弹簧刚度的取值分别为 $k_1=K_1=100\ EI_1/L^3$，$k_2=K_2=100EI_1/L^3$。绘出该 Timoshenko 梁的挠度和转角曲线，如图 6－9 所示，并与文献所得出的挠度和转角曲线进行对比。

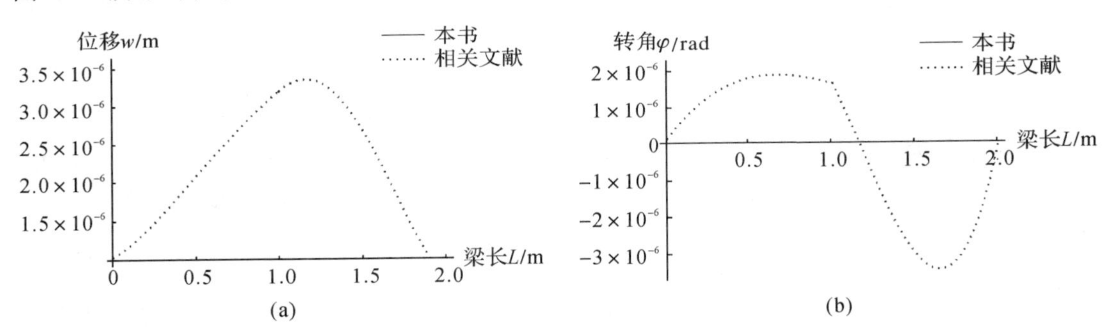

图 6－9 变截面阶梯梁的位移和转角曲线图

(a)位移对比图； (b)转角对比图

由图 6－9 中的位移曲线可知，本方法运行出的数据结果和文献结果趋势一致，基本吻合。故本方法可用来分析 Timoshenko 梁的静变形。

算例 6.5：弹性支撑 Timoshenko 梁受均布荷载。

研究模型选用带有弹性支撑的三跨简支 Timoshenko 梁模型。其截面形状为工字形截面，每节梁的长度不同。离散梁体之间考虑了实际连接处支座提供的支撑力，将其简化为竖向线弹簧结构，由于支座的长度相比于梁体而言很小，故例题计算时忽略其长度，力学模型示意图如图 6－10 所示。具体的梁模型参数和模拟边界条件的弹簧刚度数值见表 6－7。$I=2.772\times10^{-4}\,\mathrm{m}^4$，对中性轴的惯性矩 $A=0.024\ \mathrm{m}^2$，截面其中梁截面积。考虑梁结构上作用简单的均布荷载 q，大小为 $10\ \mathrm{kN}\cdot\mathrm{m}^{-1}$。为探究不同弹性支撑条件对多跨 Timoshenko 梁的变形影响，选择 10 组不同数值的弹性支撑弹簧系数，理论上线性支撑刚度可从 0 变化到无穷大。为了研究不同状态下的支撑刚度，包含弹性支撑到刚性支撑的过渡段，所以取 $0\sim10^{11}\ \mathrm{N}\cdot\mathrm{m}^{-1}$ 的 10 组数据。让每组数值相差一个数量级，更有效得到弹性刚度的变化敏感区间段，为选择不同材料性质的支座提供参考，具体见表 6－8。

用改进 Fourier 级数法计算出不同弹性支撑下的最大位移和最大转角，与有限元软件模拟的结果进行对比，软件模型采用梁模型，单元划分数为 100，结果见表 6－9，并绘制不同弹性支撑下的最大静变形结果对比图，如图 6－11 所示。

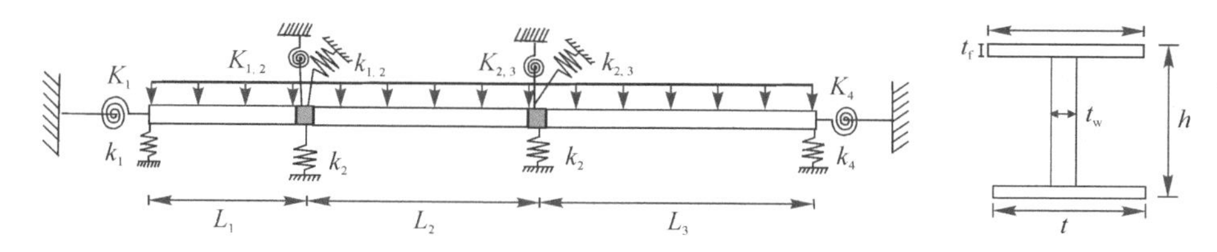

图 6－10　带有弹性支撑的三跨简支 Timoshenko 梁模型

表 6－7　三跨简支 Timoshenko 梁的主要参数表

梁的参数	数值	弹簧刚度取值	数值
弹性模量 E/GPa	200	左端竖向刚度 $k_1/(\mathrm{N}\cdot\mathrm{m}^{-1})$	10^{20}
剪切模量 G/GPa	76.92	左端转动刚度 $K_1/(\mathrm{N}\cdot\mathrm{m}\cdot\mathrm{rad}^{-1})$	0
截面积 A/m^2	0.024	右端竖向刚度 $k_4/(\mathrm{N}\cdot\mathrm{m}^{-1})$	10^{20}
惯性矩 I/m^4	2.772×10^{-4}	右端转动刚度 $K_4/(\mathrm{N}\cdot\mathrm{m}\cdot\mathrm{rad}^{-1})$	0
上下翼缘宽度 t/m	0.2	耦合刚度 $K_{1,2}/(\mathrm{N}\cdot\mathrm{m}\cdot\mathrm{rad}^{-1})$	10^{20}
上下翼缘厚度 t_f/m	0.03	耦合刚度 $k_{2,3}/(\mathrm{N}\cdot\mathrm{m}^{-1})$	10^{20}
腹板厚度 t_w/m	0.05	耦合刚度 $K_{2,3}/(\mathrm{N}\cdot\mathrm{m}\cdot\mathrm{rad}^{-1})$	10^{20}
梁长 L_1、L_2、L_3	1、1.5、2	耦合刚度 $k_{1,2}/(\mathrm{N}\cdot\mathrm{m}^{-1})$	10^{20}
剪切修正系数 κ	0.85		
梁高 h/m	0.3		

表 6－8　梁中两个弹性支撑的 10 组刚度系数取值表

组号	1	2	3	4	5	6	7	8	9	10
支撑刚度 $k_2/(\mathrm{N}\cdot\mathrm{m}^{-1})$	0	10^3	5×10^4	5×10^5	5×10^6	10^7	10^8	10^{10}	10^{11}	10^{20}
支撑刚度 $k_3/(\mathrm{N}\cdot\mathrm{m}^{-1})$	0	10^3	5×10^4	5×10^5	5×10^6	10^7	10^8	10^{10}	10^{11}	10^{20}

表 6-9　不同弹性支撑下梁的最大挠度和转角值

组号	最大位移 w_{max}/m			最大转角 φ_{max}/rad		
	本书方法	有限元法	误差/(%)	本书方法	有限元法	误差/(%)
1	0.000 969 9	0.000 985 0	0.17	0.000 684 8	0.000 684	0.12
2	0.000 969 9	0.000 984 8	1.53	0.000 684 8	0.000 685	−0.03
3	0.000 969 9	0.000 984 8	1.51	0.000 684 8	0.000 685	−0.03
4	0.000 947 6	0.000 961 9	1.49	0.000 669 0	0.000 669	0.00
5	0.000 784 5	0.000 794 0	1.20	0.000 553 6	0.000 552	0.29
6	0.000 685 8	0.000 665 1	3.12	0.000 464 1	0.000 476	2.52
7	0.000 169 2	0.000 170 0	−0.5	0.000 149 2	0.000 153	2.61
8	0.000 038 9	0.000 038 8	0.28	0.000 051 9	0.000 053 1	−2.69
9	0.000 025 6	0.000 025 7	−0.51	0.000 041 9	0.000 041 1	2.02
10	0.000 025 2	0.000 025 6	−1.56	0.000 042 0	0.000 041 0	2.30

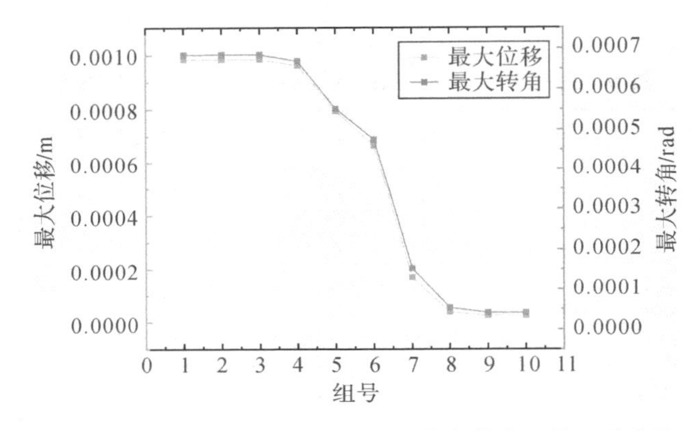

图 6-11　10 组不同弹性支撑下的最大静变形结果对比图

从表 6-9 中的数据可知，随着中间弹性支撑的刚度增大，梁的位移和转角值会减小，本书输出结果和有限元软件模拟结果基本一致，最大误差为 2.69%，说明改进 Fourier 级数法可应用于含任意弹性支撑梁的静变形计算。

从图 6-11 中的曲线走势可知，对于没有加支撑($k_2=k_3=0$ N/m)的简支梁而言，有弹性支撑的梁的最大位移和转角会偏小。当支撑的刚度数值明显小于刚性支撑刚度时，即图中第 1～4 组数据，发现随着支撑刚度值的增加，对于静变形的数值大小几乎没有影响；当支撑刚度不断增加，趋近于刚性支撑刚度时，所得静变形结果对应于图中第 8～10 组数据，反映出结构的静变形趋向稳定值。因此支撑刚度对静变形的影响是处于一定范围内的，该区间称为支撑刚度的敏感区间(本例中介于 5×10^5～10^{10} N/m 之间)，而支撑刚度位于敏感区间之外，即过低或者过高时，相近刚度引起的静变形相差不大。此结论可对支撑刚度值的选择提供参考。

6.3　组合 L 形 Timoshenko 梁静变形

组合梁在土木工程中的应用场景也非常广泛。根据实际工况，梁需要在形式上做出相应改变。比如形状上改变直线线形，变为 L 形梁、U 形梁和圆弧形梁等，材料上进行不同材料的拼合组成三明治梁等。本节主要以物理线形最简单的 L 形 Timoshenko 梁为例，采用改进 Fourier 级数法，推导 L 形 Timoshenko 梁在复杂外荷载作用下的静变形公式，获得 L 形 Timoshenko 梁在复杂荷载作用下的静力弯曲位移以及相应的静力学特性，以期为受到不同复杂荷载作用和任意边界条件下，L 形 Timoshenko 梁的静变形分析提供参考数据，并将本法应用于更多的组合梁。

6.3.1　位移函数的形式

L 形 Timoshenko 梁的力学模型如图 6－12 所示。以等截面 L 形梁为例，力学模型由水平和竖向两根子梁组合而成，竖直梁 AB 和水平梁 BC 之间满足刚性连接。梁边界处设置线性弹簧和旋转弹簧，通过弹簧刚度的取值不同模拟不同边界条件。竖直梁 AB 的下端设置两类弹簧，弹簧刚度分别为 k_A 和 K_A；水平子梁 BC 的右端设置两类弹簧，弹簧刚度为 k_C 和 K_C。因为竖直梁 AB 的上端和水平梁 BC 的左端是刚性连接，所以设置横向线弹簧 k_{Bx}、竖向线弹簧 k_{By} 和约束转动的旋转弹簧 K_B 满足刚性连接需求，在理论上这三种弹簧数值应该取无穷大值，实际上取值为 10^8EI 时即可符合刚性约束。在此模型中，以外部载荷为均布载荷 q 和集中载荷 F 为例讨论，其中在水平梁 BC 上施加均布载荷，在竖直梁 AB 上施加集中载荷。L 形 Timoshenko 梁和直线梁的最大区别在于竖直梁和水平梁的局部坐标系不同，两个子梁的局部坐标系如图 6－12 所示。

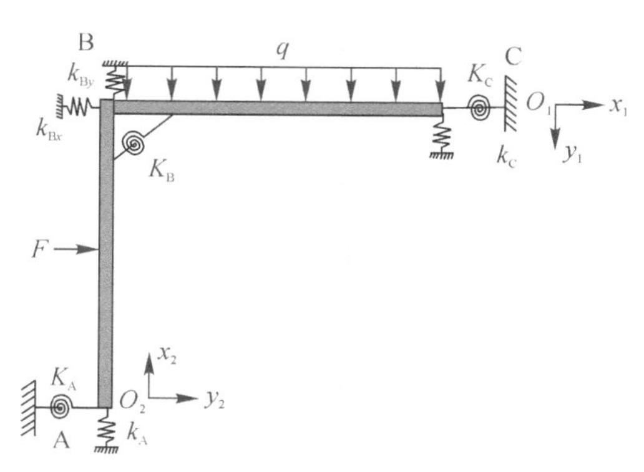

图 6－12　组合 L 形 Timoshenko 梁的力学模型

假设竖直梁 AB 的位移函数为 $w_1(x)$ 和 $\varphi_1(x)$，水平梁 BC 的位移函数为 $w_2(x)$ 和 $\varphi_2(x)$，基于改进 Fourier 级数的形式展开位移函数，辅助函数与 6.2 节采用的形式一致，即按照式(6－26)所示形式表示 $w_i(x)$ 和 $\varphi_i(x)$（其中 $i=1,2$）。式中，$\lambda_{1,n}=n\pi/L_1$，$\lambda_{2,n}=n\pi/$

L_2，n 为项数，L_1 为竖直梁 AB 的长度；L_2 为水平梁 BC 的长度；$a_{1,n}$和 $b_{1,n}$为竖直梁 AB 位移函数改进 Fourier 级数形式的待定系数项；$a_{2,n}$和 $b_{2,n}$为水平梁 BC 改进 Fourier 级数形式的待定系数项；$a_{1,-1}$、$a_{1,-2}$、$b_{1,-1}$、$b_{1,-2}$分别为竖直梁 AB 的辅助函数待定系数项；$a_{2,-1}$、$a_{2,-2}$、$b_{2,-1}$、$b_{2,-2}$分别为水平梁 BC 的辅助函数待定系数项。

6.3.2 模型求解

描述复杂外荷载作用下组合 L 形 Timoshenko 梁的各种能量的表达式，并基于最小位能原理得到 Lagrange 函数，通过 Rayleigh-Ritz 法对 Lagrange 函数中的位移容许函数展开系数取极值，得到弹性边界条件下结构弯曲的矩阵方程形式，最后通过求解矩阵方程组得到系数矩阵，将其代入位移容许函数就能计算出组合 L 形 Timoshenko 梁在复杂外荷载作用下的实际变形。

L 形 Timoshenko 梁的应变势能 V_{p} 由弯曲势能和剪切势能两部分组成，其表达式为

$$V_{\mathrm{p}}=\frac{1}{2}\sum_{i=1}^{2}E_iI_i\int_0^{L_i}\left(\frac{\mathrm{d}\varphi_i}{\mathrm{d}x}\right)^2\mathrm{d}x+\frac{1}{2}\sum_{i=1}^{2}\kappa_iG_iA_i\int_0^{L_i}\left(\frac{\mathrm{d}w_i}{\mathrm{d}x}-\varphi_i\right)^2\mathrm{d}x \tag{6-38}$$

L 形 Timoshenko 梁的弹性势能由两部分组成，分别是边界处设置的弹簧势能 V_{s1} 和相邻段耦合之间的势能 V_{s2}，其表达式为

$$V_{\mathrm{s1}}=\frac{1}{2}(k_{\mathrm{A}}w_1^2\mid_{x=0}+K_{\mathrm{A}}\varphi_1^2\mid_{x=0}+k_{\mathrm{C}}w_{\mathrm{p}}^2\mid_{x=L_2}+K_{\mathrm{C}}\varphi_{\mathrm{p}}^2\mid_{x=L_2}) \tag{6-39}$$

$$V_{\mathrm{s2}}=\frac{1}{2}(k_{\mathrm{B}x}w_1^2\mid_{x=L_1}+k_{\mathrm{B}y}w_2^2\mid_{x=0})+\frac{1}{2}K_{\mathrm{B}}(\varphi_1\mid_{x=L_1}-\varphi_2\mid_{x=0})^2 \tag{6-40}$$

假设均布荷载 q 作用于水平梁 BC 上，集中荷载 F 作用于竖直梁 AB 的中点处，则外荷载产生势能的表达式为

$$W_2=-\int_0^{L_2}qw_2\mathrm{d}x-\int_0^{L_1}Fw_1\delta\left(x-\frac{L_1}{2}\right)\mathrm{d}x \tag{6-41}$$

由此，组合 L 形 Timoshenko 梁系统的 Lagrange 函数为

$$L=(V_{\mathrm{p}}+V_{\mathrm{s1}}+V_{\mathrm{s2}})+W \tag{6-42}$$

基于最小位能原理，对 Lagrange 函数取一阶变分为零。在实际数值计算时，位移级数中的 n 无法取无穷大，所以需要截断。假设截断数为 t，由此可得到矩阵方程：

$$\boldsymbol{KA}=\boldsymbol{F} \tag{6-43}$$

式中：$\boldsymbol{K}$ 为结构的刚度矩阵，矩阵维数为 $4(t+3)\times4(t+3)$；$\boldsymbol{A}$ 为位移级数展开系数列阵，矩阵维数为 $4(t+3)\times1$；$\boldsymbol{F}$ 为外荷载作用向量，矩阵维数为 $4(t+3)\times1$。

系数列阵 $\boldsymbol{A}$ 具体的展开形式为

$$\begin{aligned}\boldsymbol{A}=[&a_{1,-2}\quad a_{1,-1}\quad\cdots\quad a_{1,t}\quad a_{2,-2}\quad a_{2,-1}\quad\cdots\quad a_{2,1}\\&b_{1,-2}\quad b_{1,-1}\quad\cdots\quad b_{1,t}\quad b_{2,-2}\quad b_{2,-1}\quad\cdots\quad b_{2,t}]^{\mathrm{T}}\end{aligned} \tag{6-44}$$

通过求解该矩阵方程[见式(6-43)]，得到系数矩阵 $\boldsymbol{A}$，再将系数矩阵代入位移函数式[见式(6-26)]中，就可得到 L 形 Timoshenko 梁的实际位移，其他有关的力学变量也可通过对位移函数进行计算得到。

6.3.3　数值算例

算例 6.6:L 形 Timoshenko 梁受均布荷载。

考虑施加均布荷载的等截面组合 L 形 Timoshenko 梁,水平梁和竖直梁的耦合处为刚性连接。梁的具体参数如下:梁加载均匀,分布荷载 $q=1\ \mathrm{N\cdot m^{-1}}$、两段梁等长 $L_1=L_2=1$ m,梁截面采用圆形截面,截面半径 $R=5$ mm,弹性模量 $E=2\times10^{11}\ \mathrm{N\cdot m^{-2}}$,泊松比 $\upsilon=0.3$,剪切刚度 $G=0.77\times10^{11}\ \mathrm{N\cdot m^{-2}}$,圆形截面的剪切修正系数 $\kappa=0.9$。梁的边界条件设置为两端固支,故弹簧刚度取值为 $k_A=k_C=10^{10}EI$,$K_A=K_C=10^{10}EI$,连接处的弹簧系数为 $k_{Bx}=k_{By}=K_B=10^{10}EI$。用改进 Fourier 级数法绘制组合梁的无量纲变形图,如图 6-13 所示,并和文献进行对比。

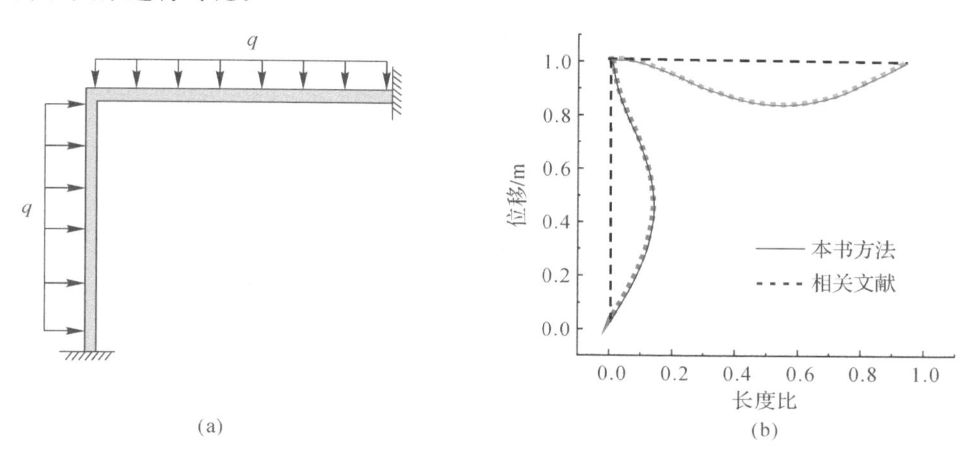

图 6-13　均布荷载作用下 L 形梁无量纲静变形图

(a)变形前;　(b)变形后

从图 6-13 中可见,本书方法得到的变形曲线和相关文献的有限体积法得出的变形曲线基本吻合,可见本书用于组合 L 形 Timoshenko 梁静变形分析的正确性。

通过改变两段子梁的长度,以探究位移随两个子梁长度比的变化情况。假设水平梁长度 L_2 保持不变,竖直梁长 L_1 和水平梁长 L_2 的比值为 0.5、1、1.5 和 2,分别计算两个子梁的最大位移值(见表 6-10),位移示意图如图 6-14 所示。

表 6-10　不同子梁长度比的 L 形 Timoshenko 梁的最大挠度绝对值

序号	长度比 L_1/L_2	竖直梁		水平梁	
		最大位移/m	x_2 上位置坐标/m	最大位移/m	x_1 上位置坐标/m
a	0.5	0.000 007 578	0.330 442	0.000 073 78	0.548 309
b	1	0.000 054 91	0.422 051	0.000 054 91	0.577 951
c	1.5	0.000 362 25	0.673 201	0.000 028 69	0.203 911
d	2	0.001 177 89	0.902 864	0.000 121 97	0.340 787

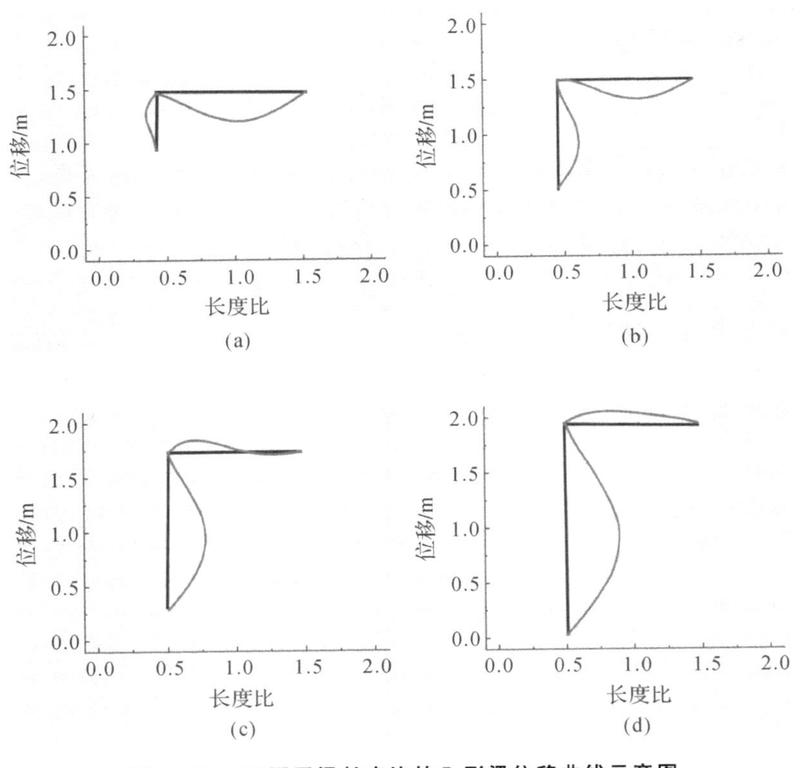

图 6－14　不同子梁长度比的 L 形梁位移曲线示意图

(a)$L_1=0.5$ m，$L_2=1$ m；　(b)$L_1=1$ m，$L_2=1$ m

(c)$L_1=1.5$ m，$L_2=1$ m；　(d)$L_1=2$ m，$L_2=1$ m

从表 6－10 和图 6－14 中可以得到，对比组合 L 形 Timoshenko 梁两个子梁的长度，当两个子梁的长度一致时，即图(b)，在相同均布荷载作用下，两个子梁的位移基本一致，误差较小。由于 L 形梁在中间耦合处设置约束，所以产生最大位移的位置坐标并不在子梁的跨中；当两个子梁的长度不一致时，长度值较长的子梁产生的位移比较短的子梁的位移大得多。另外，当子梁间长度相差较大，长度比偏大或者偏小，都会在较短子梁中出现反向位移，长度相差越大，反向位移的范围就越大。

6.4　本 章 小 结

本章利用改进 Fourier 级数法较好地推导出了 Timoshenko 梁、多跨支撑梁和组合 L 形梁的静变形结果以及相关的力学变量，其能适用于任意不同的边界条件。基于能量法进行分析求解，过程清晰、明了，用科学计算软件实现代码快捷、方便。

分析不同梁结构的静变形数值结果得出以下结论：

(1)改进 Fourier 级数方法能适应输出任意弹性边界和外荷载作用下的 Timoshenko 梁的静变形结果，计算精度满足工程需要。同时通过分析，认为改进 Fourier 级数法也能应用于高阶剪切变形梁的静变形分析，并给出了具体求解 Reddy 高阶梁变形的思路。

(2)改进 Fourier 级数法可求解沿单方向组合的多段梁和正交方向组合的 L 形梁的变形。在分析过程中，组合梁是建立在单跨梁的基础上进行求解的，需综合考虑相邻段之间的连续性，保证满足位移约束条件。

参考文献

[1] LI W L. Free vibrations of beams with general boundary conditions[J]. Journal of Sound and Vibration, 2000, 237(4): 709-725.

[2] LI W L. Dynamic analysis of beams with arbitrary elastic supports at both ends[J]. Journal of Sound and Vibration, 2001, 246(4): 751-756.

[3] 蒋士亮. 基于谱几何法的板壳结构动力学建模与特性分析[D]. 哈尔滨：哈尔滨工程大学，2015.

[4] SHI D, WANG Q, SHI X, et al. An accurate solution method for the vibration analysis of Timoshenko beams with general elastic supports [J]. Journal of Mechanical Engineering Science, 2015, 229(13): 2327-2340.

[5] 周静. 基于改进傅立叶级数的任意边界条件下杆系、梁系的振动特性分析[D]. 苏州：苏州科技大学，2020.

[6] 赵雨皓，杜敬涛，许得水. 轴向载荷条件下弹性边界约束梁结构振动特性分析[J]. 振动与冲击，2020, 39(15): 109-117.

[7] 石先杰，史冬岩，李文龙，等. 任意边界条件下环扇形板的静动态特性分析[J]. 机械设计与制造，2013(12): 181-184.

[8] 张静华. 基于高阶剪切理论的 FGM 梁静态弯曲问题研究[D]. 扬州：扬州大学，2014.

[9] IMEK M. Fundamental frequency analysis of functionally graded beams by using different higher-order beam theories[J]. Nuclear Engineering and Design, 2010, 240(4): 697-705.

[10] 井丽龙，张文平，明平剑，等. Timoshenko 梁静力学和动力学问题有限体积法求解[J]. 哈尔滨工程大学学报，2015, 36(9): 1217-1222.

[11] 井丽龙. 梁、板和壳体的有限体积法方法研究与应用[D]. 哈尔滨：哈尔滨工程大学，2018.

第 7 章　弹性地基梁结构静变形

在结构工程领域，对于钢筋混凝土条形基础梁、轨道轨枕、盾构隧道、沉管隧道等结构来讲，将这类结构仅简化为普通梁结构进行分析是不可取的，因为这些结构除本身结构受力外，还会受到地基力的作用。在模型分析时，可假设地基是弹性体，当外部载荷作用时，地基梁和地基共同下沉，在梁底部与地基表面处产生相互作用力。因此对于研究此类结构来讲，弹性地基梁模型的构建是必要的。关于弹性地基梁的分析是研究人员非常感兴趣的领域，他们提出过许多弹性地基梁的计算模型，其中以 Winkler 弹性地基模型、弹性半空间地基模型和双参数弹性地基模型为主。

本章采用改进 Fourier 级数法，可充分考虑到梁自重、施加载荷类型、梁的特性随梁长的变化情况等因素，推导外荷载作用下的弹性地基梁的静变形公式，获得两种弹性地基梁在复杂荷载作用下的静力弯曲位移以及相应的静力学特性，以期为弹性地基 Timoshenko 梁的静变形分析提供参考数据。

7.1　弹性地基梁模型

7.1.1　Winkler 弹性地基梁

1867 年，E. Winkler 在前人研究的基础上，提出了将土介质理想化的模型。他用无数个独立且连续分布的弹簧简化模拟地基结构，并假设在土介质表面上，任意点的位移 $w(x,y)$ 和作用在该点的应力 $p(x,y)$ 呈线性关系，与作用在其他点的应力不相关，即

$$p(x,y)=k\cdot w(x,y) \tag{7-1}$$

式中：k 为地基反力系数。

地基反力系数和土的性质、类别、地基面积、基础埋置深度等因素有关。

Winkler 弹性地基只考虑了梁结构本身的变形。实际上，当地基表面受到压力时，受载地区会产生沉陷变形，受载相邻区域同时也会产生沉降，但是 Winkler 弹性地基并未考虑此部分的地基土连续性和地基中的应力扩散，因此其结果会有局限性。但是由于 Winkler 弹性地基模型基本概念明确、方法计算简单，所以应用也较广泛，在以下情形中适合选用 Winkler 弹性地基：地基土质比较松软时（如淤泥、软黏土地基）；地基中压缩成层的尺寸相对于基础的最大水平尺寸，是一个非常薄的“垫层”时；基底对应的塑性区域较大时；以桩基

为支撑的连续地基,能用弹簧体系取代裙桩时。

从 Winkler 弹性地基反应方程[见式(7-1)]可以看出,可将地基模型中的地基土看作一系列相互独立的弹簧单元。Winkler 弹性地基 Timoshenko 梁在载荷作用下的微分控制方程为

$$\frac{\mathrm{d}}{\mathrm{d}x}\left\{\kappa GA\left[\frac{\mathrm{d}w(x)}{\mathrm{d}x}-\varphi\right]\right\}+q(x)-kw(x)=0 \tag{7-2}$$

$$\kappa GA\left[\frac{\mathrm{d}w(x)}{\mathrm{d}x}-\varphi(x)\right]+\frac{\mathrm{d}}{\mathrm{d}x}\left[EI\ \frac{\mathrm{d}\varphi(x)}{\mathrm{d}x}\right]=0 \tag{7-3}$$

用改进 Fourier 级数法计算 Winkler 弹性地基 Timoshenko 梁的静变形时,先描述复杂外荷载作用下 Winkler 弹性地基 Timoshenko 梁的各种能量的表达式,并基于最小位能原理得到 Lagrange 函数,通过 Rayleigh-Ritz 法对 Lagrange 函数中的位移函数展开系数取极值,得到弹性边界条件下结构弯曲的矩阵方程形式,最后通过求解矩阵方程组得到系数矩阵,将其代入位移函数中,就能计算出 Winkler 弹性地基 Timoshenko 梁在复杂外荷载作用下的实际变形。

因此构建能量法时,以 Timoshenko 梁为例,梁体各部分的能量表达式与 6.1 节中式(6-8)~式(6-12)一致,只需要再增加一项 Winkler 弹性地基对梁体产生的变形能,其表达式为

$$V_{\mathrm{p}}=\frac{1}{2}\int_{0}^{L_{\mathrm{k}}}kw^{2}(x)\mathrm{d}x \tag{7-4}$$

式中:L_{k} 为弹性地基的长度。

当 L_{k} 取 0 时,代表无弹性地基;当 L_{k} 取 L 时,代表完全弹性地基;当 $L_{\mathrm{k}}=0\sim L$ 时,代表部分弹性地基。

此时,Winkler 弹性地基梁系统的 Lagrange 函数由式(6-13)变为

$$L=(V_{\mathrm{p}}+V_{\mathrm{s}}+V_{\mathrm{kp}})+(W_{1}+W_{2}+W_{3}) \tag{7-5}$$

同样地,应用最小位能原理,对式(7-5)中的 Fourier 级数的系数取极值,转化为矩阵形式:

$$\boldsymbol{KA}=\boldsymbol{F} \tag{7-6}$$

式中:$\boldsymbol{K}$ 为结构的刚度矩阵;$\boldsymbol{A}$ 为改进 Fourier 级数展开系数列阵;$\boldsymbol{F}$ 为外荷载列阵。通过求解该矩阵方程,得到系数矩阵 $\boldsymbol{A}$,再将系数矩阵代入位移函数中,就可得到 Winkler 弹性地基上 Timoshenko 梁的静变形情况。在此基础上,可分析不同状况下的静态变形。例如:复杂的载荷情况,包括作用线性荷载和非线性荷载;复杂的梁体条件,包括变截面梁,变刚度梁等;复杂的地基基础,包括基础系数随着长度的变化而变化等。

7.1.2 双参数 Pasternak 弹性地基梁

由于 Winkler 弹性地基忽视了土体之间存在的剪应力,不适用于具有黏性或者连续性的土体地基,所以学者研究补充了更多的地基模型。其中,双参数地基模型可弥补 Winkler 弹性地基计算中存在的缺陷,对双参数弹性地基模型中土体的抗压特性和抗剪特性用互相独立的参数进行了表达。该模型不仅克服了 Winkler 弹性地基模型不能将压力扩散的缺

点，而且在数学处理上，与弹性的半空间地基模型相比，也是比较简单的。只要参数选择得当，它就能够很好地描述地基的力学行为。

双参数弹性地基的发展主要分为两个方向，第一种是以 Filonenko-Borodich、Hetenyi、Pasternak、Kerr 等为代表提出的双参数地基土模型。该模型主要是延续 Winkler 弹性地基的研究，但是在弹簧单元间设置弹性薄膜、弹性梁或者弹性层等，考虑了各独立弹簧之间的相互力学作用，避免了地基土体的不连续特性。第二种是由 Reissner、Vlasov 等所提出的，它模拟了一个弹性连续介质模型，并且对变形和应力之间的关系进行了一些简单的假设。

本节主要分析讨论双参数 Pasternak 弹性地基梁，其模型如图 7－1 所示。

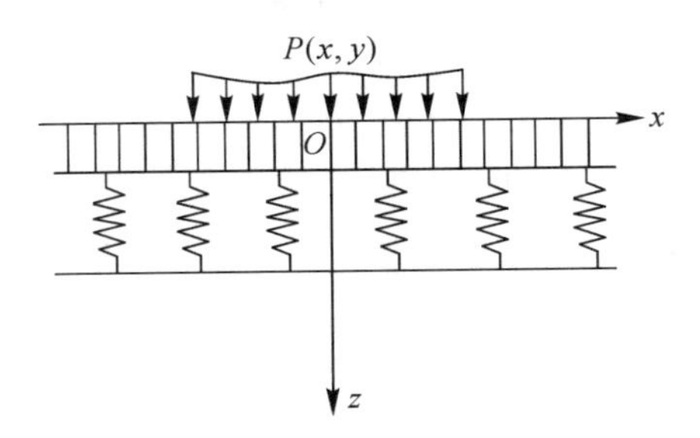

图 7－1　双参数 Pasternak 弹性地基梁模型示意图

双参数 Pasternak 弹性地基梁模型建立在 Winkler 弹性地基梁模型的基础上，它假定各弹簧元素间存在着剪切相互作用，即存在一层只发生横向变形而无法压缩的竖向单元，弹簧单元通过与竖向单元相连接实现剪切变形。假设在变形过程中，梁与地基始终处于接触状态，地基表面任一点的变形 $w(x,y)$和压强 $p(x,y)$的关系可以表示为

$$p(x,y)=k_{\mathrm{p}}\cdot w(x,y)-G_{\mathrm{p}}\left\{\left[\frac{\partial w(x,y)}{\partial x}\right]^2+\left[\frac{\partial w(x,y)}{\partial y}\right]^2\right\} \tag{7-7}$$

在一维问题中，式(7－7)可简化为

$$p(x)=k_{\mathrm{p}}\cdot w(x)-G_{\mathrm{p}}\left[\frac{\mathrm{d}w(x)}{\mathrm{d}x}\right]^2 \tag{7-8}$$

式中：G_{p} 为地基剪切修正系数；k_{p} 为地基反力系数。

比较双参数 Pasternak 弹性地基模型与 Winkler 弹性地基模型，前者得出的结果与真实的情况更加吻合，因此其在基础工程设计和计算中得到了非常广泛的运用。如在 GEO5 岩土工程软件中，弹性地基梁模块和筏基有限元分析模块所采用的地基模型就是 Winkler-Pasternak 弹性地基模型，与其他使用 Winkler 弹性地基模型的岩土软件相比，GEO5 的计算结果能更准确、更真实地反映地基变形情况。

双参数 Pasternak 弹性地基 Timoshenko 梁在载荷作用下的微分控制方程为

$$\frac{\mathrm{d}}{\mathrm{d}x}\left\{\kappa GA\left[\frac{\mathrm{d}w(x)_i}{\mathrm{d}x}-\varphi(x)_i\right]\right\}+q(x)+G_{\mathrm{p}}\frac{\mathrm{d}^2w(x)}{\mathrm{d}x^2}-k_{\mathrm{p}}w(x)=0 \tag{7-9}$$

$$\kappa GA\left[\frac{\mathrm{d}w(x)}{\mathrm{d}x}-\varphi(x)\right]+\frac{\mathrm{d}}{\mathrm{d}x}\left[EI\frac{\mathrm{d}\varphi(x)}{\mathrm{d}x}\right]=0 \tag{7-10}$$

用改进 Fourier 级数法计算双参数 Pasternak 弹性地基上 Timoshenko 梁的静变形时，先描述复杂外荷载作用下 Pasternak 弹性地基 Timoshenko 梁的各种能量的表达式，并基于最小位能原理得到 Lagrange 函数，通过 Rayleigh-Ritz 法对 Lagrange 函数中的位移函数展开系数取极值，得到弹性边界条件下结构弯曲的矩阵方程形式，最后通过求解矩阵方程组得到系数矩阵，将其代入位移函数就能计算出 Pasternak 地基上 Timoshenko 梁在复杂外荷载作用下的实际位移。

因此以 Timoshenko 梁为例构造能量法，梁体各部分的能量表达式与 6.1 节中式(6-11)～式(6-15)一致，再增加一项双参数 Pasternak 弹性地基对梁体产生的变形能。相关文献中比较了两类双参数弹性地基梁的势能泛函，分别采用梁模型单元和梁基础模型单元分析，并通过实例验证发现梁模型单元更适应不同荷载作用，同时也不会出现剪切闭锁的问题。因此本书认为计算双参数地基产生的变形能需要考虑两侧土体对梁的剪切作用，具体的地基变形势能简化为

$$V_{kp} = \frac{1}{2}\left[\int_0^{L_k} k_p w(x)^2 \mathrm{d}x + \int_0^{L_k} G_p \frac{\mathrm{d}^2 w(x)}{\mathrm{d}x^2}\mathrm{d}x\right] \tag{7-11}$$

此时，双参数 Pasternak 弹性地基梁系统的 Lagrange 函数由式(6-16)变为

$$L = (V_p + V_s + V_{kp}) + (W_1 + W_2 + W_3) \tag{7-12}$$

同样地，应用最小位能原理，对式(7-12)中的 Fourier 级数的系数取极值，转化为矩阵形式：

$$\boldsymbol{KA} = \boldsymbol{F} \tag{7-13}$$

式中：$\boldsymbol{K}$ 为结构的刚度矩阵；$\boldsymbol{A}$ 为改进 Fourier 级数展开系数列阵；$\boldsymbol{F}$ 为外荷载列阵。通过求解该矩阵方程，得到系数矩阵 $\boldsymbol{A}$，再将系数矩阵代入位移函数中，就可得到 Pasternak 弹性地基 Timoshenko 梁的静变形情况，然后，可以对复杂工况下的静态变形进行分析。复杂工况比如：在复杂载荷情况下，既包含了集中力，又包含了多种分布载荷；在复杂梁体情况下，梁的截面形状、弹性刚度会发生分段改变等；在复杂的基础情况下，比如非线性地基基础等。

7.2 数值算例

7.2.1 工程应用——沉管隧道纵向内力计算

近年来，我国的内河航道发展迅速，规模庞大，地下空间的合理开发利用是必然趋势。沉管隧道结构以其埋置深度浅、可置于软土基、通行能力大、横截面形状不唯一、线路总长度短、管节可预制且便于安装等优势，在公路交通系统中逐渐发展起来。其中较成功的工程案例有珠江隧道、宁波常洪隧道和珠港澳大桥沉管隧道等。但沉管隧道结构的应用技术还需不断发展和成熟，其在施工和建成运营中也面临着各种问题，如管道纵向不均匀沉降、管道渗水漏水、局部应力集中、衬砌裂缝等。其中纵向不均匀沉降会造成结构的局部破坏，引起隧道变形，影响隧道结构的使用性能，降低沉管隧道的安全性，甚至如果沉降严重，对周围土体结构及地下管道线路等各类建筑物都会造成影响，造成安全隐患。因此准确分析沉管隧道结构的纵向内力，对研究隧道纵向不均匀沉降有重要的意义。

对于隧道结构的纵向受力分析主要分为三类：简化结构模型理论计算、有限元软件模拟

建模分析和实际结构实验测算。前两者分析都需要将实际结构进行简化,建立力学计算模型。力学计算模型主要分为以下两类:

一类是忽略隧道侧面荷载的作用,在纵向上用梁单元模拟隧道结构。在盾构隧道模型中,村上博智和小泉淳提出了纵向梁-弹簧模型,志波由纪夫和川岛一彦提出了纵向等效刚度连续梁模型,这些理论模型在沉管隧道模型中也适用。但是由于在沉管隧道的施工作业中,沉管管节结构可分为整体式和小节段式,管节部分是在预制场中完成的,然后现场铺设时进行组装,组装时就需要特别注意相邻管段的连接。在实际工程中,是通过大型环状止水带、剪切键及预应力钢拉索等多种构件组成的接头连接。接头本身刚度的大小,能否适应相邻管段的力学性能传递、适应地基的变形能力和是否防水渗漏等问题,都是设计和施工中必须考虑的,因此对沉管隧道的接头处的力学模拟就尤为重要。许多学者针对沉管隧道的纵向受力计算模型提出自己的见解。宁茂权详细介绍了沈家门港的沉管隧道设计案例,其中对于纵向设计,管段也分为沉放阶段的简支梁模型和管段组装整平后的弹性地基梁模型。李毅等分析港珠澳大桥时,认为其纵向计算模型可采用荷载-结构模型,简化为 Winkler 弹性地基上的连续梁模型,接头处连接采用非线性弹簧模拟。林鸣和林巍结合工程经验与沉管隧道发展近况,系统地分析了隧道结构的选型,并指出珠港澳大桥工程由于其施工环境的复杂性,接头处摒弃传统的刚性接头与柔性接头,通过设置永久预应力,设计出半刚性接头结构,这种结构的发展前景良好。张爱茹等将隧道结构简化为弹性地基梁,用有限元软件模拟三种不同接头连接的情况,得出接头连接的类型不同对设计内力的峰值影响不大。魏纲等以舟山沉管隧道为例,提出了更符合实际施工对接阶段的弹性地基梁-简支梁复合计算模型和运营使用阶段的弹性地基梁模型,他们的改进在于接头处用滑动支座和剪切弹簧等效半刚性半柔性接头,并在运营使用的梁模型中加入临时支撑垫块,但是对接头处的处理仍不能合理模拟半柔性半刚性的特点。

另一类是考虑隧道侧面荷载的作用,为更接近于真实的工程构造,对真实的沉管隧道的应力进行了仿真。在纵向上将隧道结构模拟为三维有限元模型,借助计算机的计算能力和有限元软件建模,考虑地下土层之间、隧道结构与土层之间、隧道管节之间的接触问题,分析沉管隧道结构的纵向内力。刘建飞等构建三维实体单元,将沉管隧道结构简化为三维空间结构,可以用来分析模型的每个管段和接头的受力状态。丁文其等基于地层-结构法,提出用有限元软件构建沉管隧道的三维有限元模型,并基于工程实例验证可行性,分析了隧道沉降和接头相对变形。杨春山等依托实际沉管隧道建立了精细的三维计算模型,分析了施工过程中带有临时支撑的变截面隧道结构。对于三维模型的建立分析,在精度要求上更符合实际工程,同时能为弹性地基梁模型做参考解,但其较弹性地基梁模型计算更烦琐,对计算能力要求更高。

本节采用改进 Fourier 级数法,将忽略隧道侧面荷载,在纵向上将隧道结构模拟为弹性地基梁模型,用弹簧去模拟不同类型的接头形式,以期对实际的沉管隧道纵向内力计算提供参考。

算例 7.1:三孔沉管隧道的变形及内力。

以相关文献中的双向八车道加一摩托车道的三孔沉管隧道为例。隧道由四节 80 m 的管段组成,总长度为 320 m,各管段截面对中心轴的惯性矩均为 $I=1\ 182\ \mathrm{m}^4$,材料的弹性模量 $E=3\times10^{10}$ Pa,泊松比 $\upsilon=0.2$,地基反力系数 $k=3\times10^6$ Pa,综合考虑沉管上顶板面水压力、防锚层自重、回填土自重、结构自重等产生的压应力 q=16 984.5 kN/m，模拟计算三种不同类型的接头形式，并和相关文献中有限元分析的结果进行对比，结果见表 7－1。绘制相关变形曲线和弯矩图，如图 7－2 所示。

表 7－1　三种接头形式下沉管隧道的最大弯矩

来源	最大弯矩 M_{max}/(N·m)		
	接头全部刚性	接头两边柔性、中间刚性	接头全部柔性
本书方法	4.99×10^9	1.61×10^9	6.37×10^8
相关文献	5.09×10^9	1.63×10^9	6.39×10^8
误差/(%)	1.96	1.22	0.3

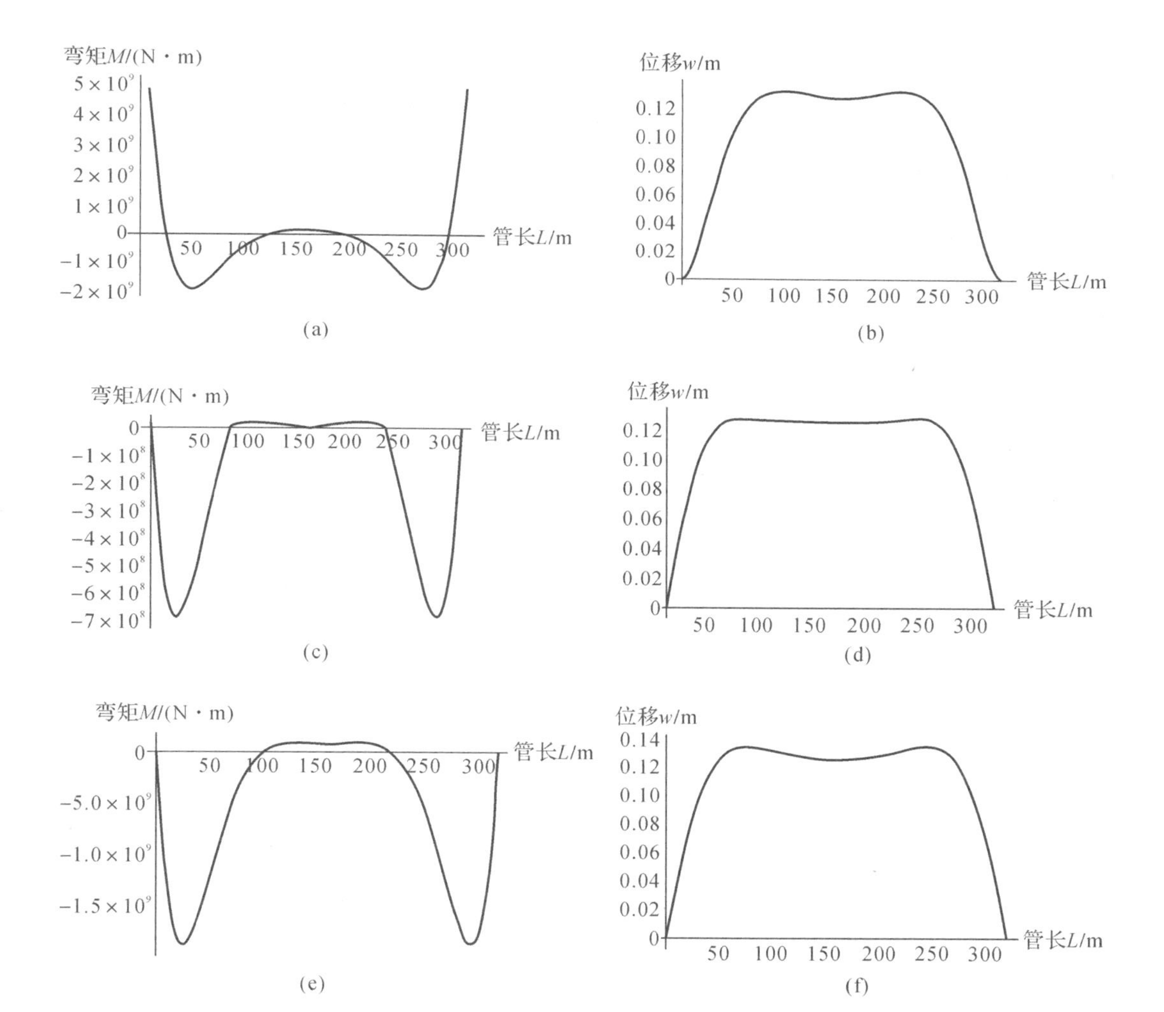

图 7－2　三种接头形式下沉管隧道的弯矩和位移图

(a)全刚性接头的弯矩图；(b)全刚性接头的位移图

(c)全柔性接头的弯矩图；(d)全柔性接头的位移图

(e)两边柔性中间刚性接头的弯矩图；(f)两边柔性中间刚性接头的位移图

从表 7-1 中可看出，本书方法输出的沉管隧道纵向弯矩结果和该文献结果相比，基本相同，图 7-2 中的给出三种接头形式下的弯矩图，其曲线走势与该文献中给出的弯矩图基本一致，说明本书方法可用来简化沉管隧道模型，进行简单的纵向计算分析。对比不同接头形式下的静变形图，发现图 7-2(b)(d)(f)中的变形曲线走势相差不大，沉降峰值非常接近，说明不同接头类型对管段的纵向内力和沉降结果影响较小，如果在设计时单纯考虑峰值设计，那么可忽略接头形式的差别。

7.2.2 数值算例

算例 7.2：Pasternak 弹性地基梁的静变形。

为验证本书方法求解双参数 Pasternak 弹性地基梁的正确性，考虑了双参数 Pasternak 弹性地基 Timoshenko 梁上作用三类不同荷载时的静变形情况，并将计算结果和相关文献的结果进行对比。

梁的具体参数如下：梁长 $L=10$ m，弹性模量 $E=30$ GPa，剪切模量 $G=12.75$ GPa，矩形截面剪切修正系数 $\kappa=5/6$，截面宽度 $b=0.5$ m，高度 $h=0.6$ m。地基系数 $k_p=0.5\times10^8$ MN/m^2，地基剪切修正系数 $G_p=0.5\times7.1$ MN/m。梁的边界条件为自由边界，所以边界弹簧取值 $k_1=k_2=0$，$K_1=K_2=0$。三种荷载工况：①40 kN/m^2 的均布荷载施加在基础梁上；②1 000 kN 的集中荷载施加在基础梁的中间；③100 kN 的集中荷载施加在基础梁的两端。

从表 7-2 中的数据可以看出，对于荷载工况为均布荷载作用时，本书方法得到的双参数弹性地基上 Timoshenko 梁的静变形结果与文献中的解析结果基本一致，最大误差仅为 0.23%；对于荷载工况为集中荷载作用时，结果对比的误差较大，误差范围在 3%以内。出现误差的原因可能是：一方面集中荷载采用狄拉克函数描述，而数学软件 Mathematica 在输出结果时，较大的截断数取值导致矩阵维数较大，且处理狄拉克函数积分时迭代烦琐；另一方面双参数弹性地基梁的变形由梁和地基两部分决定，此时刚度矩阵不具有对称性，所以导致计算结果有一定偏差。由于误差在 3%以内，且两种方法都属于近似解法，并不是精确解析解，所以本书方法可适用于计算双参数弹性地基 Timoshenko 梁的静变形。

表 7-2　三种荷载工况下的双参数弹性地基 Timoshenko 梁的静变形结果

荷载工况	变形情况	本书方法	相关文献	误差/(%)
①	左端位移/m	0.004 444	0.004 454	−0.23
	左端转角/rad	1.8671×10^{-18}	3.1221×10^{-6}	0.00
	右端位移/m	0.004 444	0.004 454	−0.23
	右端转角/rad	-1.4496×10^{-18}	-3.1221×10^{-6}	0.00
②	左端位移/m	0.000 821	0.000 832	−1.29
	左端转角/rad	−0.004 259	−0.004 254	0.12
	右端位移/m	0.000 821	0.000 832	−1.29
	右端转角/rad	0.004 259	0.004 254	0.12

续　表

荷载工况	变形情况	本书方法	相关文献	误差/(%)
③	左端位移/m	0.006 036	0.006 166	−2.15
	左端转角/rad	0.001 926	0.001 958	−1.66
	右端位移/m	0.006 036	0.006 166	−2.15
	右端转角/rad	−0.001 926	−0.001 958	−1.66

取表 7-2 荷载工况①下的双参数 Pasternak 弹性地基梁，改变边界处线弹簧的取值，假设两边线弹簧取值一致，无量纲线弹簧的刚度 k 取值 0 $\mathrm{N\cdot m^{-1}}$、0.1 $\mathrm{N\cdot m^{-1}}$、10 $\mathrm{N\cdot m^{-1}}$、100 $\mathrm{N\cdot m^{-1}}$，探究线弹簧刚度对双参数弹性地基梁的位移和转角的影响，并绘制挠度曲线(见图 7-3)和转角曲线(见图7-4)。

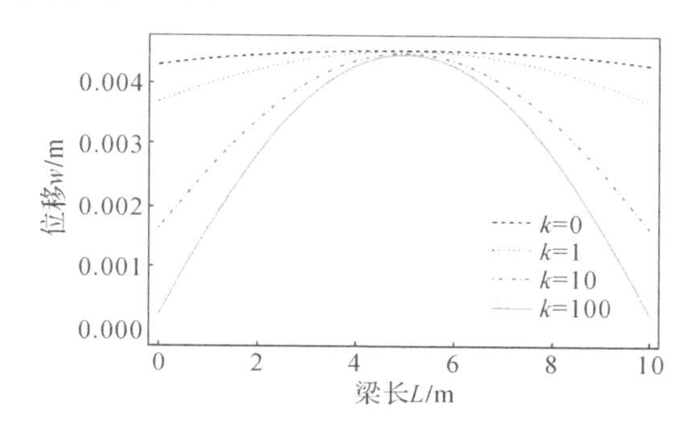

图 7-3　不同线性弹簧下双参数弹性地基梁的挠度曲线

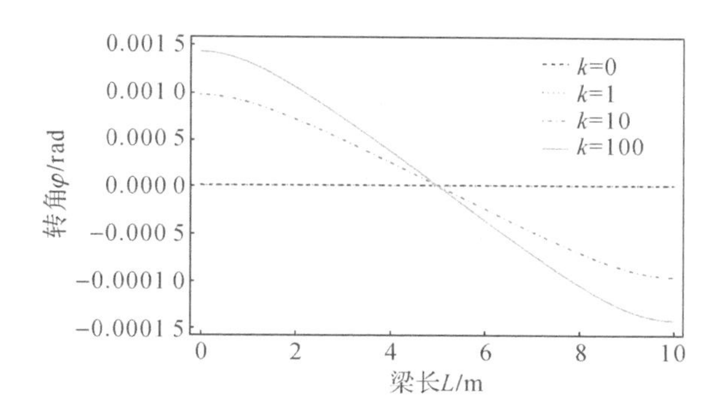

图 7-4　不同线性弹簧下双参数弹性地基梁的转角曲线

从图 7-3 中可见，随着边界处线性弹簧的弹性刚度增加，边界处的约束增强，双参数弹性地基梁的位移在减小，且边界处的位移变化程度明显大于跨中点处的位移变化程度。由图 7-4 可知，梁的转角随边界弹簧刚度的增大也表现出增大的趋势，同样地，两端边界处的转角具有最大值。

算例 7.3：双参数弹性地基楔形梁的静变形。

算例 7.2 中研究了等截面的双参数弹性地基梁。为了探究改进 Fourier 级数法计算变截面的双参数弹性地基梁的适用性，现计算楔形梁结构，力学示意图如图 7－5 所示。具体梁结构的材料参数和地基类型与算例 7.2 保持一致，作用荷载工况③。梁纵向上截面形状发生改变，其中边界处梁高 $h_0=0.6$ m，中间处梁高 $h_1=1$ m。用本书方法计算时，可将梁模型看成两段梁，中间刚性连接，计算时左梁的梁高可用函数 $h(x)=h_0+0.08x$ 表示，右梁的梁高可用函数 $h(x)=h_0-0.08x$ 表示。计算地基梁两端作用集中荷载 100 kN 工况下的静变形结果，并和相关文献的计算结果进行对比（见表 7－3），绘制出位移对比图（见图 7－6）。

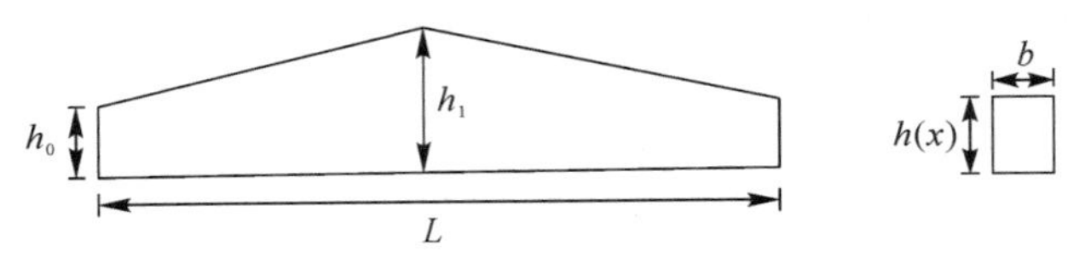

图 7－5　楔形梁的示意图

表 7－3　变截面的双参数弹性地基 Timoshenko 梁的静变形结果

变形情况	本书方法	相关文献	误差/(%)
左端位移/m	0.003 861	0.003 740	3.24
跨中位移/m	0.001 632	0.001 690	－3.43
左端转角/rad	－0.000 676	－0.000 670	0.90
跨中转角/rad	-1.00×10^{-9}	-6.29×10^{-32}	0.00
左端剪力/N	－100 000.0	－99 987.50	0.01
跨中剪力/N	0.000 000	0.000 000	0.00
左端弯矩/(N·m)	0.000 000	-7.05×10^{-17}	0.00
跨中弯矩/(N·m)	－229 896.03	－238 986.25	3.80

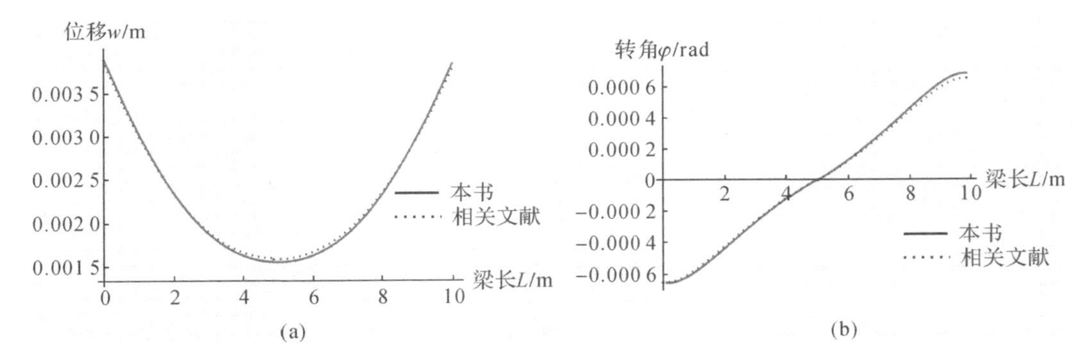

图 7－6　变截面双参数弹性地基 Timoshenko 梁的位移对比图

(a)位移对比图；(b)转角对比图

从表 7－3 和图 7－6 中可以看出，本书方法运行出的数据结果和该文献结果基本一致，得到的位移度曲线和转角曲线也基本吻合。

理论上当地基剪切修正系数 G_p 趋向于 0 时，双参数 Pasternak 地基梁可简化为

Winkler 弹性地基梁，故给出上述三种不同荷载工况下的 Winkler 弹性地基变截面 Timoshenko 梁的静变形结果，并和双参数 Pasternak 弹性地基下梁的结果进行对比，见表 7-4。

表 7-4　两种弹性地基下变截面 Timoshenko 梁的静变形结果

荷载工况	变形情况	双参数弹性地基	Winkler 弹性地基	误差/(%)
1	左端位移/m	0.004 366	0.004 366	0.00
	跨中位移/m	0.004 476	0.004 476	0.00
	左端转角/rad	0.000 061 8	0.000 061 8	0.00
	跨中转角/rad	-1.038×10^{-11}	-1.038×10^{-11}	0.00
2	左端位移/m	0.006 656	0.006 709	-0.79
	跨中位移/m	0.014 087	0.013 912	1.26
	左端转角/rad	0.002 090	0.002 098	-0.38
	跨中转角/rad	5.528×10^{-9}	5.538×10^{-9}	-0.18
3	左端位移/m	0.003 861	0.003 835	0.68
	跨中位移/m	0.001 632	0.001 662	-1.81
	左端转角/rad	-0.000 696	-0.000 701	-0.71
	跨中转角/rad	-1.00×10^{-9}	-9.963×10^{-10}	0.37

从表 7-4 中可以看出，不同荷载工况下两种弹性地基对梁的变形影响大致相同，但也略有差别。当荷载工况为施加均布荷载时，Winkler 弹性地基和双参数 Pasternak 弹性地基下变截面梁的位移和转角变形几乎一致，但是当荷载工况为集中荷载时，两种弹性地基下的静变形结果稍有差别，在梁中间施加集中力时，Winkler 弹性地基下位移和转角较小，在梁两端施加集中力时，双参数 Pasternak 弹性地基下位移和转角较小。

7.3　本章小结

本章利用改进 Fourier 级数法能较好地推导出了 Winkler 弹性地基梁和双参数 Pasternak 弹性地基梁的静变形结果以及相关的力学变量。

分析弹性地基梁的静变形数值结果得出以下结论：

(1)用改进 Fourier 级数法分析弹性地基梁时，只需要在平面梁结构的能量法分析过程中，考虑增加一项地基变形势能即可。

(2)Winkler 弹性地基和双参数 Pasternak 弹性地基分析时的区别点在于：双参数 Pasternak 弹性地基需要额外考虑两侧土体对梁的剪切作用产生的地基变形势能。

(3)改进 Fourier 级数法可用来简化沉管隧道力学模型，分析沉管隧道的纵向内力及沉降，其分析结果也满足工程精度要求。

参考文献

[1] 张载. 双参数地基模型基床系数的获取及应用[D]. 长沙：湖南大学，2014.

[2] 赵明华. 土力学与基础工程[M]. 2版. 武汉：武汉理工大学出版社，2003.

[3] 夏桂云，李传习. 考虑剪切变形影响的杆系结构理论与应用[M]. 北京：人民交通出版社，2008.

[4] 高岱恒，郑宏. 双参数地基模型的变截面 Timoshenko 梁横向振动分析[J]. 长江科学院院报，2018，35(3)：171－175.

[5] 陆培毅，秦梦春，杨建民，等. Pasternak 地基上 Timoshenko 梁内力与变形的有限差分法[J]. 地下空间与工程学报，2022，18(增刊)：26－35.

[6] 程世龙. 沉管隧道技术的应用与现状分析[J]. 中国设备工程，2021，447(14)：199－200.

[7] 陈越. 沉管隧道技术应用及发展趋势[J]. 隧道建设，2017，37(4)：387－393.

[8] 苏宗贤，陈韶章，陈越，等. 沉管隧道纵向静力计算问题探讨[J]. 隧道建设，2018，38(5)：790－796.

[9] 宁茂权. 沈家门港海底沉管隧道设计介绍[J]. 现代隧道技术，2008(6)：61－69.

[10] 李毅，付佰勇，徐国平，等. 沉管隧道纵向计算原则与软件研发[J]. 公路，2015，60(4)：33－36.

[11] 林鸣，林巍. 沉管隧道结构选型的原理和方法[J]. 中国港湾建设，2016，36(1)：1－5.

[12] 张爱茹，张国栋，刘昌. 沉管隧道纵向内力计算的有限元分析研究[J]. 山东交通科技，2018，167(4)：62－64.

[13] 魏纲，陆世杰，邢建见. 沉管隧道结构纵向受力理论计算模型研究[J]. 地下空间与工程学报，2018，14(4)：912－919.

[14] 刘建飞，贺维国，曾进群. 静力作用下沉管隧道三维数值模拟[J]. 现代隧道技术，2007，312(1)：5－9.

[15] 丁文其，朱令，彭益成，等. 基于地层－结构法的沉管隧道三维数值分析[J]. 岩土工程学报，2013，35(增刊)：622－626.

[16] 杨春山，魏立新，莫海鸿，等. 临时支撑阶段变截面沉管隧道力学响应特征及加固措施[J]. 地下空间与工程学报，2020，16(5)：1504－1510.

[17] 李静，蒋秀根，王宏志，等. 解析型弹性地基 Timoshenko 梁单元[J]. 工程力学，2018，35(2)：221－229.

第二篇　曲梁结构

第8章　曲梁振动的研究

8.1　曲梁振动国内外研究现状

曲梁振动问题的研究，在历史长河上可以追溯到19世纪，但是20世纪五六十年代后才开始有了较为深入的研究。为了研究曲梁面内面外的振动特性，首先要建立相关的控制微分方程。由于曲梁相对于直梁来说较为复杂，所以最初对于曲梁的分析仅仅局限于线性分析。Vlasov假想性地将曲梁应变直接用直梁应变替代，这种方法不能完全描述曲梁的特性，因为忽略了曲率的影响。Timoshenko则提出了一种假设空间曲梁不受翘曲影响的平衡微分方程。与传统方法不同的是，他将横向剪切变形和轴线的弯曲变形分开研究，引入了一种修正因子。另外，Yang从虚功原理出发，通过对曲梁的位移场和应力场施加虚位移和虚力，导出了曲梁的平衡微分方程，简洁、高效地避免了烦琐直梁应变代替曲梁应变的推导过程。姚玲森将几何方程、物理方程与微分控制方程进行联立，推导出了以法位移为形式的控制方程，并用Fourier级数法求解出曲梁的内力。相比于其他方法，这种方法能在变截面变曲率等复杂情况下更精确地描述曲梁的特性。

因曲梁微分控制方程的求解存在一定的难度，所以各种各样的求解数值方法应运而生。最早Hartog等利用Rayleigh－Ritz法对圆弧拱的面内自振频率进行了求解。Ball等使用了有限差分法来解决圆环的动力问题。Bickford和Stom使用传递矩阵法得到了曲梁面内面外振动特性。Mau和Williams应用格林公式解决了拱的自振问题。Kang等介绍了一种基于波传播理论的平面曲梁自由振动分析方法。该方法可以分析各种形状的曲梁的自由振动特性，并且具有高精度和高计算效率。Huang等采用数值Lapras变换的方法，将非圆弧曲梁的动态响应问题转化为一系列常微分方程组的问题。Lee等采用变分法和有限元方法相结合的方法，求解了变曲率曲梁的自由振动问题，通过数值模拟，得到了自由振动和频率。Liu和Wu提出了一种基于广义差分求解法的方法，用于分析圆拱在平面内的振动响应。该方法能够将振动问题转化为一系列常微分方程组的求解问题，并且能够准确地计算圆拱的振动模态和频率响应函数。

从直梁理论出发，可以深入探究剪切变形和转动惯量对于梁的影响。经过多位学者的总结，将这些影响归结为Euler－Bernoulli梁模型和Timoshenko梁模型这两种基本模型。显然，这两种影响参数同样适用于曲梁理论，进而演化为支撑上述数值方法的两种基本理论。Eisenberger和Efraim探究了圆弧拱的动态特性，影响参数针对剪切变形与转动惯量。

然而，经典的直梁理论只基于中轴线，并且不考虑拉伸，这会导致曲梁的刚度非常大，从而增加其固有频率。因此，研究剪切变形和转动惯量对于曲梁的动态特性影响，是当前曲梁理论研究的重要方向之一。

曲梁模型在学术界的研究长期以来都是集中在曲率半径不变的情况下展开的。然而，当曲梁的曲率半径发生变化时，控制方程不可避免地被复杂化。因此，现在越来越多的学者开始关注变曲率曲梁模型的研究。变曲率曲梁的研究需要考虑不同位置的曲率半径对梁结构的影响，这就需要采用更为复杂的数学方法进行分析和计算。Volterra 和 Morell 对于变曲率曲梁进行了一定的研究，通过 Rayleigh - Ritz 法研究了忽略轴向拉伸的两种线型曲梁的自振频率。Tarnopolskaya 等根据渐近线法对任意变曲率变截面梁自振特性进行了分析。Wang 等研究了两端固定的椭圆弧型曲梁的振动特性。James 和 Courney 对变曲率的悬臂梁自振特性进行了探究，并证明了他们所建立的 Timoshenko 模型在考虑剪切变形和转动惯量的情况下是可靠的。该研究成果为悬臂梁结构的实际应用提供了有力的理论支持。Bi 和 Dai 在不忽略转动惯量和剪切变形的情况下，结合动力刚度法研究了变曲率变截面曲梁在周期激振作用下的自振特性。Lee 和 Wilson 通过理论和实验相结合，确定了在不考虑剪切变形的情况下，不同边界条件下的正弦型、抛物线型和椭圆型曲梁固有频率。近年来，学者开始探究同时考虑轴向拉伸、剪切变形和转动惯量的曲梁模型。例 Oh 等研究了这些参数对抛物线型、正弦型和椭圆型曲梁的自由振动的影响，并通过推导和控制非圆弧拱的自由面内振动微分方程，通过与有限元解进行比对，得出了相应的结论。这些研究成果对曲梁模型的发展的深度和宽度都有不同程度的扩展。

国内学者在曲梁方面的研究也有不菲的成果。从数值研究方法上看，武兰河等考虑轴向变形、剪切变形和转动效应的理论，通过微分容积法离散一组线性齐次方程，并采用子空间迭代法求解面内频率方程，实现了面内自振频率求解的高效化、简便化。刘兴喜通过引入辛内积，利用模态叠加法，得到了普通边界条件下圆弧曲梁质量和旋转惯量的正交关系式，并推导出了强制振动方程的解析解，充分验证了其提出的状态空间法在动力学分析中的精确性和可靠性。刘茂和王忠民基于绝对节点坐标法（ANCF）建立 Euler - Bernouli 拱的质量矩阵和刚度矩阵获得了圆弧拱的面外自由振动特性。赵翔等运用 Green 函数法求解了 Timoshenko 曲梁在强迫振动下的解析解，并通过设置边界弹簧参数模拟了经典边界。殷振炜运用了有别于传统有限元法的超收敛算法，在计算平面曲梁与旋转壳结构高阶振型时成功实现了效率和精度的兼顾。许杠采用增量迭代的方法与高效的求积元法进行曲梁结构的非线性问题求解，弥补了传统有限元的不足。陈明飞等采用等几何有限元法对曲率任意的功能梯度曲梁自振进行分析，利用人工模拟弹簧模拟曲梁的任意边界约束。王永亮通过有限元超收敛拼片恢复解解决了不同形态多边界条件下面内面外自振连续阶频率和振型的求解。李万春等也根据 Hamilton 原理对面内功能梯度圆弧拱的自振频率进行求解。叶康生等提出了一种新型的求解精度不依赖于单元网格划分的动力刚度法，后来叶康生等给出能显著提高收敛和精确性的 p 型超收敛算法，成功地将非线性特征值振型求解这一难题解决。在实际应用方面，对于整体式曲线轨道，孙宗丹等创新性地将 Runge - Kutta 数值方法和振型叠加法进行融合，得到了目标对象的响应特征。

但以上研究往往只能处理经典的边界条件，如端部约束为固定、简支或自由边界等。对于直梁的振动问题，已有学者做了一定的研究。具体如：周海军等在其研究中采用广义 Fourier 级数法，考虑集中质量，成功地将梁横向振动与回旋方程推导出来。这项研究为深入探究结构动力学问题提供了有效的数学工具和理论基础。除此之外，许得水等也在杆的纵向振动特性研究中做出了重要贡献。他们采用改进 Fourier 级数法，对任意边界条件下的杆纵向振动特性进行了研究。相关研究对于深入地了解结构的振动特性，并为工程实践提供了更加精准和可靠的分析方法和理论基础。肖伟等则采用改进 Fourier 级数法对 Euler－Bernoulli 梁的振动特性进行分析，对本书具有一定启发。

总之，目前存在一些对于曲梁基于不同理论振动的研究，也存在一些对于常见曲线形式的曲梁的振动分析。但大多数都集中在特定的边界以及特定的曲线形式，采用的数值方法也常常是以结构力学为基础的有限元和微分求积法等，类似于本书在位移函数上进行改变的改进 Fourier 级数法研究较少。边界条件也往往选取固定的经典边界条件，但是实际生活中，这样规则的曲梁线型不常见，经典边界条件也无法满足实际工程研究的需要。因此，本书针对任意边界条件不同曲梁线型的自由振动进行改进 Fourier 级数法的分析。

8.2　功能梯度曲梁研究现状

功能梯度曲梁的振动特性与其复合材料、几何形状、边界条件等因素密切相关，在进行功能梯度曲梁的设计和制造时，需要结合先进的技术并充分考虑这些因素。学者一直致力于探究其振动特性，为航空航天、医疗设备等领域带来了新的机遇和挑战。在工程动力学中，传统有限元法、传统 Fourier 级数法和传统微分求积法等方法常被用于解决功能梯度梁的动力学和静力学问题。Lim 等利用 Fourier 级数法分析了温度场中功能梯度圆弧拱的面内振动特性，探究了功能梯度指数、温度对自振频率的影响。Tseng 等以 Timoshenko 曲梁为模型建模，将剪切变形和转动惯量等因素考虑进复合材料变曲率梁的自振特性研究中，得到了其面内振动频率的精确解析解。Zeng 等采用二维弹性法对功能梯度曲梁进行自振分析，评估了功能梯度指数和曲梁其他几何参数的自由率的区别。Malekzadeh 等将混合层理论和差分法相结合，分析层合厚圆弧拱平面自由振动特性。Matsunaga 利用位移分量幂级数展开的方法，通过推导出匹配该方法的动力学方程组，分析了剪切变形和转动惯量对 FGM(功能梯度材料)圆弧曲梁的频率影响。然而，这些数值计算方法不利于复杂结构的建模和分析处理，比如传统有限元法在分析曲梁力学特性的时候很难保证结构几何精确性和高阶函数连续等问题。而改进 Fourier 级数法通过引入辅助函数能够很好地解决这一问题。

功能梯度曲梁的分类不仅仅可以从研究数值方法上进行，还能从哪种方向上呈功能梯度变化进行分类。陈明飞等沿着跨度方向结合等几何有限元法对任意曲率功能梯度曲梁进行了数值分析。黄梦倩等采用最佳平凡逼近法对轴向功能梯度 Timoshenko 梁的固有频率进行求解。汪亚运等则在位移函数上进行近似展开，通过引入切比雪夫多项式对一种轴向材料性质非均匀变截面梁的自振频率进行了探究，进而和已有精确解进行比对，证实了该方法的准确性和有效性，并且也将梯度指数的影响一并做了说明。葛仁余等采用经典的插值矩阵法研究了不同边界下轴向功能梯度 Timoshenko 梁的弯曲问题。梯度指数在跨度上变化时学者从自振频率到屈曲特性都进行了若干研究；同样地，梯度指数在厚度上变化时，张靖华等基于 Euler 梁理论研究了沿着厚度变化的非均匀功能梯度梁的屈曲特性，分析了梯度指数和热冲击载荷参数对临界温度的影响，具有很高的应用价值。徐华等基于一阶剪切理论和高阶理论对功能梯度材料梁进行了研究。

8.3 改进 Fourier 级数法研究现状

但是，由于传统 Fourier 级数存在端点处不连续的缺陷，近年来，若干基于改进 Fourier 级数的增强谱法（改进 Fourier 级数法）被广泛应用于板、梁的动力学分析中。褚金奎利用 Fourier 级数表示连杆转角函数，且由于 Fourier 级数本身特点，存储几项重要参数就可以反映出谐波曲线的特点，实现了高效性和简便性。老大中等基于简支梁位移曲线方程进行 Fourier 级数展开，得到了无穷级数求和的结果。杨成永等建立了弹性地基梁基础上的 Fourier 系数线性方程组，通过计算得到了该方法计算简便且精度高的特点。

由于传统 Fourier 级数存在端点处不连续的缺陷，近年来，新型改进 Fourier 级数法被广泛应用于板、梁的动力学分析中。王吉等在 Winkler 地基模型上模拟约束边界并结合 Hamilton 原理解决了任意边界条件下不能满足角点条件的难题。张帅等基于 Love 壳体理论将改进 Fourier 级数法结合部分位移求解出了不同边界条件下组合壳的各阶固有频率，并经过有限元软件对比计算结果，证明了该方法的可靠性与简便性。陈林等也采用类似的研究步骤将改进 Fourier 级数法引入进矩形板薄板振动特性的研究中，发现了长宽比对频率值的影响。史冬岩则成功地将改进 Fourier 级数法应用到了层合双板材料中。不仅仅是梁、板的动力学研究中出现改进 Fourier 级数法的身影，在一些数据处理的领域，例如暖通空调系统能耗的估计方法和水文学领域的流量预测，改进 Fourier 级数法也同样适用。由此可见，该方法能够在数值分析中大大提高收敛性、效率和精度。

8.4 本篇的研究内容

本书利用增强谱法（改进 Fourier 级数法）研究复杂边界条件下曲梁的自由振动特性，包括曲梁的固有振动频率。该方法具备较好的通用性和精确性，也就是能够解决曲梁在一般复杂的边界条件下的振动问题。本篇第 9～11 章的主要研究内容有以下几个方面。

1. 任意边界条件下平面曲梁面内的自由振动特性

建立平面曲梁面内的振动特性分析模型，用增强谱法（改进 Fourier 级数法）表示曲梁的位移函数。面内振动考虑参数的不同，写出考虑弯曲振动和剪切振动的面内能量表达式。

将改进 Fourier 级数法表示的位移函数代入 Lagrange 函数，并对系数求偏导，因为系数行列式不为零，转化为求解带有整体质量矩阵和整体刚度矩阵的矩阵方程，进行特征值求解之后，可求出相应对象的自振频率与振型。通过给出几种常见的曲梁模型，求解得到相应频率下的振型，与相关学者已有文献的数值解和解析解进行比对来验证该方法的精确性和收敛性，并分析相关线型等参数（高跨比、长短轴之比等）对自振频率的影响。最后将面内曲梁自振理论代入进功能梯度曲梁中进行算例分析，通过在厚度方向上进行梯度变化，并综合功能梯度曲梁自由振动的相关特性，结合数值结果同样证明了改进 Fourier 级数法的普适性、可靠性、高效性，并探究了不同锥度系数、材料体积指数以及不同边界条件对功能梯度曲梁面内自振频率的影响。

2. 任意边界条件下平面曲梁面外的自由振动特性

建立平面曲梁面外的振动特性分析模型，用增强谱法（改进 Fourier 级数法）表示曲梁的位移函数。由于面外振动受到不同于面内振动的参数影响，写出只考虑弯曲振动的面外振动能量表达式。将改进 Fourier 级数法表示的位移函数代入 Lagrange 函数，并对系数求偏导，由于系数行列数不为零，将其转化为求解带有整体质量矩阵和整体刚度矩阵的矩阵方程进行特征值求解之后，可求出相应对象的自振频率与振型。通过给出几种常见的曲梁模型，求解得到相应频率下的振型。与相关学者已有文献的数值解和解析解进行比对来验证该方法的精确性和收敛性，并分析相关线型等参数（边界刚度值、长短轴之比等）。最后将面外曲梁自振理论代入进功能梯度曲梁中进行算例分析，通过在厚度方向上进行梯度变化，并综合功能梯度曲梁自由振动的相关特性，结合数值结果同样证明了改进 Fourier 级数法的普适性、可靠性、高效性。同时探究了不同锥度系数、材料体积指数以及不同边界条件对功能梯度曲梁面外自振频率的影响。

3. 任意边界下组合曲梁的自由振动特性

为了研究不连续性对于曲梁的影响，建立了双跨组合曲梁的振动分析模型，在曲梁和曲梁之间设置弹簧来模拟经典边界条件，并解决了衔接点的刚度问题。一样采用增强谱法（改进 Fourier 级数法）对多段组合曲梁的振动特性进行分析。之后依旧选取 s 型双跨曲梁，并加入功能梯度材料进行分析，通过加入厚度方向上幂律分布的功能梯度材料，结合 Euler 梁理论下的组合曲梁振动方程，求解出其无量纲频率，以及功能梯度材料指数取不同值时频率变化曲线，得出组合曲梁和功能梯度组合曲梁自由振动的相关特性。

8.5　本章小结

本章阐明了曲梁如何由直梁演变而来，也告诉读者适用于曲梁的两个基本梁理论和研究现状。然后将本书的关键数值研究方法进行拓展，通过文献列举，对曲梁现阶段的数值研究方法做了一个详细的概述，最后着重介绍了增强谱法（改进 Fourier 级数法）的优点及本书后续的研究内容。

参考文献

[1] 赵跃宇,康厚军,冯锐,等. 曲线梁研究进展[J]. 力学进展,2006,36(2):170－186.

[2] YANG Y,KUO S. Effect of curvature on stability of curved beams[J]. Journal of Structural Engineering,1986,113(6):1185－1202.

[3] 姚玲森. 曲线梁[M]. 北京：人民交通出版社,1989.

[4] LEEB K,SANG J O,MO J M,et al. Out－of－plane free vibrations of curved beams with variable curvature[J]. Journal of Sound and Vibration,2008,318(1/2)：227－246.

[5] EISENBERGERM,EFRAIM E. In－plane vibrations of shear deformable curved beams[J]. International Journal for Numerical Methods in Engineering,2001,52(11)：1221－1234.

[6] 刘茂,王忠民. 基于绝对节点坐标法的变截面拱面外弯扭振动分析[J]. 振动与冲击,2021,40(15)：232－237.

[7] 许杠. 几何非线性曲梁结构的求积元法分析[D]. 重庆：重庆大学,2019.

[8] 陈明飞,靳国永,张艳涛,等. 弹性约束的功能梯度曲梁等几何振动分析[J]. 振动工程学报,2020,33(5)：930－939.

[9] 李万春,滕兆春. 变曲率 FGM 拱的面内自由振动分析[J]. 振动与冲击,2017,36(9)：201－208.

[10] 叶康生,赵雪健. 动力刚度法求解平面曲梁面外自由振动问题[J]. 工程力学,2012,29(3)：1－8.

[11] 肖伟,霍瑞东,李海超,等. 改进傅里叶方法在梁结构振动特性分析中的应用[J]. 噪声与振动控制,2019,39(1)：10－15.

[12] 李克平,张同俊. 新型梯度功能材料的研究现状与展望[J]. 材料导报,1996(3)：11－15.

[13] LIM C W, YANG Q, LÜE C F. Two－dimensional elasticity solutions for temperature－dependent in－plane vibration of FGM circular arches[J]. Composite Structures,2009,90(3)：323－329.

[14] TSENG Y P, HUANG C S, KAO M S. In－plane vibration of laminated curved beams with variable curvature by dynamic stiffness analysis[J]. Composite Structures,2000,50(2)：103－114.

[15] 杨成永,寇鼎涛,程霖,等. 对称荷载作用下弹性地基梁的傅里叶级数解[J]. 湖南大学学报(自然科学版),2018,45(3)：136－141.

[16] 陈林,肖伟,刘见华,等. 基于改进傅里叶级数的矩形板薄板振动特性分析[J]. 噪声与振动控制,2018,38(5):21－26.

[17] 黄勇. 圆截面梁的高阶理论和梯度梁的动静态与稳定性分析[D]. 长沙:中南大学,2010.

第9章　任意边界条件下曲梁面内振动特性分析

平面曲梁面内自由振动特性是结构动力学领域的一个重要研究课题，并得到广泛的关注与深入的研究。而相关的数值方法对提高求解振动特性的效率和精确度都具有十分重要的意义。

在求解曲梁面内自振频率的方面，刘兴喜等通过状态空间法对移动荷载下圆弧型曲梁的瞬态响应特性做出了较为精确的分析，通过相对应的数值算例也验证了该方法的有效性。何文正等采用摄动法对带有裂缝的曲梁进行质量与刚度矩阵的求解，在探究其动力特性变化规律的同时，结合其列举的算例将裂缝的宽度与深度和自振频率之间的关系表示出来，对实际工程应用做出了贡献。

以两种梁理论为基础建立属于平面曲梁面内的振动方程，不同于其他数值方法的是，用增强谱法（改进 Fourier 级数法）表达面内位移函数，再结合能量法，将位移函数代入，将 Lagrange 函数进行变分，最后将频率的求解转化为一种特征值求解。将频率结果无量纲化之后和已有文献的结果进行对比，验明该方法分析不同边界条件下和不同类型曲梁振动问题的准确性和高效性。本章还分析相关曲梁参数对振动的影响。

9.1　曲梁面内自由振动的理论

考虑图 9－1 所示的曲梁，坐标系如图所示。s 是曲梁的中性轴，沿曲梁轴向；ξ 在曲梁轴向的法向方向上。发生自振的过程中，假设轴向位移为 $\tilde{u}(s,t)$，径向位移为 $\widetilde{w}(s,t)$，截面弯曲转角为 $\widetilde{\Psi}(s,t)$，分别简记为 $\tilde{u}(s,t)$、$\widetilde{w}(s,t)$、$\widetilde{\Psi}(s,t)$。曲梁的曲率半径为 $R(s)$，弹性模量为 E，剪切模量为 G，泊松比为 υ，密度为 ρ，截面面积为 $A(s)$，截面惯性矩为 $I_z(s)$，分别简记为 R、E、G、υ、ρ、A、I。剪切修正系数为 κ，长度为 l。

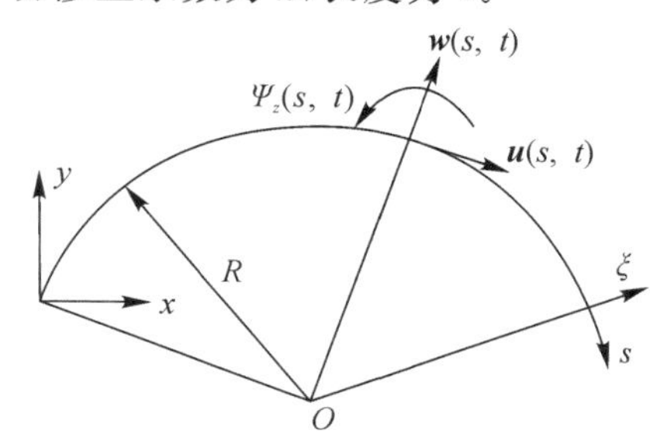

图 9－1　曲梁面内振动各参数

由于自由振动时在横截面产生弯曲形变，导致截面轴向、径向位移分别产生变化，即

$$\tilde{u}(s,\xi,t) = \tilde{u}(s,t) + \xi\tilde{\psi}_z(s,t) \tag{9-1}$$

$$\tilde{w}(s,\xi,t) = \tilde{w}(s,t) \tag{9-2}$$

根据式(9－1)、式(9－2)可得到截面上的正应变，即

$$\left.\begin{aligned} \varepsilon_{\eta\eta} &= \frac{\partial \tilde{u}}{\partial s} + \frac{\tilde{w}}{R} - \xi\frac{\partial \tilde{\psi}_z}{\partial s} \\ \gamma_{\eta\xi} &= \frac{\partial \tilde{w}}{\partial s} - \tilde{\psi}_z - \frac{\tilde{u}}{R} \end{aligned}\right\} \tag{9-3}$$

曲梁的应变能为

$$V = \frac{1}{2}\int_0^l \left[EA\left(\frac{\partial \tilde{u}}{\partial s} + \frac{\tilde{w}}{R}\right)^2 + EI\left(\frac{\partial \tilde{\psi}_z}{\partial s}\right)^2 + \kappa GA\left(\frac{\partial \tilde{w}}{\partial s} - \tilde{\psi}_z - \frac{\tilde{u}}{R}\right)^2\right] \tag{9-4}$$

曲梁的动能为

$$T = \frac{1}{2}\int_0^l \left[\rho A\left(\frac{\partial \tilde{u}}{\partial t}\right)^2 + \rho A\left(\frac{\partial \tilde{w}}{\partial t}\right)^2 + \rho I\left(\frac{\partial \tilde{\psi}_z}{\partial t}\right)^2\right]\mathrm{d}s \tag{9-5}$$

为模拟曲梁两端约束，需要在两端添加对应的线弹簧或旋转弹簧。这些弹簧对应的弹性势能需按照两种经典曲梁理论分别研究，具体见9.2节和9.3节中的内容。

$$V_1 = \frac{1}{2}\left(k_0\tilde{u}^2 + k_1\tilde{w}^2 + k_2\tilde{\psi}_z^2\right)\Big|_{s=0} + \frac{1}{2}\left(k_3\tilde{u}^2 + k_4\tilde{w}^2 + k_5\tilde{\psi}_z^2\right)\Big|_{s=l} \tag{9-6}$$

式中：V_1表示 Timoshenko 梁理论下曲梁的弹性势能。

$$\begin{aligned} V_2 = &\frac{1}{2}\left[k_0\tilde{u}^2 + k_1\tilde{w}^2 + k_2\left(\tilde{w} - \frac{\tilde{u}}{R}\right)^2\right]\Bigg|_{s=0} + \\ &\frac{1}{2}\left[k_3\tilde{u}^2 + k_4\tilde{w}^2 + k_5\left(\tilde{w} - \frac{\tilde{u}}{R}\right)^2\right]\Bigg|_{s=l} \end{aligned} \tag{9-7}$$

式中：V_2表示 Euler 梁理论下曲梁的弹性势能。

9.2 基于 Euler－Bernoulli 梁理论的曲梁面内自由振动分析

本书引入 Euler－Bernoulli 梁的振动微分方程，其一般适用于细长梁。该方程可用于求解梁的固有频率和模态。此外，还可以采用改进 Fourier 级数法来计算固有频率和模态。与直梁类似，在基于该理论下的曲梁模型中，剪切变形和转动惯量自然是不考虑的参数。如图9－2所示，曲梁的方程一般是以弧坐标来建立的，但有时为方便，也可转化为极坐标或直角坐标。相较于直梁，曲梁还多了一个切向位移 $\tilde{w}(s,t)$，并且挠度在曲梁中变为了法向位移 $\tilde{u}(s,t)$，自变量 s 表示弧坐标，t 表示运动的时间，l 表示弧线长。

给出基于 Euler－Bernoulli 理论下曲梁的动能和应变能：

$$T = \frac{1}{2}\int_0^l \left[\rho A(\tilde{w}^2 + \tilde{u}^2) + \rho I\left(\tilde{w}' - \frac{\tilde{u}}{R}\right)^2\right]\mathrm{d}s \tag{9-8}$$

$$V = \frac{1}{2}\int_0^l \left[EA\left(\tilde{u}' - \frac{\tilde{w}}{R}\right)^2 + EI\left(\tilde{w}'' + \frac{\tilde{u}'}{R}\right)^2\right]\mathrm{d}s \tag{9-9}$$

式中：ρ 表示密度；A 表示截面面积；E 表示弹性模量；I 表示截面惯性矩。

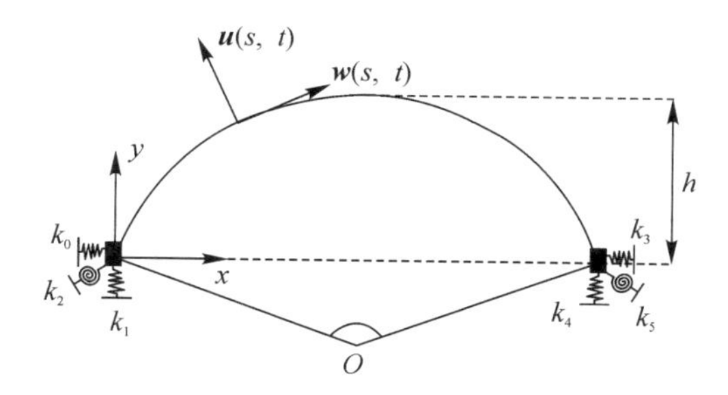

图 9-2　Euler-Bernoulli 曲梁模型

对于 Euler-Bernoulli 梁结构，传统 Fourier 级数法的缺点是会出现位移函数在边界处的不连续问题。因为 Euler-Bernoulli 梁的振动方程为四阶微分方程，为了解决该问题，本节采用改进 Fourier 级数法，以消除研究对象在端部力学变量的不连续性。改进 Fourier 级数法适用于任意边界条件下 Euler-Bernoulli 梁面内的切向位移，并表示为

$$\widetilde{w}(s)=\sum_{i=-4}^{-1}A_i\sin(\lambda_i s)+\sum_{i=0}^{m}A_i\cos(\lambda_i s)=\sum_{i=-4}^{m}A_i f_i(s) \tag{9-10}$$

式中：A_i 为待定系数，函数 $f_i(s)$ 的形式为

$$f_i(x)=\begin{cases}\cos(\lambda_i x) & (i\geqslant 0)\\ \sin(\lambda_i x) & (-4\leqslant i\leqslant -1)\end{cases} \tag{9-11}$$

式中：$\lambda_i=n\pi/s_0$；$s\in[0,s_0]$；s_0 为曲梁总弧长。将法向位移函数用 Fourier 级数表示如下：

$$\widetilde{u}(s)=\sum_{i=-4}^{-1}B_i\sin(\lambda_i s)+\sum_{i=0}^{m}B_i\cos(\lambda_i s)=\sum_{i=-4}^{m}B_i f_i(s) \tag{9-12}$$

忽略约束弹簧质量影响，式(9-10)和式(9-12)代入式(9-8)得动能最大值为

$$T_{\max}=\frac{\omega^2}{2}\int_0^l\left\{\rho A\left(\sum_{i=-4}^{m}A_i f_i\right)^2+\rho A\left(\sum_{i=-4}^{m}B_i f_i\right)^2+\rho I\left[\sum_{i=-4}^{m}\left(A_i f_i-\frac{B_i f_i}{R}\right)\right]^2\right\}\mathrm{d}s \tag{9-13}$$

V_{p} 为弹性 Euler-Bernoulli 梁结构的应变能，V_{s} 为弹性 Euler-Bernoulli 梁结构边界弹簧的弹性势能。其表达式分别如下：

$$V_{\mathrm{p}}=\frac{1}{2}\int_0^l\left\{EA\left[\sum_{i=-4}^{m}\left(B_i f'_i-\frac{A_i f_i}{R}\right)\right]^2+EI\left[\sum_{i=-4}^{m}\left(A_i f''_i+\frac{B_i f'_i}{R}\right)\right]^2\right\}\mathrm{d}s \tag{9-14}$$

$$\begin{aligned}V_{\mathrm{s}}=&\frac{1}{2}\left[k_0\left(\sum_{i=-4}^{m}B_i f_i\right)^2+k_1\left(\sum_{i=-4}^{m}A_i f_i\right)^2\right]\Bigg|_{s=0}+\frac{1}{2}k_2\left[\sum_{i=-4}^{m}\left(A_i f_i-\frac{B_i f_i}{R}\right)\right]^2\Bigg|_{s=0}+\\&\frac{1}{2}\left[k_3\left(\sum_{i=-4}^{m}B_i f_i\right)^2+k_4\left(\sum_{i=-4}^{m}A_i f_i\right)^2\right]\Bigg|_{s=l}+\frac{1}{2}k_5\left[\sum_{i=-4}^{m}\left(A_i f_i-\frac{B_i f_i}{R}\right)\right]^2\Bigg|_{s=l}\end{aligned} \tag{9-15}$$

曲梁结构的 Lagrange 函数定义为

$$L=V-T_{\max} \tag{9-16}$$

式中：V 是弹性 Euler-Bernoulli 梁结构的总势能；T 为弹性 Euler-Bernoulli 梁结构的总动能。

结合变分法令 Lagrange 函数对待定系数的偏导数为零：

$$\left.\begin{aligned}\frac{\partial L}{\partial A_i}=0\\ \frac{\partial L}{\partial B_i}=0\end{aligned}\right\}\tag{9-17}$$

如果式(9-10)中的位移级数序列数取为 p，将 Lagrange 函数 L 分别对 A_{-4}，A_{-3}，A_{-2}，…，A_p 和 B_{-4}，B_{-3}，B_{-2}，…，B_p 求偏微分，那么可获得 $2(p+5)$ 个线性方程组，对该方程组进行矩阵化，可得

$$(\boldsymbol{K}-\omega^2\boldsymbol{M})\boldsymbol{A}=\boldsymbol{0}\tag{9-18}$$

式中：$\boldsymbol{K}$ 为刚度矩阵；$\boldsymbol{M}$ 为质量阵；ω 是所求对象频率；$\boldsymbol{A}$ 表示在基于改进 Fourier 级数表示的位移函数中，未知系数组成的列阵，即

$$\boldsymbol{A}=[A_{-4}\quad A_{-3}\quad A_{-2}\quad\cdots\quad A_p\quad B_{-4}\quad B_{-3}\quad B_{-2}\quad\cdots\quad B_p]^{\mathrm{T}}\tag{9-19}$$

式(9-18)有非零解的条件是

$$|\boldsymbol{K}-\omega^2\boldsymbol{M}|=0\tag{9-20}$$

解决了矩阵的特征值问题后，就能够得到弹性 Euler 梁理论下曲梁振动频率的数值解，还可以根据边界条件的不同而灵活调整，并得到对应的振动特性。因此，可以选择任意刚度值对应的弹性边界条件研究，以获得弹性约束下的振动特性。在获得了每个振动频率的解析解后，可以进一步对振型进行分析。具体地，可以将每个特征值所对应的特征向量代入相应系数的位移表达式中，从而得到梁的振型，从而深入了解梁结构的振动特性，进而指导工程实践中的设计和优化。

9.3 基于 Timoshenko 梁理论的曲梁面内自由振动分析

在工程中，对于大跨度深梁、层状复合材料梁、空心梁等结构，在进行其振动性能的研究时，都需要考虑剪力的作用。传统的 Euler 梁理论无法满足这种要求，因此需要采用 Timoshenko 曲梁理论来进行分析。Timoshenko 曲梁理论是一种广泛应用于土木工程领域的分析方法，它通过选择三个位移分量描述梁的挠曲变形，即轴向位移 u、横向位移 v 和截面转角 θ，其中位移和截面转角相互独立。相较于 Euler 梁理论中横截面形状始终不变且与轴线一直保持垂直的假设，Timoshenko 曲梁考虑了变形后横截面的平面与轴线不再保持垂直的情况。当平面曲梁自振时，由于弯曲变形，曲率存在的影响，其梁的横向和纵向会发生相互作用。因此，Timoshenko 曲梁的微分控制方程是由 3 个位移分量组成的方程组，增强谱法(改进 Fourier 级数法)以及 Hamilton 原理的引入使得该方程组的求解本质上转化为一个矩阵的特征值问题。目前，基于 Timoshenko 理论下曲梁自振特性的研究往往局限于常截面且曲率不变的圆型曲梁，在变截面与变曲率以及功能梯度材料方面的研究很少。因此，本书将介绍 Timoshenko 曲梁的控制方程，并在此基础上引入改进 Fourier 级数法来表示位移函数，将其应用到能量方程表达式中，利用 Hamilton 原理结合矩阵求出自振频

率。最后，通过数值算例证明，本书改进 Fourier 级数法能够有效精确地对频率进行计算，并能较好地拟合其振型。

本书的研究具有如下意义：一方面为解决变截面、变曲率曲梁的自由振动问题提供了一种新的解决方法，丰富了曲梁理论的研究内容；另一方面，本书所提出的改进 Fourier 级数法具有较高的计算精度和效率，能够为实际工程应用提供准确的固有频率和振型计算结果，有助于优化结构设计和保证结构的安全性能。

在图 9-3 所示平面曲梁中，轴线弧长坐标取为 s，并对轴线坐标 s 逆时针旋转 90°后得到法向坐标 ξ，曲率中心在 s 的负方向时曲率定义为正。将曲梁截面形心处轴向、横向和转角位移分别记为 $\tilde{u}(s,t)$、$\tilde{v}(s,t)$、$\tilde{\theta}(s,t)$ 。

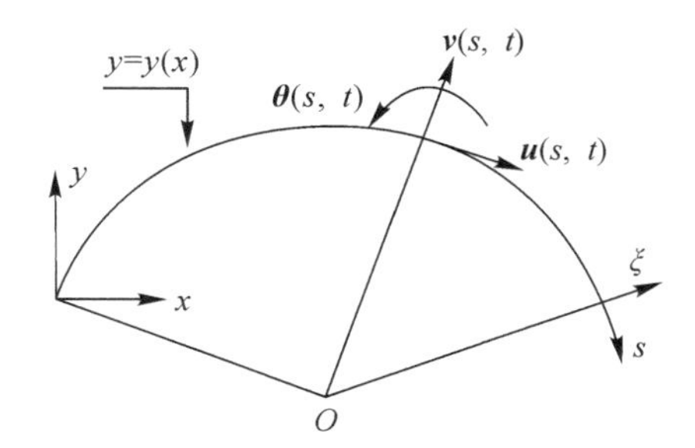

图 9-3 平面曲梁示意图

考虑剪切变形的几何方程：

$$\varepsilon = \tilde{u}' + \frac{\tilde{v}}{R} \tag{9-21}$$

$$\tilde{\gamma} = \tilde{v}' - \frac{\tilde{u}}{R} - \tilde{\theta} \tag{9-22}$$

$$\tilde{\kappa} = \tilde{\theta}' \tag{9-23}$$

式中：$\tilde{\theta}'$ 表示 $\tilde{\theta}$ 对弧坐标 s 的导数。曲梁相应的动能、应变能和弹性势能形式分别如下：

$$T = \frac{1}{2}\int_0^l \left[\rho A\left(\frac{\partial \tilde{v}(s,t)}{\partial t}\right)^2 + \rho A\left(\frac{\partial \tilde{u}(s,t)}{\partial t}\right)^2 + \rho I\left(\frac{\partial \tilde{\theta}(s,t)}{\partial t}\right)^2\right]\mathrm{d}s \tag{9-24}$$

$$V_{\mathrm{p}} = \frac{1}{2}\int_0^l \left[EI\tilde{\theta}'^2 + EA\left(\tilde{u}' + \frac{\tilde{u}}{R}\right)^2\right]\mathrm{d}s + \frac{1}{2}\int_0^l \left[\kappa GA\left(\tilde{v}' - \frac{\tilde{u}}{R} - \tilde{\theta}\right)^2\right]\mathrm{d}s \tag{9-25}$$

$$V_{\mathrm{s}} = \frac{1}{2}\left[k_0\tilde{v}^2 + k_1\tilde{u}^2 + k_2\tilde{\theta}^2\right]\Big|_{s=0} + \frac{1}{2}\left[k_3\tilde{v}^2 + k_4\tilde{u}^2 + k_5\tilde{\theta}^2\right]\Big|_{s=l} \tag{9-26}$$

式中：ρ 表示曲梁材料构件的密度；A 表示曲梁的横截面面积；E 表示曲梁的弹性模量；I 表示曲梁的截面惯性矩；κ 是剪切修正系数；G 是剪切模量。在曲梁的边界处所有的约束都用虚拟弹簧来模拟，即通过人工弹簧模拟曲梁端部的边界条件，如图 9-4 所示，在每个端点有 3 个约束，所以选用了 2 根位移弹簧和 1 根扭转弹簧。其中面外横向位移弹簧的刚度分别是 k_0、k_1、k_3 和 k_4，扭转弹簧的刚度分别是 k_2 和 k_5。多个弹簧可以更好地模拟结构振动模式，位移弹簧用来约束振动时的位移，扭转弹簧则被用来约束结构振动过程中的扭转。

假设振型函数为

$$\tilde{v}(s) = \sum_{i=-2}^{-1} A_i \sin(\lambda_i s) + \sum_{i=0}^{m} A_i \cos(\lambda_i s) = \sum_{i=-2}^{m} A_i f_i(s) \tag{9-27}$$

$$\tilde{u}(s)=\sum_{i=-2}^{-1}B_i\sin(\lambda_i s)+\sum_{i=0}^{m}B_i\cos(\lambda_i s)=\sum_{i=-2}^{m}B_i f_i(s) \tag{9-28}$$

$$\tilde{\theta}(s)=\sum_{i=-2}^{-1}C_i\sin(\lambda_i s)+\sum_{i=0}^{m}C_i\cos(\lambda_i s)=\sum_{i=-2}^{m}C_i f_i(s) \tag{9-29}$$

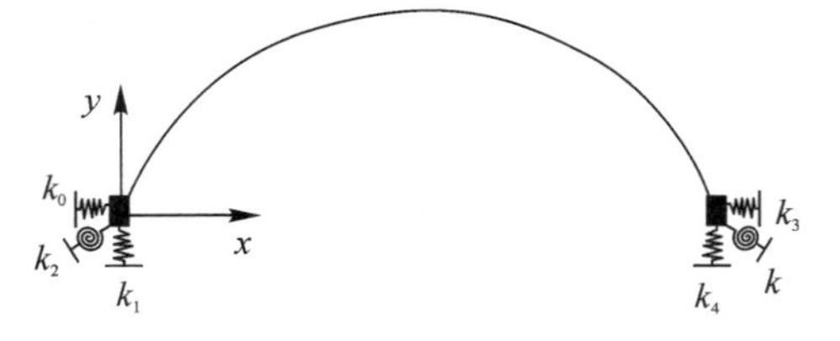

图 9-4　曲梁边界添加人工弹簧的示意图

在实际计算中级数展开时式(9-27)～式(9-29)中 i 的最大值取为合适大小的常数 m，并将其代入式(9-24)～式(9-26)可得

$$T_{\max}=\frac{\omega^2}{2}\int_0^l\left[\rho A\left(\sum_{i=-2}^{m}A_i f_i\right)^2+\rho A\left(\sum_{i=-2}^{m}B_i f_i\right)^2+\rho I\left(\sum_{i=-2}^{m}C_i f_i\right)^2\right]\mathrm{d}s \tag{9-30}$$

$$\begin{aligned}V_{\mathrm{p}}=&\frac{1}{2}\int_0^l\left\{EA\left[\sum_{i=-2}^{m}\left(B_i f'_i+\frac{A_i f_i}{R}\right)\right]^2+EI\left[\sum_{i=-4}^{m}(C_i f'_i)\right]^2\right\}\mathrm{d}s+\\&\frac{1}{2}\int_0^l\left\{\kappa GA\left[\sum_{i=-2}^{m}\left(A_i f'_i-\frac{B_i f'_i}{R}-C_i f_i\right)\right]^2\right\}\mathrm{d}s\end{aligned} \tag{9-31}$$

$$\begin{aligned}V_{\mathrm{s}}=&\frac{1}{2}\left[k_0\left(\sum_{i=-2}^{m}A_i f_i\right)^2+k_1\left(\sum_{i=-2}^{m}B_i f_i\right)^2+k_2\left(\sum_{i=-2}^{m}C_i f_i\right)^2\right]\Bigg|_{s=0}+\\&\frac{1}{2}\left[k_3\left(\sum_{i=-2}^{m}A_i f_i\right)^2+k_4\left(\sum_{i=-2}^{m}B_i f_i\right)^2+k_5\left(\sum_{i=-2}^{m}C_i f_i\right)^2\right]\Bigg|_{s=l}\end{aligned} \tag{9-32}$$

Euler-Bernoulli 曲梁结构的 Lagrange 函数定义为

$$L=V_{\mathrm{s}}+V_{\mathrm{p}}-T \tag{9-33}$$

式中：V_{p}是梁结构总势能；T 为弹性 Timoshenko 梁结构动能。

将式(9-27)～式(9-29)代入式(9-33)以化简 Lagrange 函数，基于 Rayleigh-Ritz 法，Lagrange 函数应对各待定系数 A_i、B_i、C_i求偏微分并令其值取零，即

$$\left.\begin{aligned}\frac{\partial L}{\partial A_i}=0\\\frac{\partial L}{\partial B_i}=0\\\frac{\partial L}{\partial C_i}=0\end{aligned}\right\}\quad(i=-2,-1,\cdots,m) \tag{9-34}$$

由式(9-34)得到 $3(m+3)$个线性方程组，矩阵化得

$$(\boldsymbol{K}-\omega^2\boldsymbol{M})\boldsymbol{A}=\boldsymbol{0} \tag{9-35}$$

式中：$\boldsymbol{K}$ 为刚度矩阵；$\boldsymbol{M}$ 为质量阵；ω 为曲梁自振频率；$\boldsymbol{A}$ 是改进 Fourier 级数表达的位移函数中未知系数组成的列阵，即

$$\boldsymbol{A}=[A_{-2}\quad A_{-1}\quad A_0\quad\cdots\quad A_m\quad B_{-2}\quad B_{-1}\quad B_0\quad\cdots\quad B_m\quad C_{-2}\quad C_{-1}\quad C_0\quad\cdots\quad C_m]^{\mathrm{T}} \tag{9-36}$$

式(9－35)中，$\boldsymbol{A}$ 有非零解的条件是

$$|\boldsymbol{K}-\omega^2\boldsymbol{M}|=0 \tag{9-37}$$

求解该矩阵特征值问题，可得不同边界条件约束下 Timoshenko 曲梁结构自振频率，根据矩阵中不同系数所在位置，将每一个自振频率所对应的特征向量代入式(9－27)～式(9－29)中，可得对应于三种位移的曲梁模态。

9.4　数值算例

9.4.1　等截面圆弧曲梁收敛性分析

如图 9－5 所示，以 1/4 等截面圆弧曲梁为例，采用两个端部为固支，曲梁作为研究对象，基本参数如下：

$l=1.1781$ m，$R=0.75$ m，$E=70$ GPa，$\kappa=0.85$，$\kappa G/E=0.3$，$A=4$ m^2，$I=0.01$ m^4，$\rho=2777$ kg/m^3。

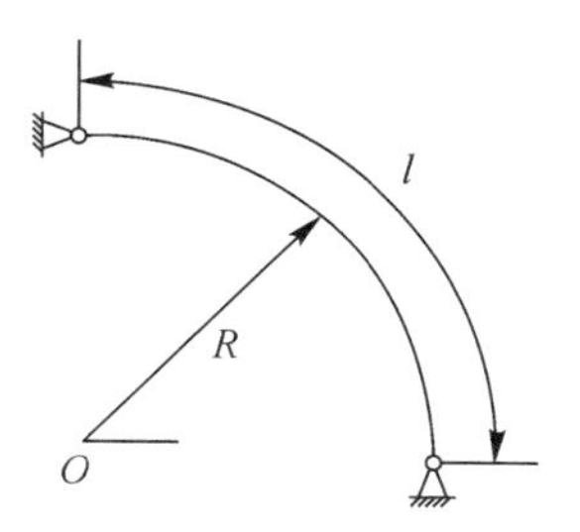

图 9－5　等截面圆弧曲梁

使用本书方法计算前 4 阶自振频率，并将其转化为无量纲频率 $\lambda=\omega l^2\sqrt{\rho A/(EI)}$ 。当式(9－27)～式(9－29)的级数展开时的截断数 m 分别取 6～16 中的若干值时，所得曲梁的前 4 阶频率见表 9－1(基于 Euler 梁理论)和表 9－2(基于 Timoshenko 梁理论)。由表可知，不论采用何种梁理论，当 m 取 14 和 16 时，所得解趋于相同，且表 9－2 中的解与解析结果(见)基本一致。所以本章的计算均采用截断数为 14 的解。

表 9－1　等截面圆弧曲梁 Euler 理论下两端固支前 4 阶自振频率收敛性对比

截断数	无量纲频率			
	阶次为 1	阶次为 2	阶次为 3	阶次为 4
6	38.815 1	53.724 1	88.793 7	116.988 0
7	38.667 8	53.714 2	88.791 2	116.990 0
8	38.667 5	53.683 0	88.312 0	116.988 0

续表

截断数	无量纲频率			
	阶次为1	阶次为2	阶次为3	阶次为4
10	38.587 0	53.660 9	88.011 9	116.988 0
12	38.535 9	53.660 5	88.011 5	116.989 0
14	38.500 4	53.635 5	87.657 6	116.989 0
15	38.474 3	53.627 3	87.544 2	116.989 0

表9-2　等截面圆弧曲梁Timoshenko梁理论下两端固支前4阶自振频率收敛性对比

截断数	无量纲频率			
	阶次为1	阶次为2	阶次为3	阶次为4
6	36.510	43.852	83.726	85.834
8	36.503	43.334	83.630	84.639
10	36.499	43.064	83.580	84.649
12	36.498	42.897	82.549	84.679
14	36.496	42.783	82.429	84.678
15	36.496	42.783	82.429	84.678
16	36.496	42.783	82.429	84.678

9.4.2　两端简支常截面圆弧曲梁

在9.2节和9.3节中，所述不考虑剪切变形和转动惯量的梁理论称为Euler曲梁理论，同时将考虑剪切变形和转动惯量的梁理论称为Timoshenko曲梁理论。

考虑图9-5所示的圆弧曲梁，边界条件为两端简支，曲梁张角为90°，基本参数如下：

$l=1.178\ 1$ m，$R=0.75$ m，$E=70$ GPa，$\kappa=0.85$，$\kappa G/E=0.3$，$A=4$ m^2，$I=0.01$ m^4，$\rho=2\ 777$ $\mathrm{kg/m^3}$。

使用改进Fourier级数法进行特征值求解，将特征值转化为无量纲频率值$\lambda=\omega l^2\sqrt{\rho A/(EI)}$，并将Euler梁理论下的曲梁频率值也列于表9-3，以探究剪切变形和转动惯量是否影响结构自振频率。图9-6为Timoshenko梁理论下前3阶模态图。其中，无量纲坐标是指轴向坐标s和梁弧长l的比值，取值范围为[0,1]。

从表9-3中可以看出，改进Fourier级数法下的结果和相关文献的数值结果基本一致，误差控制在1.13%以内。

表 9-3　两端简支常截面圆弧曲梁无量纲频率值

阶次	频率/Hz						
	Timoshenko 曲梁				Euler 梁		
	本书	相关文献 1	相关文献 2	误差/(%)	本书	相关文献 2	误差/(%)
1	29.27	29.31	29.28	0.14	32.55	32.85	0.92
2	33.23	33.24	33.31	0.05	34.02	33.90	0.35
3	67.10	67.12	67.12	0.04	81.50	82.27	0.40
4	79.62	79.95	79.97	0.42	85.25	84.30	1.13
5	107.78	107.84	107.85	0.06	152.51	152.54	0.02
6	143.33	143.68	143.62	0.24	154.74	153.57	0.76
7	156.18	156.63	156.67	0.29	227.68	227.67	0.00
8	190.47	190.60	190.48	0.07	236.68	238.82	0.89
9	224.32	225.35	225.36	0.45	302.54	303.65	0.37
10	234.60	234.81	234.52	0.09	338.67	339.24	0.17

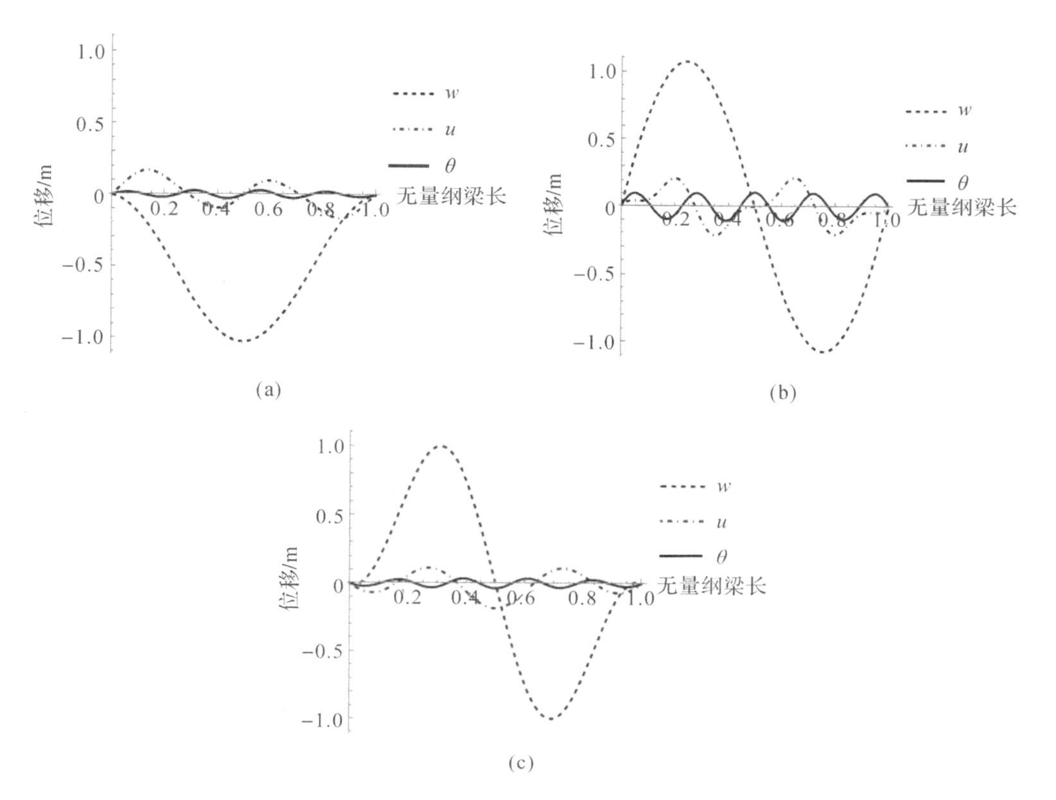

图 9-6　两端简支 Timoshenko 曲梁前 3 阶模态图

(a) 第 1 阶；(b) 第 2 阶；(c) 第 3 阶

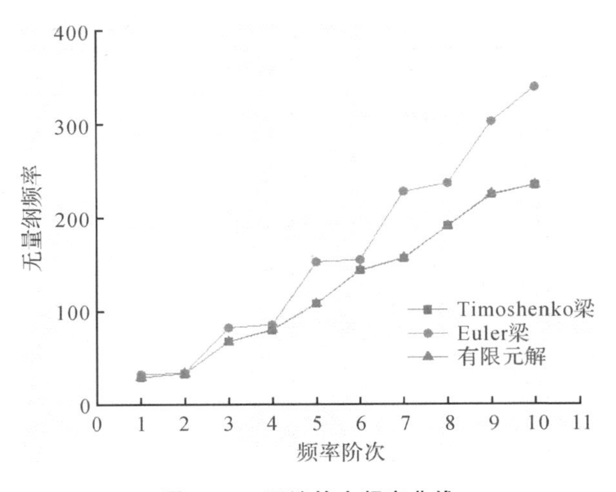

图 9－7　两端简支频率曲线

9.4.3　两端固支等截面圆弧曲梁

选取圆弧曲梁基本参数为：

$l=1$ m，$R=0.636\ 6$ m，$E=70$ GPa，$\kappa=0.85$，$\kappa G/E=0.3$，$A=1\ \text{m}^2$，$I=0.001\ 6\ \text{m}^4$，$\rho=2\ 777\ \text{kg/m}^3$。

使用本书方法计算前 10 阶自振频率，并将其转化为无量纲频率 $\lambda=\omega l^2\sqrt{\rho A/EI}$。为了探求两种梁理论对曲梁自振频率的影响，将 Euler 梁理论下曲梁频率值和 Timoshenko 理论下曲梁频率值的结果列于表 9－4。图 9－8 为两端固支 Timoshenko 曲梁前三阶的振型图。其中，无量纲梁长 ξ 是指轴线坐标 s 与梁长 l 的比值，取值范围是[0,1]。

根据表 9－4 可知，本书所采用的方法得到的结果与相关文献 1 的数值结果非常接近，且 Euler 梁理论下频率值较高。

表 9－4　两端固支常截面圆弧曲梁无量纲自振频率值

阶次	无量纲频率			
	本书	相关文献 1	相关文献 2	Euler 梁
1	36.49	36.66	36.70	37.54
2	42.78	42.29	42.26	53.64
3	82.43	82.23	82.23	87.65
4	84.68	84.47	84.49	116.99
5	121.81	122.30	122.31	163.54
6	153.55	155.00	154.95	194.57
7	166.76	168.17	168.20	240.41
8	203.69	204.60	204.47	288.85
9	235.77	238.97	238.99	320.91
10	248.13	249.32	249.01	388.64

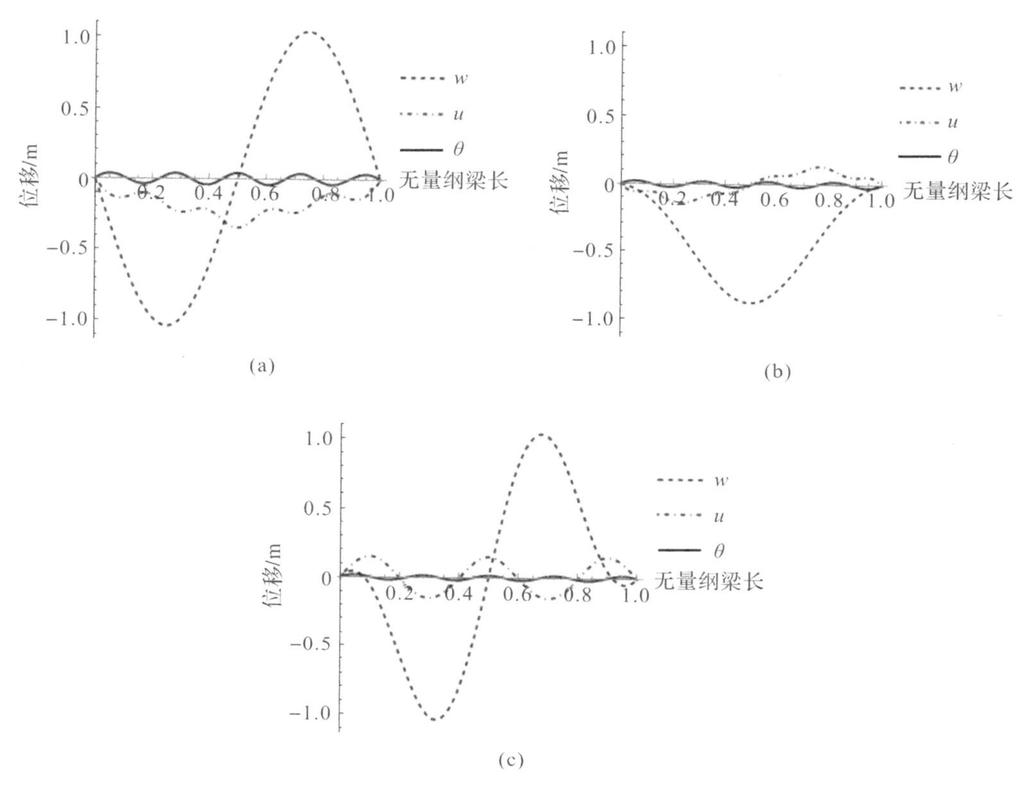

图 9-8　两端固支曲梁前 3 阶模态图

(a) 第 1 阶；(b) 第 2 阶；(c) 第 3 阶

两端固支常截面圆弧曲梁无量纲频率图如图 9-9 所示。

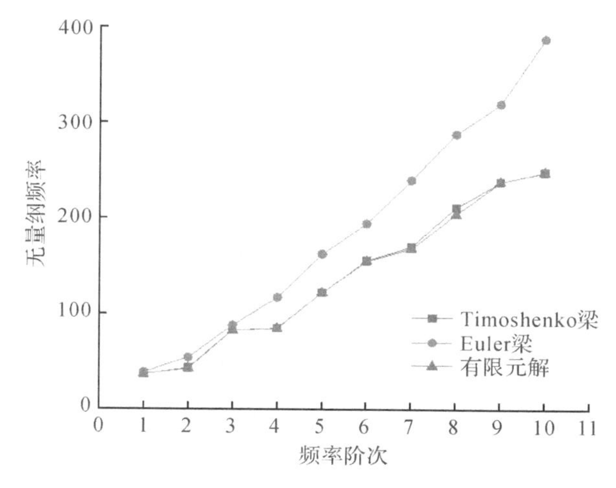

图 9-9　两端固支常截面圆弧曲梁无量纲频率图

9.4.4 常截面抛物线曲梁

建立一跨度为 L、高度为 h 的常截面抛物线曲梁，两端边界条件为固支，如图 9-10 所示。抛物线的一般方程为

$$y=-4\frac{h}{L^2}x(x-L) \tag{9-38}$$

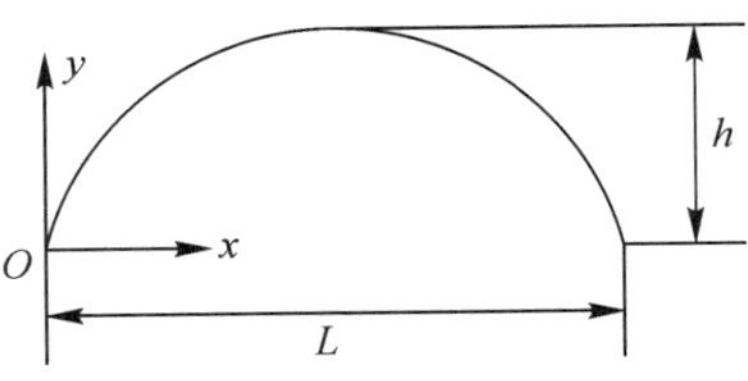

图 9-10 抛物线曲梁

为了方便坐标转化，需要对式(9-24)～式(9-26)进行调整，即在方程两边同时乘以 $\frac{\mathrm{d}s}{\mathrm{d}x}$，便将轴线坐标 s 的导数转化为对直角横坐标 x 的导数。

对抛物线方程，曲率半径关系如下：

$$R=\left[1+\left(\frac{\mathrm{d}y}{\mathrm{d}x}\right)^2\right]^{\frac{3}{2}}\Bigg/\left|\frac{\mathrm{d}^2y}{\mathrm{d}x^2}\right| \tag{9-39}$$

并有

$$\frac{\mathrm{d}s}{\mathrm{d}x}=\sqrt{1+\left(\frac{\mathrm{d}y}{\mathrm{d}x}\right)^2} \tag{9-40}$$

曲梁基本参数如下：

$L=5\ \mathrm{m}$，$E=70\ \mathrm{GPa}$，$\kappa=0.85$，$\kappa G/E=0.3$，$A=4\ \mathrm{m}^2$，$I=0.01\ \mathrm{m}^4$，$\rho=2\ 777\ \mathrm{kg/m}^3$。

考虑梁的高度以及边界条件对频率的影响，使用本书方法计算前 6 阶频率，并将其转化为无量纲频率 $\lambda=\omega L^2\sqrt{\rho A/(EI)}$。结果分别列于表 9-5～表 9-7 中。经过对比发现，曲梁高跨比的增加会使得同阶次曲梁自振频率降低。图 9-11 为 $h/L=0.2$、0.4、0.6 和 0.8 时两端固支抛物线曲梁的第一阶振型，图 9-12 显示了 $h/L=0.2$ 时两端固支、一端固支一端简支和二端简支边界下曲梁前 6 阶自振频率的变化图。

表 9-5 两端固支抛物线曲梁无量纲自振频率值

h/L	来源	无量纲频率					
		阶次为 1	阶次为 2	阶次为 3	阶次为 4	阶次为 5	阶次为 6
0.2	本书	46.07	87.22	125.81	155.26	232.48	294.72
	相关文献	46.08	87.27	126.28	155.29	232.29	296.36
0.4	本书	27.58	61.71	104.34	149.79	170.79	214.50
	相关文献	27.49	61.33	104.45	149.96	170.10	215.34

续 表

h/L	来源	无量纲频率					
		阶次为 1	阶次为 2	阶次为 3	阶次为 4	阶次为 5	阶次为 6
0.6	本书	16.88	39.60	69.36	101.88	143.09	162.19
	相关文献	16.76	39.04	68.02	101.57	143.18	162.18
0.8	本书	10.93	25.74	45.71	68.76	97.54	131.51
	相关文献	10.94	25.80	45.74	68.76	97.66	131.71

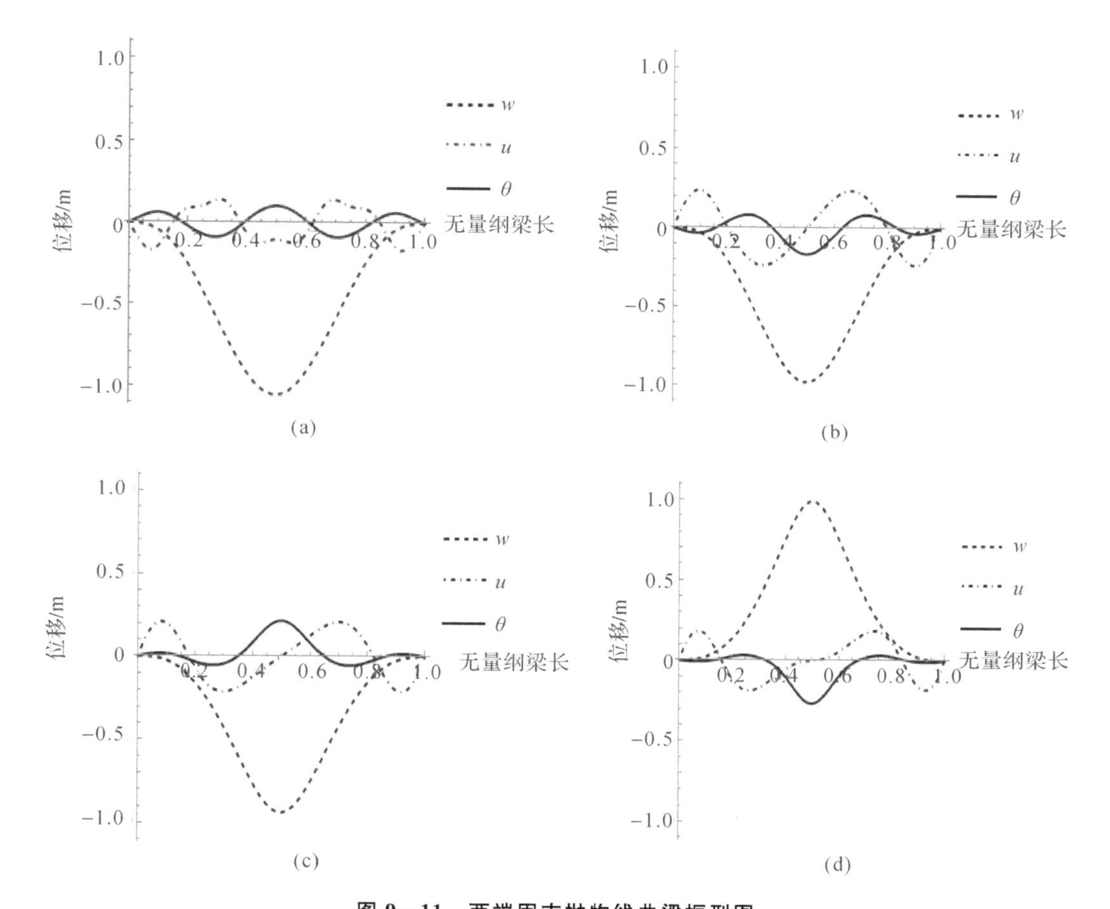

图 9-11　两端固支抛物线曲梁振型图

(a)$h/L=0.2$；(b)$h/L=0.4$；(c)$h/L=0.6$；(d)$h/L=0.8$

表 9-6　一端固支一端简支抛物线曲梁无量纲自振频率值

h/L	来源	无量纲频率					
		阶次为 1	阶次为 2	阶次为 3	阶次为 4	阶次为 5	阶次为 6
0.2	本书	36.60	78.13	123.34	140.09	212.83	288.83
	相关文献	36.60	78.16	123.36	140.16	213.42	289.48

续 表

h/L	来源	无量纲频率					
		阶次为1	阶次为2	阶次为3	阶次为4	阶次为5	阶次为6
0.4	本书	21.37	51.94	93.18	140.27	166.42	201.12
	相关文献	21.37	52.49	93.20	140.36	166.58	201.23
0.6	本书	12.87	33.02	60.24	92.70	132.14	162.16
	相关文献	12.87	33.02	60.27	92.75	132.81	162.16
0.8	本书	8.25	21.46	40.22	62.46	90.17	123.04
	相关文献	8.34	21.72	40.35	62.55	90.32	123.10

表9-7　两端简支抛物线曲梁无量纲自振频率值

h/L	来源	无量纲频率					
		阶次为1	阶次为2	阶次为3	阶次为4	阶次为5	阶次为6
0.2	本书	28.74	68.29	123.18	124.49	194.47	273.29
	相关文献	28.76	68.31	123.25	124.64	195.02	273.99
0.4	本书	16.43	44.20	82.42	128.60	165.54	186.26
	相关文献	16.54	44.34	82.50	128.85	165.54	186.74
0.6	本书	9.88	27.38	51.62	83.97	122.82	162.05
	相关文献	9.89	27.50	53.00	84.00	122.82	162.03
0.8	本书	6.38	17.85	34.70	56.24	83.17	113.55
	相关文献	6.38	17.97	35.38	56.39	83.27	114.84

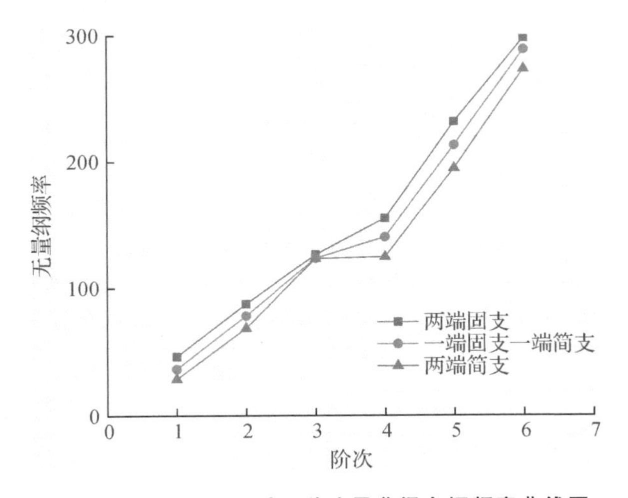

图9-12　h/l=0.2时三种边界曲梁自振频率曲线图

9.4.5　常截面椭圆弧曲梁

将图 9 - 13 所示常截面椭圆弧曲梁作为研究对象，椭圆中轴线的一般方程如下：

$$\left.\begin{aligned} x &= a\cos\theta \\ y &= b\sin\theta \end{aligned}\right\} \quad (0 \leqslant \theta \leqslant \pi) \tag{9-41}$$

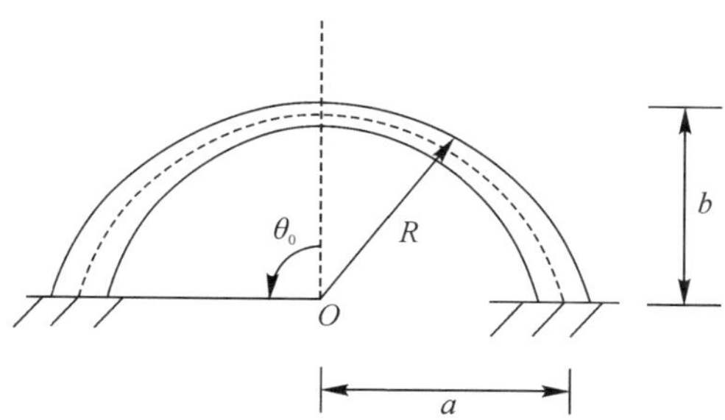

图 9 - 13　常截面椭圆弧曲梁

为了使求解过程中避免不必要的坐标变换，需对式(9 - 24)～式(9 - 26)做出调整，即将函数对轴线自然坐标 s 的导数用对参数坐标 θ 的导数表示。

此时曲率半径 R 和微分 $\dfrac{\mathrm{d}s}{\mathrm{d}\theta}$ 的表达式分别为

$$R = \frac{(a^2\ \sin^2\theta + b^2\ \cos^2\theta)^{\frac{3}{2}}}{ab} \tag{9-42}$$

$$\frac{\mathrm{d}s}{\mathrm{d}\theta} = \sqrt{a^2\ \sin^2\theta + b^2\ \cos^2\theta} \tag{9-43}$$

曲梁的基本参数为：

$a=5$ m，$E=70$ GPa，$\kappa=0.85$，$\kappa G/E=0.3$，$A=4\ \mathrm{m}^2$，$I=0.01\ \mathrm{m}^4$，$\rho=2\ 777\ \mathrm{kg/m}^3$。

为了比较长半轴与短半轴比(b/a)、初始角 θ_0 以及边界条件对曲梁自振频率的影响，使用本书方法计算前 6 阶自振频率，并将其无量纲化 $\lambda = \omega L^2 \sqrt{\rho A/(EI)}$。结果分别列于表 9 - 8～表 9 - 10 中。将 $b/a=0.8$，$\theta_0=180°$时的前 6 阶自振频率画于图 9 - 14 中。

通过比较发现，若其他变量恒定，随着初始角 θ_0 的增大，曲梁的振动频率会逐渐降低，这是由于较大的初始角度会让曲梁的变形程度更加严重，除此之外，频率值随 b/a 的变化并不十分明显，这与初始角和其他曲梁参数的相互作用有关。与图 9 - 14 中的频率值进行比较后发现，在边界条件从固支到简支的过渡过程中，对应阶次的频率值也逐渐下降。

表 9 - 8　两端固支椭圆弧曲梁无量纲自振频率值

b/a	$\theta_0/(°)$	来源	无量纲频率					
			阶次为 1	阶次为 2	阶次为 3	阶次为 4	阶次为 5	阶次为 6
0.2	60	本书	93.16	227.59	428.34	625.17	674.52	949.07
		相关文献	93.17	228.64	428.96	625.62	674.91	949.69

续表

b/a	$\theta_0/(°)$	来源	无量纲频率					
			阶次为 1	阶次为 2	阶次为 3	阶次为 4	阶次为 5	阶次为 6
0.2	120	本书	49.06	77.63	154.51	241.48	356.87	363.46
		相关文献	49.08	77.87	154.97	241.78	357.49	363.47
	180	本书	43.65	53.78	122.46	161.54	262.02	270.92
		相关文献	43.98	53.87	122.96	162.31	262.88	272.96
0.5	60	本书	120.34	221.54	421.76	613.07	673.30	932.09
		相关文献	120.45	221.79	421.94	613.10	673.79	932.17
	120	本书	67.21	84.02	160.80	212.38	327.41	358.86
		相关文献	67.55	84.22	160.65	212.41	327.52	358.96
	180	本书	35.98	50.47	110.06	135.61	223.56	229.79
		相关文献	35.99	50.52	110.29	136.02	223.45	230.17
0.8	60	本书	155.37	210.05	409.60	593.81	667.05	902.11
		相关文献	155.59	210.24	409.61	593.96	667.18	902.11
	120	本书	54.32	92.18	173.25	181.26	286.09	338.45
		相关文献	54.50	92.30	173.67	181.39	286.12	338.90
	180	本书	22.90	43.65	83.22	121.45	179.51	198.53
		相关文献	22.87	43.55	83.17	121.06	179.08	198.63

表 9-9　一端简支一端固支椭圆弧曲梁无量纲频率值

b/a	$\theta_0/(°)$	来源	无量纲频率					
			阶次为 1	阶次为 2	阶次为 3	阶次为 4	阶次为 5	阶次为 6
0.2	60	本书	70.27	189.01	379.58	611.10	634.28	892.51
		相关文献	70.57	189.10	379.69	611.63	634.65	892.97
	120	本书	47.54	63.26	139.47	218.02	330.26	363.28
		相关文献	47.98	63.37	139.51	218.25	330.33	363.40
	180	本书	38.47	49.09	120.87	141.82	241.61	266.02
		相关文献	38.60	49.40	121.10	141.94	241.80	266.07
0.5	60	本书	107.14	183.11	373.07	590.27	643.08	877.12
		相关文献	107.20	183.22	373.30	590.50	643.24	877.09
	120	本书	54.10	81.62	150.34	191.58	302.04	356.68
		相关文献	54.17	81.76	150.87	191.95	302.36	357.01
	180	本书	27.26	45.49	97.11	132.45	208.67	229.80
		相关文献	27.39	45.53	97.11	132.60	208.69	229.83

续 表

b/a	$\theta_0/(°)$	来源	无量纲频率					
			阶次为 1	阶次为 2	阶次为 3	阶次为 4	阶次为 5	阶次为 6
0.8	60	本书	147.02	174.53	362.29	565.40	644.13	848.10
		相关文献	147.35	174.64	362.17	565.88	644.83	848.11
	120	本书	42.60	83.77	161.63	173.54	263.90	332.05
		相关文献	43.00	83.77	161.67	173.89	263.96	332.06
	180	本书	17.14	37.86	74.02	112.98	167.53	198.35
		相关文献	17.15	37.91	74.04	113.42	167.66	198.44

表 9-10　两端简支椭圆弧曲梁无量纲频率值

b/a	$\theta_0/(°)$	来源	无量纲频率					
			阶次为 1	阶次为 2	阶次为 3	阶次为 4	阶次为 5	阶次为 6
0.2	60	本书	54.82	152.02	331.25	560.48	629.26	836.16
		相关文献	54.93	152.05	331.53	561.06	629.86	836.25
	120	本书	47.35	50.05	118.69	195.02	303.69	362.48
		相关文献	47.69	50.12	119.85	195.33	303.71	362.50
	180	本书	33.52	39.49	121.09	121.39	238.81	244.06
		相关文献	33.53	39.52	121.08	121.47	238.97	244.14
0.5	60	本书	101.70	146.30	325.62	545.29	634.70	820.82
		相关文献	101.75	146.65	325.82	545.87	634.73	820.92
	120	本书	42.02	76.04	146.29	171.11	277.86	350.47
		相关文献	42.05	76.04	146.58	171.29	277.86	350.96
	180	本书	19.79	35.47	84.65	126.58	199.21	227.41
		相关文献	19.90	38.54	84.79	126.75	199.28	227.42
0.8	60	本书	136.73	148.24	315.49	522.62	636.40	791.79
		相关文献	137.71	148.89	316.00	522.75	636.75	792.91
	120	本书	32.75	73.79	146.09	172.52	242.73	319.06
		相关文献	32.79	73.87	146.26	172.84	242.75	319.19
	180	本书	12.03	32.06	65.29	105.04	157.01	196.77
		相关文献	12.06	32.10	65.53	105.12	157.15	197.88

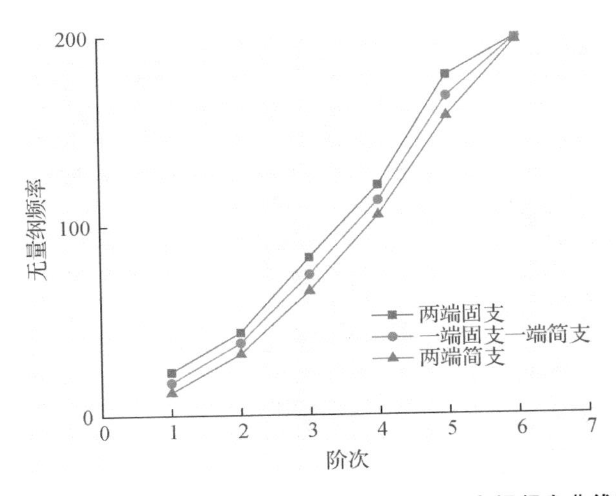

图 9-14　$b/a=0.8,\theta_0=180°$时三种边界曲梁自振频率曲线图

9.4.6　变截面曲梁

如图 9-15 所示，一个跨长为 L 的变截面变曲率曲梁，在两端部边界条件固定的情况下，曲梁的基本参数如下：

$E=70$ GPa，$G=(0.3E/\kappa)$GPa，$\kappa=0.8438$，$\rho=2777$ kg/m^3，$L=40$ m，梁宽 $b=2$ m，曲梁的上边界函数为 $y=2$ m。

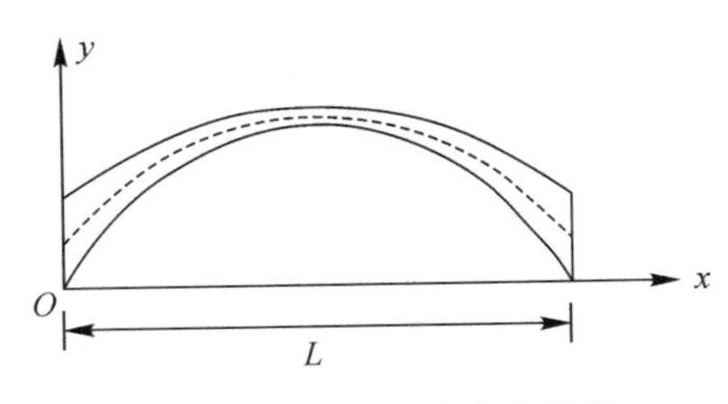

图 9-15　变截面变曲率曲梁

下边界函数为

$$y=-0.005x^2+0.2x \tag{9-44}$$

中性轴函数为

$$y=-0.0025x^2+0.1x+1 \tag{9-45}$$

使用本书方法计算前 4 阶自振频率，结果列于表 9-11。由表知本书结果与相关文献结果的最大误差为 1.025%。

表 9-11　变截面变曲率曲梁自振频率值

频率/Hz	本书	相关文献	误差/(%)
1	69.586	68.880	1.025

续表

频率/Hz	本书	相关文献	误差/(%)
2	150.781	151.070	0.191
3	267.347	267.642	0.110
4	407.772	407.990	0.053

9.5 功能梯度曲梁面内振动

9.5.1 圆弧形功能梯度曲梁

选取图9-16所示的功能梯度曲梁，它的材料属性沿着厚度方向呈功能梯度变化。图中R是基于曲梁几何中面的曲率半径，φ为曲梁单元对应的张角，h、b分别为曲梁矩形截面的几何尺寸，v、w分别为曲梁单元作面外自由振动时的径向、周向位移，l为曲梁弧长。

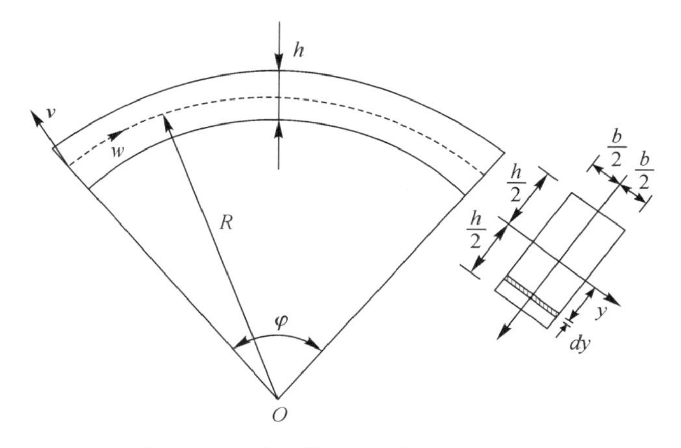

图9-16 功能梯度曲梁的曲线坐标系

对沿着厚度方向呈梯度分布的功能梯度曲梁，记y为中性轴，如图9-16所示，根据平面假设，曲梁的应变为

$$\varepsilon = y/R \tag{9-46}$$

式中：R为中性层对应位置的曲率半径。根据线弹性材料理论的本构关系，陶瓷的应力和金属的应力有如下关系：

$$\left.\begin{aligned} \sigma_c &= E_c\varepsilon \\ \sigma_m &= E_m\varepsilon \end{aligned}\right\} \tag{9-47}$$

功能梯度曲梁的材料是由金属和陶瓷复合而成的，金属和陶瓷的体积分数遵循幂律分布沿着曲梁厚度方向变化。该材料物理属性变化规律为

$$\left.\begin{aligned} E(y) &= (E_c - E_m)\left(\frac{y}{h}+\frac{1}{2}\right)^k + E_m \\ \rho(y) &= (\rho_c - \rho_m)\left(\frac{y}{h}+\frac{1}{2}\right)^k + \rho_m \end{aligned}\right\} \tag{9-48}$$

式中：k 代表金属体积变化指数；E、E_m 分别为陶瓷和金属的弹性模量；ρ、ρ_m 分别为陶瓷和金属的质量密度。取径向坐标为 y，厚度为 dy 的横截面，将其视为均匀材料的功能梯度曲梁，定义功能梯度曲梁截面中该微窄条形对于中性轴的惯性矩为 dI，且 $dI=y^2b\,dy$，其弯矩和轴力在梁两端有如下关系：

$$\left.\begin{aligned} M &= \int E\left(\frac{\partial^2 v}{\partial s^2}+\frac{\partial w}{R\partial s}\right)dI = \left(\frac{\partial^2 v}{\partial s^2}+\frac{\partial w}{R\partial s}\right)b\int_{-h/2}^{h/2} Ey^2 dy \\ N &= \int_A E\left(\frac{\partial w}{\partial s}-\frac{v}{R}\right)dA = \left(\frac{\partial w}{\partial s}-\frac{v}{R}\right)b\int_{-h/2}^{h/2} E dy \end{aligned}\right\} \tag{9-49}$$

式中：M、N 为功能梯度曲梁的 s 坐标处截面的弯矩和轴力。由式(9－50)、式(9－51)可得功能梯度曲梁的应变能 V_ε、弹性势能 V_s 和动能 T 的表达式：

$$V_p = \frac{1}{2}b\int_0^l\left[\left(\frac{\partial w}{\partial s}-\frac{v}{R}\right)^2\int_{-h/2}^{h/2}E dy + \left(\frac{\partial v}{\partial s^2}+\frac{1}{R}\frac{\partial w}{\partial s}\right)^2\int_{-h/2}^{h/2}Ey^2 dy\right]ds \tag{9-50}$$

曲梁的动能为

$$T = \frac{1}{2}b\int_0^l\left\{\int_{-h/2}^{h/2}\rho dy\left[\left(\frac{\partial v}{\partial t}\right)^2+\left(\frac{\partial \widetilde{w}}{\partial t}\right)^2\right]\right\}ds \tag{9-51}$$

$$V_s = \frac{1}{2}\left[k_0 v^2 + k_1 w^2 + k_2\left(\frac{dw}{ds}\right)^2\right]\bigg|_{s=0} + \frac{1}{2}\left[k_3 v^2 + k_4 w^2 + k_5\left(\frac{dw}{ds}\right)^2\right]\bigg|_{s=l} \tag{9-52}$$

相关文献在研究时采用了如下两个近似：

(1)考虑功能梯度曲梁轴向不可伸长，即

$$\varepsilon = \frac{\partial w}{\partial s} - \frac{v}{R} = 0 \tag{9-53}$$

(2)同时考虑忽略切向惯性力的影响，有

$$\frac{\partial^2 w}{\partial t^2} = 0 \tag{9-54}$$

由于 Euler 梁理论下曲梁的振动方程是一个四阶微分方程，传统的 Fourier 级数法无法消除边界处的不连续问题。因此，需要采用改进的 Fourier 级数来表示位移函数，以保证梁端各力学变量的连续性。首先，引入基函数 $f_1(s)$，s 为弧坐标，其形式为

$$f_i(x) = \begin{cases} \cos(\lambda_i x) & (i \geqslant 0) \\ \sin(\lambda_i x) & (-4 \leqslant i \leqslant -1) \end{cases} \tag{9-55}$$

式中：$\lambda_i = n\pi/s_0$；$s\in[0,s_0]$；s_0 为曲梁总弧长。引入改进 Fourier 级数表示位移函数：

$$v(s) = \sum_{i=-4}^{-1} A_i \sin(\lambda_i s) + \sum_{i=0}^{m} A_i \cos(\lambda_i s) = \sum_{i=-4}^{m} A_i f_i \tag{9-56}$$

$$w(s) = \sum_{i=-4}^{-1} B_i \sin(\lambda_i s) + \sum_{i=0}^{m} B_i \cos(\lambda_i s) = \sum_{i=-4}^{m} B_i f_i \tag{9-57}$$

以上分析针对的是功能梯度 Euler－Bernoulli 曲梁自振频率的计算。

在进行功能梯度曲梁自振频率值的计算时，同样可以采用基于 Timoshenko 曲梁的理论。根据前文的讨论，由于考虑了剪切变形和转动惯量的影响，需要增加一个位移来准确描述曲梁的振动特性，即弯曲转角 θ，因此相对应的应变能、弹性势能和动能表达式分别为

$$V_{\mathrm{p}}=\frac{1}{2}b\int_{0}^{l}\left[\left(\frac{\partial v}{\partial s}+\frac{w}{R}\right)^{2}\int_{-h/2}^{h/2}E\mathrm{d}y+\left(\frac{\partial \theta}{\partial s}\right)^{2}\int_{-h/2}^{h/2}Ey^{2}\mathrm{d}y+\left(\frac{\partial w}{\partial s}-\frac{v}{R}-\theta\right)^{2}\int_{-h/2}^{h/2}G\mathrm{d}y\right]\mathrm{d}s \tag{9-58}$$

$$T=\frac{1}{2}b\int_{0}^{l}\left\{\left[\left(\frac{\partial v}{\partial t}\right)^{2}+\left(\frac{\partial w}{\partial t}\right)^{2}\right]\int_{-h/2}^{h/2}\rho\mathrm{d}y+\left(\frac{\partial \theta}{\partial t}\right)^{2}\int_{-h/2}^{h/2}\rho y^{2}\mathrm{d}y\right\}\mathrm{d}s \tag{9-59}$$

$$V_{\mathrm{s}}=\frac{1}{2}\left[k_0v^2+k_1w^2+k_2\theta^2\right]\Big|_{s=0}+\frac{1}{2}\left[k_3v^2+k_4w^2+k_5\theta^2\right]\Big|_{s=l} \tag{9-60}$$

因为振动微分方程为二阶微分方程，位移函数应改为

$$v(s)=\sum_{i=-2}^{-1}A_i\sin(\lambda_i s)+\sum_{i=0}^{m}A_i\cos(\lambda_i s)=\sum_{i=-2}^{m}A_i f_i(s) \tag{9-61}$$

$$w(s)=\sum_{i=-2}^{-1}B_i\sin(\lambda_i s)+\sum_{i=0}^{m}B_i\cos(\lambda_i s)=\sum_{i=-2}^{m}B_i f_i(s) \tag{9-62}$$

$$\theta(s)=\sum_{i=-2}^{-1}C_i\sin(\lambda_i s)+\sum_{i=0}^{m}C_i\cos(\lambda_i s)=\sum_{i=-2}^{m}C_i f_i(s) \tag{9-63}$$

式中：A_i 为待定系数，函数 $f_i(s)$的形式同式(9－55)。

得到两种理论(Euler 梁理论和 Timoshenko 梁理论)下功能梯度曲梁的能量式后，曲梁结构的 Lagrange 函数可定义为

$$L=V_{\mathrm{p}}+V_{\mathrm{s}}-T_{\max} \tag{9-64}$$

基于 Rayleigh－Ritz 法，用 Lagrange 函数对各待定系数 A_i、B_i、C_i求偏微分并令其值取零，即

$$\left.\begin{aligned}\frac{\partial L}{\partial A_i}=0\\ \frac{\partial L}{\partial B_i}=0\\ \frac{\partial L}{\partial C_i}=0\end{aligned}\right\}\quad(i=-2,-1,\cdots,m) \tag{9-65}$$

由式(9－65)得到 $3m+9$ 个线性方程组，矩阵化得

$$(\boldsymbol{K}-\omega^2\boldsymbol{M})\boldsymbol{A}=\boldsymbol{0} \tag{9-66}$$

式中：$\boldsymbol{K}$为刚度矩阵；$\boldsymbol{M}$为质量阵；ω是曲梁频率，$\boldsymbol{A}$是由改进 Fourier 级数表达的位移函数中未知系数组成的列阵。具体地，Euler 梁理论下功能梯度曲梁位移函数未知系数组成的列阵，记为 $\boldsymbol{A}_1$，而 $\boldsymbol{A}_2$ 为 Timoshenko 梁理论下功能梯度曲梁位移函数未知系数组成的列阵：

$$\left.\begin{aligned}\boldsymbol{A}_1&=\left[A_{-4}\quad A_{-3}\quad A_{-2}\quad\cdots\quad A_p\quad B_{-4}\quad B_{-3}\quad B_{-2}\quad\cdots\quad B_m\right]^{\mathrm{T}}\\ \boldsymbol{A}_2&=\left[A_{-2}\quad\cdots\quad A_m\quad B_{-2}\quad\cdots\quad B_m\quad C_{-2}\quad C_{-1}\quad\cdots\quad C_m\right]^{\mathrm{T}}\end{aligned}\right\} \tag{9-67}$$

式(9－67)中，$\boldsymbol{A}_1$ 或 $\boldsymbol{A}_2$ 有非零解的条件是

$$\left|\boldsymbol{K}-\omega^2\boldsymbol{M}\right|=0 \tag{9-68}$$

求解该矩阵特征值问题，可得不同边界条件约束下功能梯度曲梁面内结构自振频率，根据系数矩阵，将每一个自振频率所对应的特征向量代入位移函数表达式中，可得其振型。

对于 Timoshenko 理论下功能梯度曲梁，选取曲线形式为 1/4 圆弧，曲梁边界是两端固

定。曲梁的基本参数分为两组，分别如下：

(1)$R=0.6366$ m，$E=70$ GPa，$\kappa=0.85$，$\kappa G/E=0.3$，$A=1$ m^2，$I=0.0016$ m^4。其中R，$l=R\varphi$分别是圆弧半径和曲梁弧长。

(2)$l=1.1781$ m，$R=0.75$ m，$E=70$ GPa，$\kappa=0.85$，$\kappa G/E=0.3$，$A=0.24$ m^2，$b=0.3$ m，$h=0.8$ m。

首先考虑纯金属材料，基于基本参数组一，其密度为$\rho=2777$ kg/m^3。将上述参数代入理论表达式中并结合程序计算得出无量纲频率的结果，列于表9-12中。其中，无量纲频率的定义为$\Omega=\omega l^2\sqrt{\rho A/EI}$。

可以发现，数据结果基本一致，验证了该方法在单一材料曲梁中的可靠性与高效性。

若研究功能梯度曲梁，其上下表面两种材料属性见表9-13。

表9-12 纯金属材料曲梁的无量纲面内振动频率

来源	无量纲频率				
	阶次为1	阶次为2	阶次为3	阶次为4	阶次为5
相关文献2	36.703	42.264	82.233	84.491	122.305
本书	36.949	43.512	82.982	85.384	124.521
相关文献1	36.657	42.289	82.228	84.471	122.298
误差/(%)	0.80	2.87	0.91	1.04	1.80

表9-13 功能梯度材料属性

材料	弹性模量 E/GPa	密度 ρ/(kg·m^{-3})	泊松比 υ
陶瓷(右端)	380	3 960	0.3
金属(左端)	206	7 800	

基于几何参数组，表9-14给出Euler梁理论下功能梯度常截面曲梁前四阶自由振动频率与材料体积变化系数k的关系。而基于参数组，表9-15展示了Timoshenko梁理论下功能梯度常截面曲梁前四阶无量纲自由振动频率与材料体积变化系数k的关系。

由表9-14和表9-15可以看出，随着k的增大，功能梯度常截面曲梁面内自由振动频率逐渐减小，尤其在$k\in(0,10)$时递减最为明显。从图9-17中也可以看出，当k足够大时，频率的变化趋于稳定。这表明功能梯度常截面曲梁的面内自由振动频率呈现出从陶瓷材料向金属材料转变的特点。

表9-14 功能梯度曲梁前五阶面内自振频率与材料体积变化指数k关系（Euler梁理论）

体积变化指数 k	频率/Hz				
	阶次为1	阶次为2	阶次为3	阶次为4	阶次为5
0	0.347 9	0.708 0	1.040 8	1.391 9	1.732 9
1	0.224 1	0.456 1	0.670 5	0.896 7	1.116 3

续表

体积变化指数 k	频率/Hz				
	阶次为 1	阶次为 2	阶次为 3	阶次为 4	阶次为 5
2	0.199 6	0.406 2	0.597 1	0.798 5	0.994 1
3	0.190 6	0.387 9	0.570 2	0.762 6	0.949 3
4	0.186 6	0.379 9	0.558 3	0.747 0	0.929 6

表 9-15　功能梯度曲梁前五阶无量纲面内自振频率与材料体积变化指数 k 关系（Timoshenko 梁理论）

体积变化指数 k	无量纲频率				
	阶次为 1	阶次为 2	阶次为 3	阶次为 4	阶次为 5
0	69.245	78.989	102.691	153.52	169.939
2	46.386	57.236	79.418	104.600	112.626
4	42.957	53.902	76.233	97.540	106.761
6	41.548	52.514	74.943	94.684	104.315
8	40.779	51.751	74.241	93.139	108.970
10	40.294	51.267	73.800	92.170	102.116
12	39.960	50.933	73.495	91.505	101.528
14	39.716	50.689	73.273	91.022	101.097

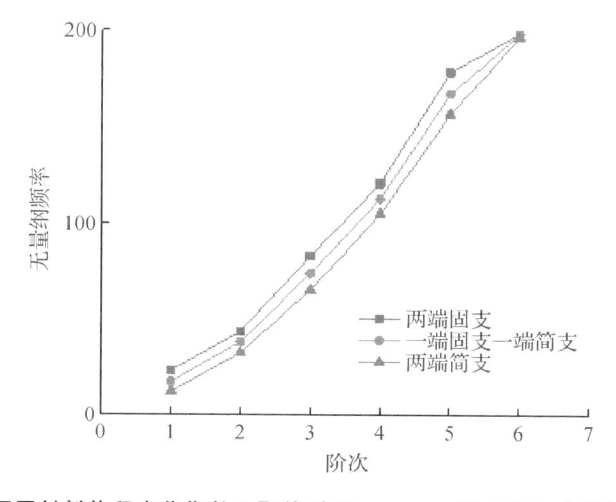

图 9-17　不同材料体积变化指数 k 取值时 Timoshenko 梁理论下曲梁的自振频率图

9.5.2 抛物线型功能梯度曲梁

对于变截面功能梯度曲梁，也可以基于 Timoshenko 理论进行自振分析。选取截面如图 9－18 所示。对于矩形截面曲梁，假定沿着截面宽度变化锥度系数 $c_b = 1 - b_N/b_0$ ，沿着截面高度变化锥度系数 $c_h = 1 - h_N/h_0$ ，最左端初始面积 $A_0 = b_0 h_0$ ，惯性 $I_0 = b_0 h_0^3/12$，则有如下规律：

$$\left.\begin{aligned} b(x) &= b_0\left(1 - c_b \frac{x}{L}\right) \\ h(x) &= h_0\left(1 - c_h \frac{x}{L}\right) \end{aligned}\right\} \tag{9-69}$$

$$\left.\begin{aligned} A(x) &= A_0\left(1 - c_b \frac{x}{L}\right)\left(1 - c_h \frac{x}{L}\right) \\ I(x) &= I_0\left(1 - c_h \frac{x}{L}\right)\left(1 - c_h \frac{x}{L}\right)^3 \end{aligned}\right\} \tag{9-70}$$

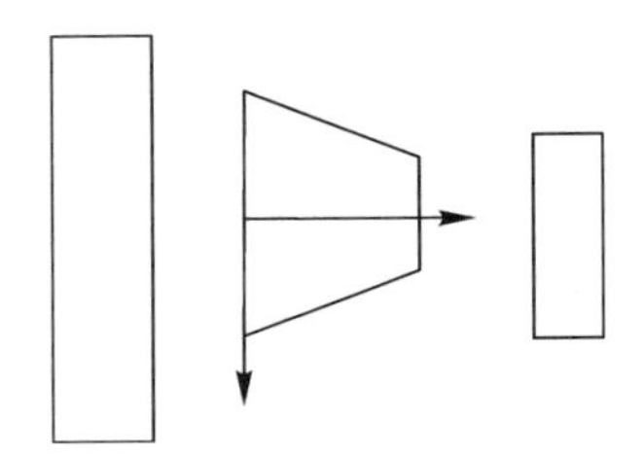

图 9－18 矩形变截面示意图

变截面功能梯度曲梁能量法表达式仍选取 9.4.4 节中所述 Timoshenko 理论下抛物线曲梁公式，结合 Hamilton 原理进行计算，曲梁参数如下：

$L = 1\ \mathrm{m}, E_m = 206 \times 10^9\ \mathrm{N/m^2}, \kappa = 0.85, \kappa G/E = 0.3, A_0 = 3 \times 10^{-4}\ \mathrm{m^2}, b_0 = 0.01\ \mathrm{m}, h_0 = 0.03\ \mathrm{m}, \rho_m = 7\ 800\ \mathrm{kg/m^3}, c_b = 0$。

考虑梁的高度以及边界条件对频率的影响，高度变化锥度系数分别取三种情况（$c_h = 1/4$、$c_h = 2/4$、$c_h = 3/4$），使用本书方法计算前 5 阶频率，并将其转化为无量纲频率 $\Omega = \omega L^2 \sqrt{\rho_m A_0 / E_m I_0}$ 。高度沿着轴线方向变化，宽度保持不变。其中材料体积变化指数 k 取值为 0～14 中的整数。结果列于表 9－16～表 9－18，从数据中可以发现，截面锥度系数的变大会使得同阶次曲梁的无量纲频率值变小，这是因为截面锥度系数的增大使得曲梁振动时的产生更大的弯曲变形。

表 9－19～表 9－21 列举出经典边界条件（两端固支，一端固支且一端简支，两端简支）下功能梯度曲梁自振频率值，这里把四种边界分别简记为 C－C、C－F 和 F－F。其中材料体积变化指数 k 取为 2，数据表明两端简支时频率最低，两端固支频率最高。同样，截面锥度系数的变大会使得同阶次同边界条件下曲梁的频率值变小。

表 9-16　锥度系数 $c_h=1/4$ 时功能梯度变截面抛物线曲梁两端固支时的自振频率

体积变化指数 k	频率/Hz				
	阶次为 1	阶次为 2	阶次为 3	阶次为 4	阶次为 5
0	263.101	267.497	399.652	543.492	669.229
2	170.906	173.761	259.607	353.043	434.719
4	157.169	159.795	238.741	324.667	399.779
6	151.544	154.076	230.196	313.046	385.470
8	148.477	150.958	225.537	306.711	377.669
10	146.545	148.994	222.603	302.721	372.756
12	145.217	147.643	220.585	299.977	369.377
14	144.247	146.657	219.112	297.974	366.910

表 9-17　锥度系数 $c_h=2/4$ 时功能梯度变截面抛物线曲梁两端固支时的自振频率

体积变化指数 k	频率/Hz				
	阶次为 1	阶次为 2	阶次为 3	阶次为 4	阶次为 5
0	222.849	260.602	343.542	467.224	631.296
2	144.759	169.283	223.159	303.501	410.079
4	133.124	155.676	205.222	279.107	377.119
6	128.359	150.105	197.877	269.117	363.621
8	125.761	147.067	193.872	263.671	356.262
10	124.125	145.154	191.35	260.241	351.628
12	123.000	143.838	189.615	257.881	348.440
14	122.178	142.877	188.349	256.159	346.113

表 9-18　锥度系数 $c_h=3/4$ 时功能梯度变截面抛物线曲梁两端固支时的自振频率

体积变化指数 k	频率/Hz				
	阶次为 1	阶次为 2	阶次为 3	阶次为 4	阶次为 5
0	177.528	242.740	287.504	383.669	529.529
2	115.318	157.680	186.757	249.224	343.972
4	106.050	145.006	171.746	229.192	316.325
6	102.254	139.816	165.600	220.990	305.005
8	100.185	136.987	162.249	216.518	298.832
10	98.882	135.205	160.138	213.701	294.944
12	97.985	133.979	158.686	211.763	292.271
14	97.331	133.084	157.626	210.349	290.318

表 9－19　锥度系数 c_h＝1/4 时功能梯度变截面抛物线曲梁的自振频率

阶次	频率/Hz		
	C－C	C－F	F－F
1	50.092	40.293	31.112
2	97.853	86.281	74.397
3	170.906	152.838	135.876
4	173.761	173.676	173.636
5	259.607	237.387	215.95

表 9－20　锥度系数 c_h＝1/2 时功能梯度变截面抛物线曲梁的自振频率

阶次	频率/Hz		
	C－C	C－F	F－F
1	42.177	34.567	26.140
2	83.082	73.145	62.638
3	144.759	128.240	114.385
4	169.283	168.811	166.957
5	223.159	203.971	188.068

表 9－21　锥度系数 c_h＝3/4 时功能梯度变截面抛物线曲梁的自振频率

阶次	频率/Hz		
	C－C	C－F	F－F
1	115.318	27.856	20.396
2	157.680	57.498	48.907
3	186.757	101.512	89.0778
4	249.224	148.375	137.551
5	343.972	177.356	173.554

9.6　本章小结

本章给出了曲梁面内自由振动问题的一种数值分析模型，该模型基于增强谱法（改进 Fourier 级数法）假设位移，并使用 Rayleigh－Ritz 法求解。首先，应用改进 Fourier 级数法表示曲梁面内弯扭振动时的三个位移函数，利用改进 Fourier 级数法可解决位移函数在边界导数不连续这一问题。其次，对曲梁采用人工虚拟弹簧模拟边界条件，通过改变横向位移约束弹簧、扭转约束弹簧和旋转约束弹簧的刚度值来实现任意弹性约束边界，结合Hamilton原理，得到曲梁结构振动时的刚度矩阵和质量矩阵。最后，成功地将频率的求解转化为矩阵特征值问题的求解，在计算得到简化的同时得到了平面曲梁、功能梯度曲梁面内自由振动的频率值。

本书基于Euler-Bernoulli曲梁理论，利用改进Fourier级数法研究了功能梯度曲梁面内自由振动问题，将得到的解与已有的有限元解进行对比，验证了该方法的可靠性。在分析不同锥度系数和边界条件对功能梯度曲梁面内振动频率的影响时发现，截面锥度系数的变大会使曲梁的同阶次频率值变小。边界条件为两端简支时频率最低，两端固支时频率最高。其背后的原理是锥度系数的变大会使得曲梁振动时弯曲变形更大，从而增加了振动的惯性力和弹性势能。而边界弹簧刚度值的增加相当于使得两端位移和旋转的幅度都相对应地降低，弯曲刚度的增加使得曲梁振动频率也增高。

本书方法克服了以往只能在某些特定常规的边界条件下求解振动问题的缺陷。数值算例验证该方法的收敛性和精确性良好，对不同曲线形状、不同材料和边界具有普适性。

参考文献

[1] 刘兴喜，杨博，徐荣桥. 基于状态空间法的圆弧曲梁面内动力学分析[J]. 工程力学，2023，40(增刊)：1-8.

[2] 李万春，滕兆春. 变曲率FGM拱的面内自由振动分析[J]. 振动与冲击，2017，36(9)：201-208.

[3] 赵雪健. 平面曲梁自由振动的动力刚度法研究[D]. 北京：清华大学，2010.

[4] YANG F，SEDAGHATI R，ESMAILZADEH E. Free in-plane vibration of general curved beams using finite element method [J]. Journal of Sound and Vibration，2008，318(4)：850-867.

[5] EISENBERGER M，EFRAIM E. In-plane vibrations of shear deformable curved beams[J]. International Journal for Numerical Methods in Engineering，2001，52(11)：1221-1234.

[6] TSENG Y P，HUANG C S，LIN C J. Dynamic stiffness analysis for in-plane vibrations of arches with variable curvature[J]. Journal of Sound and Vibration，1997，207(1)：15-31.

[7] KIM N I，KIM M Y. Spatial free vibration of shear deformable circular curved beams with non-symmetric thin-walled sections[J]. Journal of Sound and Vibration，2004，276(1/2)：245-271.

第 10 章　任意边界条件下曲梁面外振动特性分析

曲梁振动其实是一个复杂的物理过程，在截面内部发生振动的同时，截面外部也发生面外振动。面外振动是指曲梁在垂直于自身平面的方向振动，这种振动通常由曲梁的弹性和内部应力引起。例如在车辆的悬挂系统中，曲梁的弹性会导致它在自身平面内振动。在实际工程中，首先，曲梁面外振动可能会导致结构疲劳破坏，缩短结构的寿命和降低结构的安全性能。因此，需要对其进行深入研究和分析，以确定最优的设计和维护策略。其次，曲梁面外振动的研究对于改进结构设计和优化结构性能具有指导意义。了解曲梁面外振动的特点和机理，可以帮助工程师和设计人员更好地设计和优化结构，以提高结构的稳定性和振动抑制性能。此外，曲梁面外振动的研究对于理解结构振动的基本原理和机制有重要意义。通过研究曲梁面外振动的特性和机理，可以揭示结构振动的本质和规律，为结构振动的控制和抑制提供理论基础。

本章基于两种经典的梁理论对曲梁面外振动的基本理论进行说明，然后将增强谱法（改进 Fourier 级数法）代入进能量函数中，进行矩阵特征值求解。该方法的介入，对数值算例的求解精度和速度都有一定的改进。本章还针对特定的模型探究相关参数对自振特性的影响。

10.1　基于 Timoshenko 梁理论的曲梁面外自由振动分析

本章将提出一种精确求解平面曲梁面外自由振动的方法，采用平面曲梁模型，其截面在曲梁轴线所在平面上对称。这种特殊的截面对称性，使得曲梁面外振动与面内振动相互独立。传统的 Fourier 级数法在位移函数以三角函数展开时会存在导数展开收敛性不好的问题。为了解决这个问题，本章提出一种改进 Fourier 级数法，通过辅助函数的构造，并代入相对应研究对象的振动方程中，通过能量法表示，结合 Rayleigh - Ritz 法，在 Lagrange 函数为零时将求解振动问题成功转化为标准矩阵特征值问题。所提出的方法不仅适用于变截面、变曲率的平面曲梁面外自由振动分析，还可以精确计算频率和振型。采用这套求解方法可建立一个完整的分析求解框架，为平面曲梁自由振动问题的研究提供了一种可靠的途径。

考虑图 10－1 所示的曲梁，曲梁的中性轴为 s 轴，沿曲梁的轴向。发生自由振动时，曲梁的面外位移为 $w(s,t)$，截面对 y 轴的弯曲转角为 $v(s,t)$，扭转转角为 $\varphi(s,t)$，在此记为 w、v 和 φ。曲梁模型长度为 l，在弧坐标 s 处的曲率半径为 $R(s)$，截面面积为 $A(s)$，绕 y 轴的惯性矩为 $I_y(s)$，极惯性矩为 $I_p(s)$。材料的弹性模量为 E，剪切模量为 G，泊松比为 υ，材料密度为 ρ，剪切修正系数为 κ。

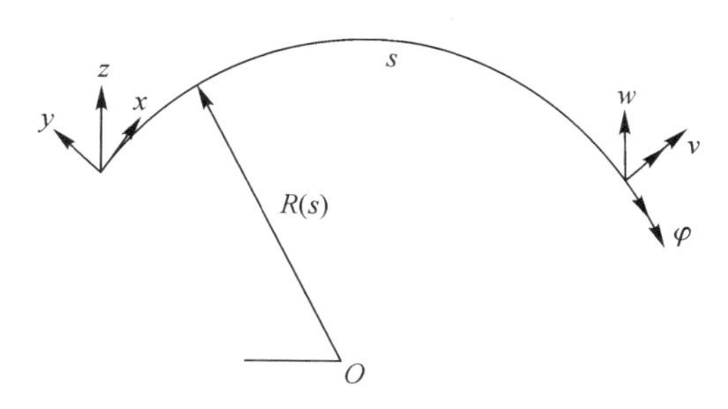

图 10－1　曲梁面外振动的基本坐标系及基本位移参数

当曲梁面外自由振动时，横截面发生弯曲变形和扭转变形。截面上的剪切应变 γ_z，弯曲应变 κ_y 和扭转应变 τ_x 分别存在如下关系：

$$\left.\begin{aligned}\gamma_z &= \frac{\partial w}{\partial s} + v \\ \kappa_y &= \frac{\partial v}{\partial s} + \frac{\varphi}{R} \\ \tau_x &= \frac{\partial \varphi}{\partial s} - \frac{v}{R}\end{aligned}\right\} \tag{10－1}$$

曲梁的应变能为

$$\begin{aligned}V_p &= \frac{1}{2}\int_0^{s_0}[EI\kappa_y^2 + GJ\tau_x^2 + \kappa GA\gamma_z^2]\mathrm{d}s \\ &= \frac{1}{2}\int_0^{s_0}\left[EI_y\left(\frac{\partial v}{\partial s} + \frac{\varphi}{R}\right)^2 + GJ\left(\frac{\partial \varphi}{\partial s} - \frac{v}{R}\right)^2 + \kappa GA\left(\frac{\partial w}{\partial s} + v\right)^2\right]\mathrm{d}s\end{aligned} \tag{10－2}$$

梁做自由振动时，曲梁的动能可表示为

$$T = \frac{1}{2}\int_0^{s_0}\left[\rho A\left(\frac{\partial w(s,t)}{\partial t}\right)^2 + \rho I_y\left(\frac{\partial v(s,t)}{\partial t}\right)^2 + \rho I_p\left(\frac{\partial \varphi(s,t)}{\partial t}\right)^2\right]\mathrm{d}s \tag{10－3}$$

相应地，动能最大值为

$$T_{\max} = \frac{1}{2}w^2\int_0^{s_0}(\rho Aw^2 + \rho I_y v^2 + \rho I_p \varphi^2)\mathrm{d}s \tag{10－4}$$

式中：ω 是梁简谐振动的待求频率。式(10－2)和式(10－4)为曲梁面外自由振动应变能和动能的表达式。

由于曲梁的振动微分方程方程最高阶为二阶，传统 Fourier 级数表示位移函数在边界处会出现不连续的问题。为了解决梁端各力学变量不连续的问题，本书采用了改进 Fourier 级数表示位移函数的方法。首先，引入基函数 $f_i(s)$，其形式为

$$f_i(s)=\begin{cases}\cos(\lambda_i s) & (i\geqslant 0)\\ \sin(\lambda_i s) & (-2\leqslant i\leqslant -1)\end{cases}\tag{10-5}$$

式中：s 为弧坐标；$\lambda_i=n\pi/s_0$；$s\in[0,s_0]$，s_0 为曲梁的总弧长。适用于任意边界曲梁面外位移的改进 Fourier 级数为

$$w(s)=\sum_{i=-2}^{m}A_i f_i\tag{10-6}$$

式中：A_i 为待定系数。

类似地，截面对 y 轴的弯曲转角函数和扭转角函数可分别假设为

$$\left.\begin{aligned}v(s)&=\sum_{i=-2}^{m}B_i f_i\\ \varphi(s)&=\sum_{i=-2}^{m}C_i f_i\end{aligned}\right\}\tag{10-7}$$

式中：A_i、B_i、C_i 为待定常数。

将式(10-5)～式(10-7)分别代入应变能[见式(10-2)和式(10-4)]中，可得

$$V_{\mathrm{p}}=\frac{1}{2}\int_0^{s_0}\left[EI_{\mathrm{y}}\left[\sum_{i=-2}^{m}\left(B_i f'_i+\frac{C_i}{R}f_i\right)\right]^2+GJ\left[\sum_{i=-2}^{m}\left(C_i f'_i-\frac{B_i}{R}f_i\right)\right]^2+\kappa GA\left[\sum_{i=-2}^{m}(A_i f'_i+B_i f_i)\right]^2\right]\mathrm{d}s\tag{10-8}$$

$$T_{\max}=\frac{1}{2}\int_0^{s_0}\left[\rho A\left(\sum_{i=-2}^{m}A_i f_i\right)^2+\rho I_{\mathrm{y}}\left(\sum_{i=-2}^{m}B_i f_i\right)^2+\rho I_{\mathrm{p}}\left(\sum_{i=-2}^{m}C_i f_i\right)^2\right]\mathrm{d}s\tag{10-9}$$

式中：f'_i 中的上标一撇表示函数对 s 坐标的导数。在曲梁的边界处所有的约束都用虚拟弹簧来模拟，即在左、右两端分别设置与约束条件对应的人工弹簧，并通过设定线弹簧和旋转弹簧的刚度系数来对端部弹性约束条件进行仿真模拟。如图 10-2 所示，曲梁任意一个端点处有 3 个约束，相应地需要 3 根虚拟弹簧来模拟约束，本书采用位移弹簧、转动弹簧和扭转弹簧各 1 根。其中面外横向位移弹簧的刚度分别是 k_0 和 k_3，转动弹簧的刚度分别是 k_2 和 k_4，扭转弹簧的刚度分别是 k_1 和 k_5。

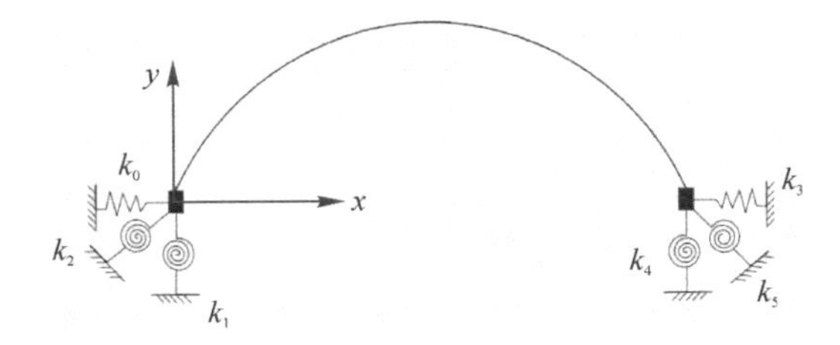

图 10-2　Timoshenko 理论下曲梁边界所添加的人工弹簧

所对应的弹簧势能为

$$V_{\mathrm{s}}=\frac{1}{2}(k_0 v^2+k_1 w^2+k_2\varphi^2)\big|_{s=0}+\frac{1}{2}(k_3 v^2+k_4 w^2+k_5\varphi^2)\big|_{s=s_0}\tag{10-10}$$

将含有位移函数的各能量[见式(10-8)～式(10-10)]代入 Lagrange 函数，即

$$L = V_p + V_s - T_{max} \tag{10-11}$$

根据 Rayleigh-Ritz 法有

$$\frac{\partial L}{\partial Z_i} = 0 \quad (Z = A, B, C; i = -2, -1, \cdots, m) \tag{10-12}$$

即将 Lagrange 函数对待定系数 A_i、B_i 和 C_i 的偏导取为零，得到多个线性方程，可化为矩阵形式：

$$(\boldsymbol{K} - \omega^2 \boldsymbol{M})\boldsymbol{A} = \boldsymbol{0} \tag{10-13}$$

式中：$\boldsymbol{K}$ 和 $\boldsymbol{M}$ 分别为整体刚度矩阵和质量矩阵；ω 为面外振动频率；$\boldsymbol{A}$ 为改进 Fourier 级数表达的位移系数组成的系数列矩阵。使得式(10-13)中系数有非零解的条件是

$$|\boldsymbol{K} - \omega^2 \boldsymbol{M}| = 0 \tag{10-14}$$

解式(10-14)对应的广义矩阵特征值问题，可得到曲梁结构面外自由振动的频率和振型等特性。

10.2　基于 Euler-Bernoulli 梁理论的曲梁面外自由振动分析

曲梁面外振动是指连接在两端支座的梁，在受到外力作用时出现的弯曲和振动现象。Euler-Bernoulli 梁理论是描述梁的弯曲和振动行为的经典理论之一。在该理论中，梁被假定为刚度均匀、截面积恒定的杆件。如第9章所示，面外曲梁自由振动的分析同样也适用于 Euler-Bernoulli 梁理论，不将剪切变形和转动惯量作为参数考虑。通过将改进 Fourier 级数法代入进能量表达式结合 Lagrange 函数，同样可以计算出其固有频率。

如图10-3中(a)所示，首先 Euler-Bernoulli 曲梁面外振动的动能和应变能表达式如下：

$$T = \frac{1}{2}\int_0^{s_0}\left[\rho A\left(\frac{\partial w(s,t)}{\partial t}\right)^2 + \rho(I_y + I_p)\left(\frac{\partial \varphi(s,t)}{\partial t}\right)^2\right]ds \tag{10-15}$$

$$V_p = \frac{1}{2}\int_0^{s_0}\left[EI\left(\frac{\varphi}{R} - \frac{\partial^2 w}{\partial s}\right)^2 + GJ\left(\frac{\partial \varphi}{\partial s} + \frac{\partial w}{\partial s}\frac{1}{R}\right)^2\right]ds \tag{10-16}$$

式中：$w(s,t)$ 是面外线位移；$\theta(s,t)$ 是面外扭转角；ρ 是密度；A 是截面面积；E 是弹性模量；I_y 是截面惯性矩；I_p 为极惯性矩；R 为曲梁半径，剪切模量为 G。

对于 Euler-Bernoulli 梁，由于 Euler-Bernoulli 梁动力学振动方程为四阶微分方程，传统 Fourier 级数表示的位移函数在边界处会存在间断的问题。为消除梁端各力学变量的不连续性，本节采用改进 Fourier 级数来对位移函数进行描述。对于 Euler-Bernoulli 梁在任意边界处面外的横向位移，改进 Fourier 级数表达为

$$w(s)=\sum_{i=-4}^{m}A_i f_i(s) \tag{10-17}$$

式中：A_i 为待定系数，函数 $f_i(s)$ 的形式为

$$f_i(s)=\begin{cases}\cos(\lambda_i s) & (i\geqslant 0)\\ \sin(\lambda_i s) & (-4\leqslant i\leqslant -1)\end{cases} \tag{10-18}$$

将转角位移函数也用 Fourier 级数表示：

$$\varphi(s)=\sum_{i=-4}^{m}B_i f_i(s) \tag{10-19}$$

忽略边界模拟弹簧的质量，简谐振动时，弹性 Euler - Bernoulli 梁的动能最大值为

$$T_{\max}=\frac{\omega^2}{2}\int_0^{s_0}\left[\rho A\left(\sum_{i=-2}^{m}A_i f_i\right)^2+\rho(I_y+I_p)\left(\sum_{i=-2}^{m}B_i f_i\right)^2\right]\mathrm{d}s \tag{10-20}$$

$$V_p=\frac{1}{2}\int_0^{s_0}\left[EI_y\left[\sum_{i=-4}^{m}\left(\frac{B_i}{R}f_i-A_i f''_i\right)\right]^2+GJ\left[\sum_{i=-4}^{m}\left(B_i f'_i+\frac{A_i}{R}f'_i\right)^2\right]\mathrm{d}s \tag{10-21}$$

$$V_s=\frac{1}{2}\left[k_1\left(\sum_{i=-4}^{m}A_i f_i\right)^2+k_3\left(\sum_{i=-4}^{m}A_i f'_i\right)^2+k_5\left(\sum_{i=-4}^{m}B_i f_i\right)^2\right]\Bigg|_{s=0}+$$
$$\frac{1}{2}\left[k_2\left(\sum_{i=-4}^{m}A_i f_i\right)^2+k_4\left(\sum_{i=-4}^{m}A_i f'_i\right)^2+k_6\left(\sum_{i=-4}^{m}B_i f_i\right)^2\right]\Bigg|_{s=s_0} \tag{10-22}$$

式中：f'_i 中的上标一撇表示函数对 s 坐标的导数。如图 10 - 3(b)所示，在曲梁的边界处所有的约束都用虚拟弹簧来模拟，即在左、右两端分别设置与约束条件对应的人工弹簧，并通过设定位移弹簧和旋转弹簧的刚度系数来对端部弹性约束条件进行仿真模拟。曲梁任意一个端点处有 3 个约束，相应地需要 6 根虚拟弹簧来模拟约束，本书采用 4 根位移弹簧和 2 根旋转弹簧，其中面外横向位移弹簧的刚度分别是 k_1 和 k_2。旋转弹簧的刚度分别是 k_3、k_4、k_5 和 k_6。

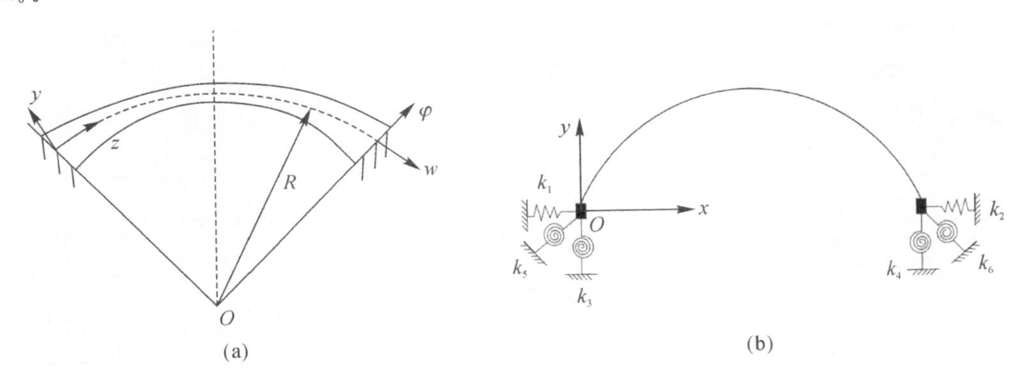

图 10 - 3　Euler 理论下曲梁边界添加人工弹簧的示意图

曲梁结构的 Lagrange 函数定义为

$$L=V-T_{\max}=V_p+V_s-T_{\max} \tag{10-23}$$

式中：V 是弹性 Euler - Bernoulli 梁结构的总势能；$T_{\max}$ 为弹性 Euler - Bernoulli 梁结构的总动能。

将位移函数式代入 Lagrange 函数中，结合 Rayleigh - Ritz 法对位移函数系数求偏微分并令其为零，即

$$\left.\begin{aligned}\frac{\partial L}{\partial A_i}=0\\ \frac{\partial L}{\partial B_i}=0\end{aligned}\right\}\quad (i=-4,-1,\cdots,p) \tag{10-24}$$

如果式(10 - 19)中的位移级数中 m 取 p，将 Lagrange 方程式 L 分别对改进 Fourier 级数下的位移函数的系数求偏导，可以获得一个 $2(p+5)$ 个线性方程组，并对方程组矩阵化，可得

$$(\boldsymbol{K}-\omega^2\boldsymbol{M})\boldsymbol{A}=\boldsymbol{0} \tag{10-25}$$

式中：$\boldsymbol{K}$ 为刚度矩阵；$\boldsymbol{M}$ 为质量阵；ω 是圆频率，$\boldsymbol{A}$ 是一个改进 Fourier 级数中未知系数组成的列矩阵，即

$$\boldsymbol{A}=[A_{-4}\quad A_{-3}\quad A_{-2}\quad \cdots\quad A_p\quad B_{-4}\quad B_{-3}\quad B_{-2}\quad \cdots\quad B_p]^{\mathrm{T}} \tag{10-26}$$

式(10 - 25)中有非零解的条件是

$$|\boldsymbol{K}-\omega^2\boldsymbol{M}|=0 \tag{10-27}$$

通过式(10 - 27)将频率数值解的求法转化为矩阵特征值问题，可得端部约束条件任意模拟下 Euler - Bernoulli 梁理论下曲梁的固有振动频率，将每一个自振频率所对应的特征向量代入相对应的位移表达式中，得到其固有振动模式，也就是它的模态。

10.3　数值算例

10.3.1　常截面圆弧曲梁收敛性的分析

计算 Timoshenko 理论下曲梁在不同边界条件下的自振频率和振型时，由于本方法的特点，所以需要对构造出来的位移函数进行截断，以验证方法的收敛性。以两端固定的常截面圆弧曲梁为对象进行收敛性分析。

本书各算例中若干参数见表 10 - 1：$E=2.6\times10^7$ Pa，$\kappa=0.89$，$\upsilon=0.3$，$\rho=2\ 600$ kg/ m^3，$A=\pi$ m^2，$I_y=\pi/4$ m^4，$J=J_p=\pi/2$ m^4，$R=50$ m。当式(10 - 5)～式(10 - 7)的级数展开时的截断数 m 分别取 8、10、12 和 14 时，所得曲梁的前 6 阶频率见表 10 - 2。由表 10 - 2 可知，当 m 取 12 和 14 时，所得解趋于相同，且与解析结果基本一致。

为了方便表示，两端固定的边界记为 C - C，一端固定一端自由边界记为 C - F，两端自由边界记为 F - F。表 10 - 3 给出 3 种经典边界条件下曲梁前四阶自振频率且截断数 m 取 12，通过与相关文献的结果对比发现，两者数据吻合较好，最大误差仅仅为 0.006%，充分验证了方法的可行性与准确性。

表 10－1 各算例中的若干参数

形状	材料参数		截面参数 A、I_y、J、I_p（或 A_0、I_{y0}、J_0、I_{p0}）	结构尺寸参数	剪切修正系数 κ
	E、V	ρ/（kg·m^{-3}）			
圆弧（参见图 10－3）	$E=26$ MPa，$\upsilon=0.3$	2600	$A=\pi$ m^2，$I_y=\pi/4$ m^4，$J=I_p=\pi/2$ m^4	$R=10$ m 和 50 m	0.89
常截面抛物线形（参见图 10－5）		2 166.67	$A=3$ m^2，$I_y=0.25$ m^4，$I_p=2.5$ m^4，$J=0.79$ m^4	$L=28.87$ m，$h=5.774$ m	0.833
变截面抛物线形		7 800	$b_0=0.01$ m，$h_0=0.03$ m，$A_0=3\times10^{-4}$ m^2 $I_{y0}=2\times10^{-7}$ m^4，$J_0=I_{p0}=7.5\times10^{-6}$ m^4	$L=28.87$ m，$h=5.774$ m	
椭圆形（参见图 10－6）		585	$A_0=28.26\times10^{-4}$ m^2，$I_{y0}=63.585\times10^{-12}$ m^4，$J_0=I_{p0}=21.195\times10^{-12}$ m^4	$a=232.2$ m，$b=189.7$ m	0.89

表 10－2 不同截断数下曲梁的自振频率

来源		频率/Hz			
		第 1 阶	第 2 阶	第 3 阶	第 4 阶
本书方法	$m=8$	1.818 07	5.241 26	10.988 3	18.812 7
	$m=10$	1.818 07	5.241 22	10.988 3	18.812 4
	$m=12$	1.818 07	5.241 21	10.988 3	18.812 3
	$m=14$	1.818 07	5.241 21	10.988 3	18.812 3
解析法		1.818 2	5.241 5	10.989 0	18.813 0

表 10－3 两端不同约束时平面曲梁面外振动的无量纲频率值

阶次	F－F			C－F			C－C		
	相关文献	本书方法	误差/(%)	相关文献	本书方法	误差/(%)	相关文献	本书方法	误差/(%)
1	—	—	—	0.923 8	0.924 1	0.03	1.790 8	1.790 4	0.02
2	2.556 9	2.558 6	0.06	3.789 6	3.788 0	0.04	5.032 4	5.031 0	0.02
3	7.173 7	7.172 4	0.01	8.685 0	8.688 8	0.04	10.232 0	10.229 5	0.02
4	13.422 3	13.428 1	0.04	15.175 1	15.165 5	0.06	16.917 0	16.912 9	0.02
5	18.739 8	18.736 0	0.02	18.738 2	18.737 0	0.006	18.739 4	18.737 2	0.02

10.3.2　两端固支常截面圆弧曲梁

考虑图 10－4 所示常截面圆弧曲梁，梁的两端固支，截面形状为圆形，梁理论为 Timoshenko 理论，曲梁参数如下：

$E=2.6\times10^7$ Pa，$\kappa=0.89$，$\upsilon=0.3$，$\rho=2\ 600$ kg/ m³，$A=\pi$ m²，$I_y=\pi/4$ m⁴ m⁴，$J=J_p=\pi/2$ m⁴。

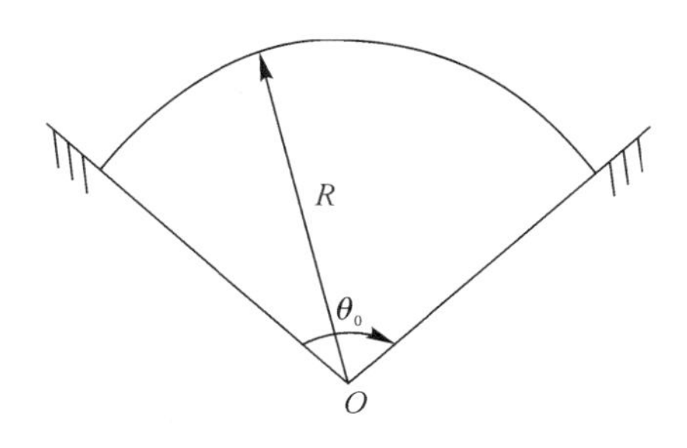

图 10－4　圆弧曲梁

分别选取曲梁半径 $R=10$ m 和 50 m，对应的无量纲长细比 $\lambda=R\sqrt{A/I}$ 分别为 20 和 100。分别对 2 种长细比（$\lambda=20$、100）和 3 种角度情况（$\theta_0=20°$、120°和 180°）下的曲梁前四阶自振频率进行数值计算，并将其频率通过 $\Omega=\omega R^2\sqrt{\rho A/(EI)}$ 进行无量纲化。数值结果列于表 10－4，可以看出本书所得结果与相关文献差别极小，验证了该方法的精确性。为显示三种位移的变化，图 10－5 展示了 $\theta_0=180°$，$R=10$ m 时前三阶频率所得振型图，其中横坐标$\xi=s/s_0$ 为无量纲的弧长。由表知道，随着曲梁角度逐渐变大，频率也越来越小。但自振频率随无量纲长细比（半径）变化有所增大。

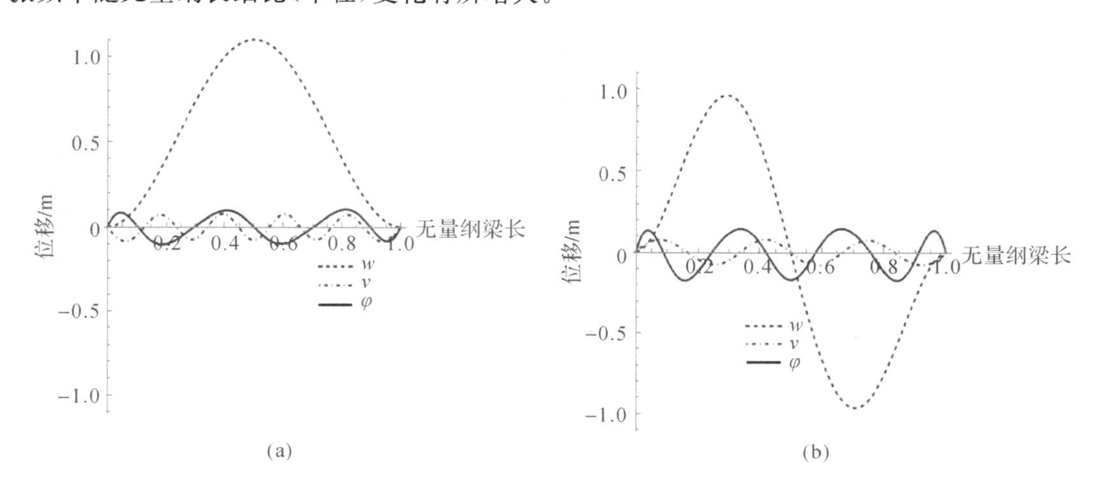

图 10－5　常截面圆弧曲梁模态图

(a) 第 **1** 阶；**(b)** 第 **2** 阶

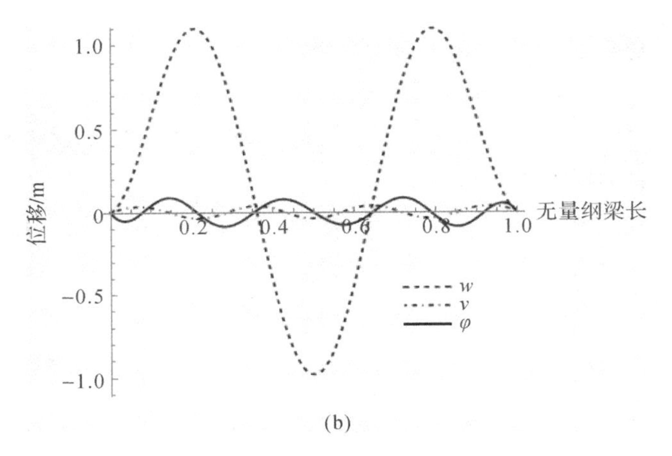

(b)

续图 10－5　常截面圆弧曲梁模态图

(c) 第 3 阶

表 10－4　圆弧曲梁无量纲频率值

λ	角度/(°)	阶次	无量纲频率		
			本书	相文文献	误差/(%)
20	60	1	16.873	16.885	0.07
		2	39.690	39.700	0.02
		3	40.907	40.934	0.06
		4	70.537	70.581	0.06
	120	1	4.308	4.309	0.04
		2	11.793	11.796	0.03
		3	22.507	22.510	0.03
		4	23.301	23.303	0.01
	180	1	1.790	1.7908	0.02
		2	5.032	5.0324	0.02
		3	10.235	10.232	0.02
		4	16.931	16.917	0.02

续表

λ	角度/(°)	阶次	无量纲频率		
			本书	相文文献	误差/(%)
100	60	1	19.455	19.454	0.004
		2	54.174	54.148	0.01
		3	106.001	105.86	0.01
		4	173.506	173.16	0.02
	120	1	4.473	4.4731	0.01
		2	12.891	12.892	0.01
		3	26.079	26.081	0.01
		4	43.681	43.684	0.01
	180	1	1.818	1.8182	0.01
		2	5.241	5.2415	0.01
		3	10.988	10.989	0.01
		4	18.812	18.813	0.003

10.3.3　弹性约束边界条件下的圆弧曲梁

对图 10－3 所示圆弧曲梁，取半径为 10 m、角度为 180°的半圆曲梁，梁理论为 Timoshenko 理论。通过弹簧对曲梁的边界进行约束，可以将曲梁的经典边界条件转化为一般的弹性边界条件，只需将弹簧刚度系数设为特定值即可。例如，表 10－5 通过设置边界模拟弹簧刚度值，对曲梁端部的约束进行调节。由表 10－6 给出它不同弹性边界约束条件下前 6 阶的自由振动频率值，并给出 $E^NE^NE^NE^N$(N=1、2、3 和 4)4 种弹性边界条件的振型图。从表 10－6 可以看出，边界约束能引起固有频率的变化，结构的无量纲自振频率随着边界约束刚度值的增强而变得越来越高。

表 10－5　不同弹性边界条件中横向位移弹簧和旋转弹簧约束刚度系数取值

边界条件	k_0/(N·m^{-1})	k_1/(N·m·rad^{-1})	k_2/(N·m·rad^{-1})	k_3/(N·m^{-1})	k_4/(N·m·rad^{-1})	k_5/(N·m·rad^{-1})
E^1-E^1	10	10	10	10	10	10
E^2-E^2	10^2	10^2	10^2	10^2	10^2	10^2
E^3-E^3	10^3	10^3	10^3	10^3	10^3	10^3
E^4-E^4	10^4	10^4	10^4	10^4	10^4	10^4

表 10-6　不同弹性边界条件下圆弧曲梁的无量纲自振频率

边界条件	1	2	3	4	5	6
E^1-E^1	0.017 7	0.097 9	2.736 8	8.948 9	13.630 0	20.392 5
E^2-E^2	0.055 8	0.983 1	2.737 5	8.949 1	13.630 2	20.392 7
E^3-E^3	0.176 3	1.027 9	2.745 3	8.952 1	13.632 5	20.394 8
E^4-E^4	0.549 1	1.409 4	2.824 8	8.981 9	13.656 1	20.416 0

10.3.4　抛物线曲梁

考虑一跨长为 l 的抛物线型曲梁，梁理论为 Timoshenko 理论，以左端点为坐标原点建立坐标系，如图 10-6 所示，抛物线方程为

$$y = 0.8x - 0.027\ 71x^2$$

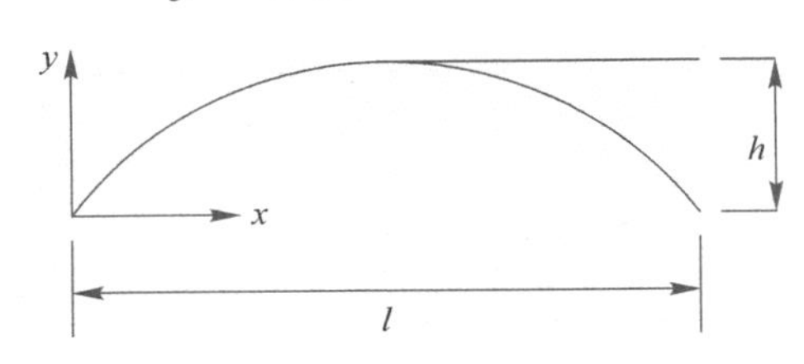

图 10-6　抛物线曲梁

求解时要对式(10-8)～式(10-10)进行调整，即将对轴线坐标 s 的导数转化为对直角横坐标 x 的导数。对抛物线方程，曲率半径的关系如下：

$$R = \left[1 + \left(\frac{\mathrm{d}y}{\mathrm{d}x}\right)^2\right]^{\frac{3}{2}} \Bigg/ \left|\frac{\mathrm{d}^2 y}{\mathrm{d}x^2}\right| \tag{10-28}$$

另外，存在关系：

$$\frac{\mathrm{d}s}{\mathrm{d}x} = \sqrt{1 + \left(\frac{\mathrm{d}y}{\mathrm{d}x}\right)^2} \tag{10-29}$$

曲梁基本参数如下：

$E=26$ GPa，$\kappa=0.833$，$L=28.87$ m，$h=5.774$ m，$\rho=2\ 166.67$ kg/ m^3，$A=3$ m^2，$I_y=0.25$ m^4，$I_p=2.5$ m^4，$J=0.79$ m^4，$E/G=2.6$。

结合本书方法对曲梁在不同边界条件下的前 7 阶自振频率进行数值计算，并将其频率无量纲化 $\Omega=\omega L^2\sqrt{\rho A/(EI)}$，结果列于表 10-7 中。从表 10-7 可以看出，本书结果与相关文献吻合较好。

进一步研究变截面抛物线曲梁，截面选取矩形。抛物线方程为：$y=0.8x-0.027\ 71\ x^2$。对于两端固支的矩形变截面梁，假定初始端截面尺寸为 $b_0\times h_0=0.01$ m$\times0.03$ m，$L=28.87$ m，$h=5.774$ m，$\rho=7\ 800$ kg/m^3，$E=2.1\times10^{11}$ N/ m^2，$A_0=b_0\times h_0$。截面宽度不变，高度沿轴线方向线性变化，高度变截面系数 $c_h=2/3$，则 $A(x)=A_0(1-c_h x/L)$，$I_y(x)=$

$I_{y0}=(1-c_h x/L)^3$，$I_p(x)=I_{p0}(1-c_h x/L)^3$。使用所提方法分别计算曲梁在两端固支边界条件下的前 5 阶自振频率，将其转化为无量纲频率 $\Omega=\omega L^2\sqrt{\rho A/(EI)}$，并且用有限无软件对曲梁进行建模有限元分析，结果列于表 10－8 中。从表中可以看出，本书结果与有限元结果吻合较好，最大误差为 0.8%。

表 10－7　抛物线曲梁无量纲自振频率值

阶次	无量纲频率								
	F－F			C－F			C－C		
	本书	相关文献	误差/(%)	本书	相关文献	误差/(%)	本书	相关文献	误差/(%)
1	6.086	6.090	0.06	11.14	11.15	0.05	17.09	17.12	0.02
2	30.36	30.40	0.13	38.85	39.10	0.64	48.31	48.77	0.94
3	69.60	70.03	0.61	81.75	82.61	1.04	94.43	96.06	1.69
4	110.10	109.8	0.27	110.15	109.8	0.32	110.44	109.9	0.05
5	124.88	125.0	0.09	140.30	141.4	0.77	156.35	158.7	1.48
6	193.86	194.0	0.07	203.85	203.8	0.02	203.8	203.8	0
7	203.87	203.8	0.03	212.09	213.8	0.79	230.79	234.7	1.66

表 10－8　变截面两端固支抛物线曲梁无量纲自振频率值

阶次	无量纲频率		
	本书	有限元法	误差/(%)
1	5.5962	5.5548	0.7
2	23.217 6	23.186 9	0.1
3	47.825 6	47.417 3	0.8
4	80.619 2	80.788 5	0.2
5	122.797 0	122.987 0	0.1

10.3.5　变截面椭圆弧曲梁

给定一变截面变曲率曲梁，曲梁线型为半个椭圆，梁理论为 Timoshenko 理论，两端边界条件为固支，如图 10－7 所示，选取圆形为截面形式，其直径 $d(\phi)=d_0(1+k\phi^2)$（ϕ 为椭圆弧法线与长半轴半径的夹角，且 $-\pi/2\leqslant\phi\leqslant\pi/2$），其中，$d_0=6$ m 为中间截面处的直径，k 为变截面的锥度系数。椭圆长轴半径为 $a=232.2$ m，短轴半径为 $b=189.7$ m。

曲梁基本参数为：$E=26$ GPa，$\kappa=0.89$，$E/G=2.6$，$\rho=585$ kg/m^3，$A=A_0(1+k\phi^2)^2$，$I_y=I_{y0}(1+k\phi^2)^4$，$J=I_p=I_{p0}(1+k\phi^2)^4$，其中 A_0、I_{y0}、J、I_{p0} 的值见表 10－1。

分别考虑 $k=0,\pm0.2$ 对应的三种情况，计算两端固定曲梁前 8 阶自振频率，并将其转

化为无量纲频率 $\lambda=\sqrt[4]{(\omega^2L^4\rho A_0)/EI_{y0}}$，这里 $L=\sqrt{(a^2+b^2)/2}$，计算结果列于表 10－9 中。从表 10－9 可以看出本书数值结果与相关文献结果吻合良好，最大误差在 0.95％以内。另外，由表 10－9 发现，本例两端固定椭圆梁中变截面锥度系数由 0.2 减小至 0，再减至－0.2 的过程中，3 种情况下的同阶频率均逐渐减小。

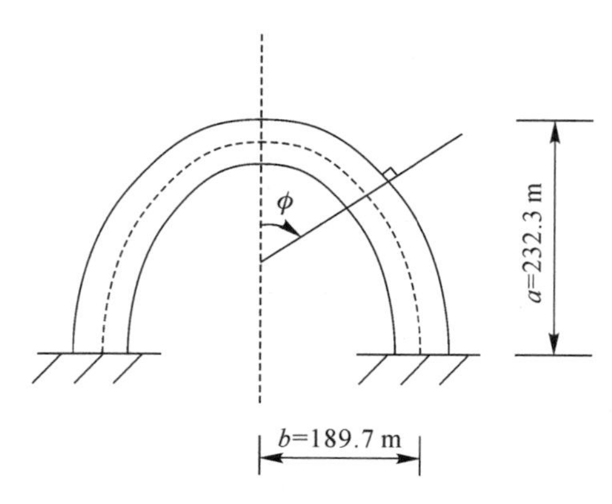

图 10－7　椭圆弧曲梁

表 10－9　变截面椭圆弧曲梁无量纲自振频率值

阶次	无量纲频率								
	$k=0.2$			$k=0$			$k=-0.2$		
	本书	相关文献	误差/(％)	本书	相关文献	误差/(％)	本书	相关文献	误差/(％)
1	1.634 4	1.710 9	0.49	1.337 9	1.318 2	0.06	0.822 5	0.830 4	0.95
2	2.753 4	2.663 5	0.52	2.257 9	2.259 0	0.02	1.736 5	1.744 4	0.45
3	4.030 9	3.728 5	0.56	3.303 8	3.293 8	2.78	2.718 9	2.720 0	0.04
4	5.299 4	4.815 8	0.14	4.350 7	4.332 1	0.63	3.702 6	3.715 9	0.36
5	6.567 5	5.906 5	0.002	5.395 1	5.358 5	1.28	4.694	4.653 6	0.87
6	7.815 8	6.994 3	0.001	6.442 1	6.375 5	0.24	5.532 1	5.572 3	0.72
7	—	—	—	7.508 3	7.385 6	1.86	6.427 0	6.478 5	0.79
8	—	—	—	8.588 9	8.432 0	1.58	7.391 9	7.395 0	0.04

10.3.6　矩形等截面圆弧曲梁(Euler 梁理论)

类似 3.3.1 节，选取圆弧曲梁模型，两端固定边界，截面为矩形。结构基本参数如下：抗扭刚度 $GJ=5.449\times10^8\ \mathrm{N\cdot m^2}$，面外抗弯刚度 $EI_y=3.078\times10^8\ \mathrm{N\cdot m^2}$，密度 $\rho=7\,800\ \mathrm{kg/m^3}$。截面宽度为 $b=0.3$ m，高度 $h=0.8$ m，张角 100°，半径 $R=60$ m。

基于 Euler 梁理论，数值计算常截面圆弧曲梁面外自由振动的前 5 阶频率见表 10－10。从数值结果看，本书解和相关文献结果相差很小，具备较高的精确度。

表 10 - 10　两端固定矩形常截面圆弧曲梁面外自由振动频率

来源	频率/Hz				
	阶次为 1	阶次为 2	阶次为 3	阶次为 4	阶次为 5
本书	0.132 6	0.379 5	0.759 8	1.268 5	1.905 3
相关文献结果	0.128 3	0.380 6	0.757 8	1.265 7	1.922 1
有限元	0.132 1	0.378 4	0.758 3	1.266 7	1.902 8

10.4　功能梯度曲梁面外振动

考虑一个弧长为 l，截面宽度为 b，高度为 h 的矩形横截面功能梯度曲梁。梁理论为 Timoshenko 理论，s 为曲梁的中性轴，沿着曲梁轴向。假设面外位移为 $v(s,t)$，截面对 y 轴弯曲转角为 $\Psi_y(s,t)$，扭转转角为 $\varphi(s,t)$。功能梯度曲梁的曲率半径为 $R(s)$，弹性模量为 E，剪切模量为 G，泊松比为 υ。密度为 ρ，截面面积为 $A(s)$，对 y 轴惯性矩为 $I_y(s)$，极惯性矩为 $I_p(s)$，剪切刚度修正系数为 κ。以横截面几何中性建立坐标系，如图 10 - 8 所示。

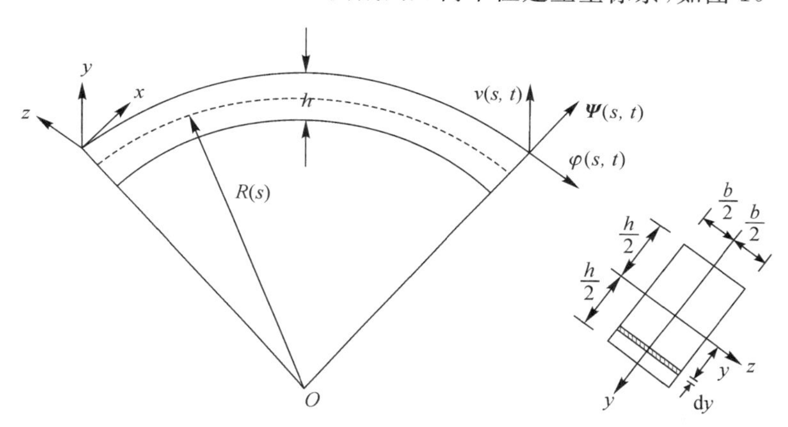

图 10 - 8　功能梯度曲梁面外振动坐标系基本位移参数

如图 10 - 8 所示的功能梯度曲梁示意图，沿着厚度方向材料有如下规律：

$$\left.\begin{aligned} E(y) &= (E_c - E_m)\left(\frac{y}{h}+\frac{1}{2}\right)^k + E_m \\ \rho(y) &= (\rho_c - \rho_m)\left(\frac{y}{h}+\frac{1}{2}\right)^k + \rho_m \end{aligned}\right\} \tag{10 - 30}$$

式中：k 为金属体积变化指数；E_c、E_m分别为陶瓷和金属的弹性模量；ρ_c、ρ_m 分别为陶瓷和金属的质量密度。在取径向坐标为 y 处从横截面中取出厚度为 dy 的微窄条形横截面，$dI_y(s)$ 为该微窄条形对相对于中心轴的惯性矩，且 $dI(y)=y^2 b dy$，在曲梁两端各设置 6 个弹簧，即 4 个旋转弹簧（分别为 k_1、k_2、k_4 和 k_5），2 个位移弹簧（分别为 k_0 和 k_3），可参考图 10 - 2。具体来说，位移弹簧被用来约束结构在振动时的位移，而旋转弹簧则被用来约束结构在振动时的旋转，从而在边界处准确地控制结构振动模式。

当功能梯度曲梁面外自由振动时，横截面会发生弯曲变形和扭转变形，基于Timoshenko曲梁理论横截面上的剪切应变 λ_z、弯曲应变 κ_y 和扭转应变 τ_x 应分别为

$$\left.\begin{aligned}\gamma_z &= \frac{\partial w}{\partial s} + \psi_y \\ \kappa_y &= \frac{\partial \psi_y}{\partial s} + \frac{\varphi}{R} \\ \tau_x &= \frac{\partial \varphi}{\partial s} - \frac{\psi_y}{R}\end{aligned}\right\} \tag{10-31}$$

曲梁的应变能公式为

$$V_p = \frac{1}{2}\int_0^l (EI\kappa_y^2 + GJ\tau_x^2 + \kappa GA\gamma_z^2)\,\mathrm{d}s \tag{10-32}$$

Timoshenko理论下功能梯度曲梁面外振动的本构关系为

$$\left.\begin{aligned}Q_z &= \kappa GA\left(\frac{\partial w}{\partial s} + \psi_y\right) \\ M_y &= EI_y\left(\frac{\partial \psi_y}{\partial s} + \frac{\varphi}{R}\right) \\ T_x &= GJ\left(\frac{\partial \varphi}{\partial s} - \frac{\psi_y}{R}\right)\end{aligned}\right\} \tag{10-33}$$

式中：Q_z、M_y 和 T_x 分别是截面上受到剪力、弯矩和扭矩。

功能梯度曲梁的应变能 V_p、弹性势能 V_s 和动能 T 表达式分别为

$$V_p = \frac{1}{2}\int_0^{s_0}\left[\left(\frac{\partial \psi_y}{\partial s} + \frac{\varphi}{R}\right)^2 b\int_{-h/2}^{h/2} Ey^2\,\mathrm{d}y + J\left(\frac{\partial \varphi}{\partial s} - \frac{\psi_y}{R}\right)^2\int_{-h/2}^{h/2} G\,\mathrm{d}y + \kappa b\int_{-h/2}^{h/2} G\,\mathrm{d}y\left(\frac{\partial v}{\partial s} + \psi_y\right)^2\right]\mathrm{d}s \tag{10-34}$$

$$T = \frac{1}{2}b\int_0^{s_0}\left[\int_{-h/2}^{h/2}\rho\,\mathrm{d}y\left(\frac{\partial v}{\partial t}\right)^2 + \left(\frac{\partial \psi_y}{\partial t}\right)^2\int_{-h/2}^{h/2}\rho y^2\,\mathrm{d}y + \left(\frac{\partial \varphi}{\partial t}\right)^2\int_{-h/2}^{h/2}\rho y\,\mathrm{d}y\right]\mathrm{d}s \tag{10-35}$$

$$\begin{aligned}V_s = {} & \left[\frac{k_0}{2}v^2(s,t) + \frac{k_1}{2}\Psi_y^2(s,t) + \frac{k_2}{2}\varphi^2(s,t)\right]\bigg|_{s=0} + \\ & \left[\frac{k_3}{2}v^2(s,t) + \frac{k_4}{2}\Psi_y^2(s,t) + \frac{k_5}{2}\varphi^2(s,t)\right]\bigg|_{s=s_0}\end{aligned} \tag{10-36}$$

应用改进Fourier级数假设位移时，首先基于弧坐标 s，引入基函数 $f_i(s)$，形式如下：

$$f_i(s) = \begin{cases}\sin(\lambda_i s) & (-2 \leqslant i \leqslant -1) \\ \cos(\lambda_i s) & (i \geqslant 0)\end{cases} \tag{10-37}$$

由于功能梯度曲梁面外振动微分方程的导数最高阶次为二次，传统Fourier级数表示的位移函数在边界处会存在着导数不连续性。为克服梁端各力学参量间的不连续性，采用改进Fourier级数对位移函数进行描述，表达式如下：

$$v = \sum_{i=0}^{m} A_i\cos(\lambda_i s) + \sum_{i=-2}^{-1} A_i\sin(\lambda_i s) = \sum_{i=-2}^{m} A_i f_i \tag{10-38}$$

$$\widetilde{\Psi}_y = \sum_{i=0}^{m} B_i\cos(\lambda_i s) + \sum_{i=-2}^{-1} B_i\sin(\lambda_i s) = \sum_{i=-2}^{m} B_i f_i \tag{10-39}$$

$$\varphi=\sum_{i=0}^{m}C_i\cos(\lambda_i s)+\sum_{i=-2}^{-1}C_i\sin(\lambda_i s)=\sum_{i=-2}^{m}C_i f_i \tag{10-40}$$

式中：$\lambda_i=n\pi/s_0$，s_0为曲梁弧长。

根据 Hamilton 原理，曲梁结构的 Lagrange 函数定义为

$$L=V_p+V_s-T \tag{10-41}$$

将位移函数式代入 Lagrange 函数中，并结合 Rayleigh - Ritz 法，有

$$(\boldsymbol{K}-\omega^2\boldsymbol{M})\boldsymbol{A}=\boldsymbol{0} \tag{10-42}$$

式中：$\boldsymbol{K}$ 为刚度矩阵；$\boldsymbol{M}$ 为质量阵；ω 是面外振动频率；$\boldsymbol{A}$ 是由改进 Fourier 级数中描述的位移函数中未知系数组成的列矩阵，展开即为

$$\boldsymbol{A}=[A_{-4}\quad A_{-3}\quad A_{-2}\quad\cdots\quad A_m\quad B_{-4}\quad B_{-3}\quad B_{-2}\quad\cdots\quad B_m\quad C_{-4}\quad C_{-3}\quad C_{-2}\quad\cdots\quad C_m]^{\mathrm{T}} \tag{10-43}$$

式(10 - 45)有非零解的条件是

$$|\boldsymbol{K}-\omega^2\boldsymbol{M}|=0 \tag{10-44}$$

由式(10 - 47)将频率问题转化为一个矩阵特征值求解问题，功能梯度曲梁在任意边界条件下面内结构自振频率都可以进行求解，将每一个自振频率所对应的特征向量代入对应位移函数[见式(10 - 41)～式(10 - 40)]中，可得其模态振型。

10.4.1　圆弧型功能梯度曲梁

对于 Timoshenko 理论下功能梯度曲梁面外振动，选取曲线形式为半圆弧的曲梁，梁的两端固支，截面形状为圆形。

曲梁的基本参数如下：

$A=\pi\ \mathrm{m}^2$，$\kappa=0.89$，$\upsilon=0.3$，$I_y=\pi/4\ \mathrm{m}^4$，$G=E/2.6$，$J=I_p=\pi/2\ \mathrm{m}^4$。

曲梁半径 $R=10$ m，对应的无量纲长细比为 $\lambda=20$(其中 $\lambda=R\sqrt{A/I}$)。对曲梁在 180° 张角下的前五阶自振频率进行计算，并将其无量纲化为 $\bar{\omega}=\omega R^2\sqrt{\rho A/(EI)}$。数值结果列于表 10 - 12 中，其中横坐标 $\xi=s/s_0$ 为无量纲的弧长。

为了验证功能梯度理论在曲梁面外振动中的适用性，先假设纯金属材料的弹性模量为 $E=260$ GPa，$A=\pi\ \mathrm{m}^2$，密度为 $\rho=2\ 600\ \mathrm{kg/m^3}$。将上述参数代入功能梯度理论表达式中并结合程序计算，得出结果列于表 10 - 11 中。可以发现，数据与相关文献结果基本一致，验证了该方法在功能梯度曲梁中的可靠性与高效性。

表 10 - 11　纯金属曲梁的面外自振频率

来源	频率/Hz			
	1 阶次为	2 阶次为	3 阶次为	4 阶次为
相关文献 1	1.790 8	5.032 4	10.232 0	16.917 0
本书	1.790 9	5.033 6	10.237 9	16.935 1
相关文献 2	1.791 0	5.032 0	10.230 0	16.910 0
误差/(%)	0.005	0.02	0.05	0.01

上、下表面两种材料的材料属性见表 10－12，并将所得结果与相关文献的有限元结果比较，发现相对误差较小，显示该方法对于功能梯度曲梁问题的适用性和精确性。

表 10－12 功能梯度材料属性

材料	弹性模量 E/GPa	密度 ρ/(kg·m^{-3})	泊松比 υ
陶瓷(上表面)	380	3 960	0.3
金属(下表面)	206	7 800	

采用表 10－12 所示两端材料性能参数，并进行曲梁面外频率值计算。通过改变 k 值得到功能梯度常截面曲梁的前四阶自由振动频率与材料体积变化指数 k 的关系，如表 10－13 所示。由表 10－13 和图 10－9 可以看出，功能梯度常截面曲梁面内自由振动频率随着材料体积分数变化系数 k 的增大而减小，且在 $k\in(0,10)$ 时递减最为激烈。当 k 足够大时，频率的变化趋于稳定。这也反映了功能梯度常截面曲梁的面内自由振动频率是从陶瓷材料向金属材料过渡的特点。

表 10－13 功能梯度曲梁材料体积变化指数与面外自振频率关系（Timoshenko 梁理论）

体积变化指数 k	频率/Hz				
	阶次为 1	阶次为 2	阶次为 3	阶次为 4	阶次为 5
0	3.155 7	8.698 3	17.558 7	28.830 3	31.796 8
2	2.127 7	5.934 6	12.053 3	19.897 3	21.977 4
4	1.972 0	5.515 2	11.215 0	18.536 1	20.577 4
6	1.907 9	5.342 2	10.868 7	17.973 6	20.011 5
8	1.872 8	5.247 5	10.679 1	17.665 4	19.705 0
10	1.850 7	5.187 7	10.559 4	17.470 7	19.512 7

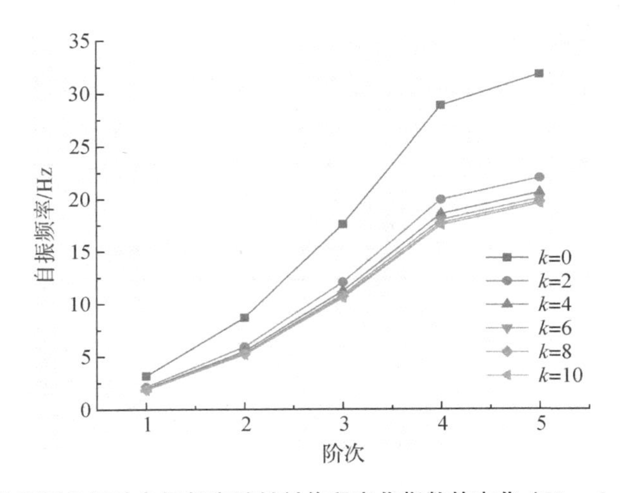

图 10－9 曲梁面外振动自振频率随材料体积变化指数的变化（Timoshenko 梁理论）

10.4.2　抛物线型功能梯度曲梁

考虑图 10-6 所示跨度为 L、高度为 h 的抛物线型曲梁，截面在跨长上面积恒定。抛物线方程为

$$y=(-4h/L^2)x(x-L) \tag{10-45}$$

为了方便求解，需要对式(10-41)～式(10-43)进行调整，即将对轴线坐标 s 的导数转化为对直角横坐标 x 的导数。对抛物线方程，曲率半径等存在的关系见式(10-28)和式(10-29)。

曲梁的基本参数如下：

$L=28.87\ \mathrm{m}$，$h=5.774\ \mathrm{m}$，$\kappa=0.833$，$E/G=2.6$，$A=16\pi\ \mathrm{m}^2$，截面选择为圆形截面且截面半径 $R=4\ \mathrm{m}$。

功能梯度曲梁的材料是由金属和陶瓷复合而成的，沿着曲梁厚度方向，金属与陶瓷的体积分数遵循幂律分布。

梁圆截面的材料梯度方向设为从底部到顶部变化，如图 10-10 所示。相应地，材料的弹性模量和密度具有如下规律：

$$\left.\begin{aligned}E(y)&=(E_c-E_m)\left(\frac{y}{2R}+\frac{1}{2}\right)^k+E_m\\ \rho(y)&=(\rho_c-\rho_m)\left(\frac{y}{2R}+\frac{1}{2}\right)^k+\rho_m\end{aligned}\right\} \tag{10-46}$$

式中：$y\in[-R,R]$；k 为金属体积变化指数；E_c、E_m 分别为陶瓷和金属的弹性模量；ρ_c、ρ_m 分别为陶瓷和金属的质量密度。材料参数的取值见表 10-12。取径向坐标为 y，厚度为 $\mathrm{d}y$ 的横截面，将其视为均匀材料的功能梯度曲梁。$I_y(s)$ 为功能梯度曲梁截面的惯性矩，且有 $I_y(s)=\pi D^4/64$，极惯性矩为 $I_p(s)=\pi D^4/32$。在曲梁两端设置 6 个弹簧，即 4 个位移弹簧(刚度分别为 k_0、k_1、k_3、k_4)和 2 个旋转弹簧(刚度分别为 k_2、k_5)。类似于 2.3 节、10.2 节中的做法，通过人工虚拟弹簧模拟实际系统中边界真实弹簧的振动和变形，能够准确、高效地模拟研究对象的振动特性。

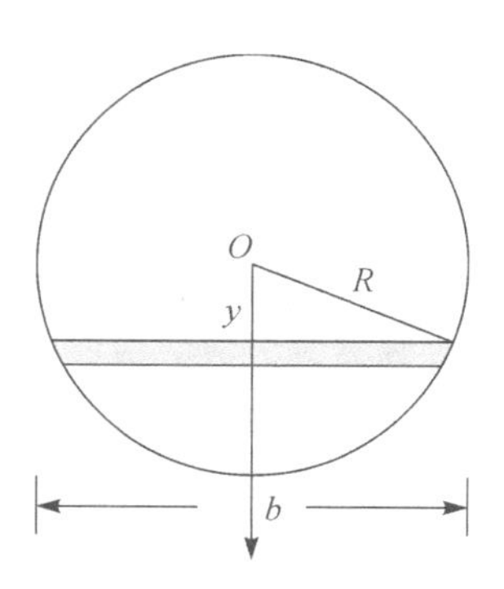

图 10-10　圆形截面

圆截面功能梯度曲梁的应变能 V_p，弹性势能 V_s 和动能 T 表达式分别为

$$V_p=\frac{1}{2}\int_0^{s_0}\left[\left(\frac{\partial\psi_y}{\partial s}+\frac{\varphi}{R}\right)^2\int_{-h/2}^{h/2}bEy^2\mathrm{d}y+J\left(\frac{\partial\varphi}{\partial s}-\frac{\psi_y}{R}\right)^2\int_{-h/2}^{h/2}G\mathrm{d}y+\right.$$
$$\left.\kappa\int_{-h/2}^{h/2}bG\mathrm{d}y\left(\frac{\partial v}{\partial s}+\psi_y\right)^2\right]\mathrm{d}s \tag{10-47}$$

$$V_s=\frac{1}{2}\left[k_0v^2+k_1\psi_y^2+k_2\varphi^2\right]_{s=0}+\frac{1}{2}\left[k_3v^2+k_4\psi_y^2+k_5\varphi^2\right]_{s=s_0} \tag{10-48}$$

$$T=\frac{1}{2}\int_0^{s_0}\left[\int_{-h/2}^{h/2}b\rho\mathrm{d}y\left(\frac{\partial v}{\partial t}\right)^2+\left(\frac{\partial\psi_y}{\partial t}\right)^2\int_{-h/2}^{h/2}b\rho y^2\mathrm{d}y+\left(\frac{\partial\varphi}{\partial t}\right)^2\int_{-h/2}^{h/2}b\rho y\mathrm{d}y\right]\mathrm{d}s \tag{10-49}$$

式中：b 为圆截面中坐标 y 处的弦长，存在关系 $b=2\sqrt{R^2-y^2}$ 。

算例中无量纲频率的定义公式为 $\bar{\omega}=\omega R^2\sqrt{\rho A/(EI_y)}$ 。

表 10－14 为采用 Timoshenko 面内振动的理论所得到两端固支功能梯度抛物线曲梁的自振频率值。由表可知，对于抛物线曲梁而言，随着梯度指数的增大，各阶频率值降低，且在 k 取(0,10)时变化最明显，阶次越高，固有频率值的变化越小。

表 10－14　两端固支功能梯度抛物线曲梁的无量纲自振频率值

体积变化指数 k	无量纲频率			
	阶次为 1	阶次为 2	阶次为 3	阶次为 4
0	80.602	131.476	240.642	282.311
2	53.152	89.797	158.725	215.79
4	49.468	82.436	147.677	200.396
6	47.682	78.783	142.287	192.333
8	46.558	76.552	138.904	186.86
10	45.781	75.061	136.575	182.721
12	45.215	74.005	134.883	179.363
14	44.786	73.224	133.608	176.499
16	44.453	72.627	132.617	173.974
18	44.187	72.158	131.83	171.702

10.5　本 章 小 结

本章基于曲梁自由振动理论，将曲梁固有频率的计算转变为变系数矩阵的特征值问题的求解，运用增强谱法(改进 Fourier 级数法)，通过 Hamilton 原理，获得了变截面曲梁自由振动的特性。其中包括常截面、变截面以及基于 Euler 梁理论的功能梯度曲梁等情况。由于曲梁曲率的变化，曲梁的自由振动特性分析相对于直梁来说困难一些，但本书应用增强谱法能够有效克服这一个困难，从而成功求得了对于平面曲梁面外自由振动频率的精确解。

由算例结果可知，本书在精确性和收敛性方面表现优异。与已有文献中的常规方法相比，本书方法易于处理两端任意弹性约束的边界。

参考文献

[1] 赵雪健. 平面曲梁自由振动的动力刚度法研究[D]. 北京：清华大学，2010.

[2] 刘茂，王忠民. 基于绝对节点坐标法的变截面拱面外弯扭振动分析[J]. 振动与冲击，2021，40(15)：232 - 237.

[3] HOWSON W P，JEMAH A K. Exact out - of - plane natural frequencies of curved Timoshenko beams [J]. Journal of Engineering Mechanics，1999，125(1)：19 - 25.

[4] LEE B K，SANG J O，MO J M，et al. Out - of - plane free vibrations of curved beams with variable curvature[J]. Journal of Sound and Vibration，2008，318(1 - 2)：227 - 246.

[5] HUANG C S，TSENG Y P，CHANG S H，et al. Out - of - plane dynamic analysis of beams with arbitrarily varying curvature and cross - section by dynamic stiffness matrix method [J]. International Journal of Solids and Structures，2000，37(3)：495 -513.

[6] 康厚军. 索拱结构的稳定与振动研究[D]. 长沙：湖南大学，2007

[7] 李万春，滕兆春. 变曲率 FGM 拱的面内自由振动分析[J]. 振动与冲击，2017，36(9)：201 - 208.

[8] KANG K，BERT C W，STRIZ A G. Vibration analysis of shear deformable circular arches by the differential quadrature method[J]. Journal of Sound and Vibration，1995，183(2)：353 - 360.

第 11 章　组合曲梁面内振动特性分析

作为一种典型的结构形式，组合梁在建筑工程领域得到广泛应用，例如船体结构和建筑设备等。在当今流行的 3D 打印技术中，许多类似于曲梁组合结构的复杂结构也可以被打印出来。深入研究组合曲梁的振动特性有助于更全面地认识和理解这些复杂结构的振动行为，进而对这类结构系统的设计和振动控制的水平提高提供依据。多段梁结构是建筑中常用的结构形式，相邻段之间的耦合关系对结构振动特性具有重要影响，而当前对多段 Euler 梁、多段 Timoshenko 梁以及其在不同弹性支撑条件下振动特性研究仍然存在不足。此外，现有研究大多局限于特定边界条件下的分析，或者在边界条件改变时需要重新计算，难以应对复杂多变的工程环境。因此，本章将采用增强谱法(改进 Fourier 级数法)，结合 Rayleigh - Ritz 法在 Lagrange 函数中对能量法表示的刚度阵和质量阵进行特征值求解，对多段曲梁的振动特性进行描述，以便更好地理解其动力响应机制和振动控制方法，为工程实践提供可靠的理论依据。

11.1　任意边界条件下双跨曲梁面内自由振动分析

11.1.1　位移函数表示

通过引入虚拟弹簧来模拟约束条件，进而实现构件的边界限制。边界虚拟弹簧的作用类似于物理系统中的实际弹簧，用于限制系统振动的范围，同时可以改变振动模式和自振频率。这种方法在很多实际问题中都被广泛应用。在该方法中，弹簧的刚度系数越高，结构的约束越大。

针对多跨曲梁计算问题，具体来说，通过引入虚拟弹簧来模拟约束条件，进而实现对多跨曲梁计算的边界限制。由于该方法的有效性已被证明，可尝试将其应用于多跨曲梁计算中，进而可以精确地计算多跨曲梁的约束条件，并且能针对不同的问题进行调整和优化，以达到最优的计算效果。

为了实现曲梁振动频率在任意边界条件下的求解，在构件的两端添加人工虚拟弹簧，其刚度能够很好地模拟经典边界乃至弹性边界的刚度值情况。如图 11 - 1 所示，对于端点处的 3 个自由度，应当设置 3 个虚拟弹簧，其中 1 根转动弹簧、2 根位移弹簧，通过人工模拟弹簧刚度，得到两端的约束弹簧势能。

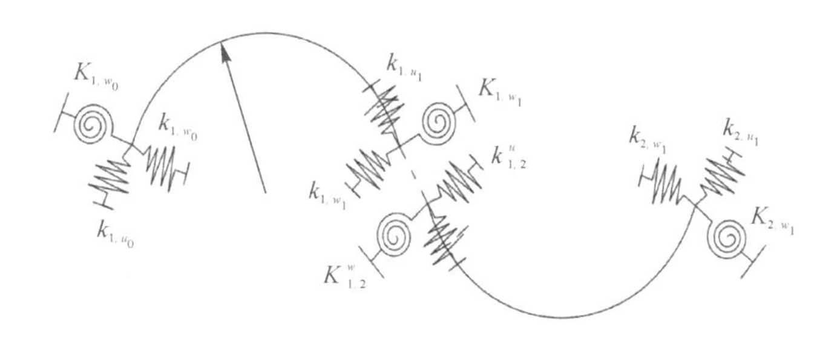

图 11－1　双跨曲梁结构

图 11－1 所示的双跨曲梁结构中，两端添加了若干种约束弹簧。图中 k_{i,u_0}、k_{i,w_0}、K_{i,w_0} 分别为第 i 段曲梁在左端切向、横向和扭转支撑弹簧的刚度值，而和 k_{i,u_1}、k_{i,w_0}、K_{i,w_1} 为第 i 段曲梁右端的 3 种弹簧刚度值。为保证段间位移的连续性，$k^u_{i,i+1}$、$k^w_{i,i+1}$ 和 $k^w_{i,j+1}$ 分别为第 i 段和 $i+1$ 段曲梁之间 3 种虚拟连接弹簧的刚度值。

双跨曲梁的总势能可定义为

$$V = \sum_{i=1}^{N} V_{\mathrm{b},i} + \sum_{i=1}^{N-1} V^s_{i,i+1} \tag{11-1}$$

式中：N 表示曲梁跨数，双跨时 $N=2$。

其面内控制微分方程为

$$\left.\begin{aligned} \frac{E_i I_i}{R_i}\left[\frac{\partial^2}{\partial s^2}\left(\frac{u_i}{R_i}\right)-\frac{\partial^3 w_i}{\partial s^3}\right]+E_i A_i\left(\frac{\partial^2 u_i}{\partial s^2}+\frac{\partial w_i}{R\partial s}\right)=\rho_i A_i \frac{\partial^2 u_i}{\partial t^2} \\ \frac{E_i I_i}{R_i}\left[\frac{\partial^3}{\partial s^3}\left(\frac{u_i}{R_i}\right)-\frac{\partial^4 w_i}{\partial s^4}\right]-\frac{E_i A_i}{R_i}\left(\frac{\partial u_i}{\partial s}+\frac{w_i}{R_i}\right)=\rho_i A_i \frac{\partial^2 w_i}{\partial t^2} \end{aligned}\right\} \tag{11-2}$$

式中：u_i、w_i 分别表示第 i 段曲梁上一点的切向位移、径向位移；E_i 表示第 i 段的弹性模量；I_i 表示第 i 段转动惯量；R_i 表示第 i 段曲梁弧的曲梁半径；ρ 和 A_i 分别表示密度和截面积；s 为弧坐标；ω 为圆频率。

关于第 i 段曲梁应变 ε_i、转角 φ_i、曲率变化 χ_i 的几何方程分别为

$$\left.\begin{aligned} \varepsilon_i &= \frac{\mathrm{d}u_i}{\mathrm{d}s}+\frac{w_i}{R_i} \\ \varphi_i &= \frac{u_i}{R_i}-\frac{\mathrm{d}w_i}{\mathrm{d}s} \\ \chi_i &= \frac{1}{R}\frac{\mathrm{d}u_i}{\mathrm{d}s}-\frac{\mathrm{d}^2 w_i}{\mathrm{d}s^2} \end{aligned}\right\} \tag{11-3}$$

由于在 Euler 梁理论下，曲梁的振动方程可以表示为一个四阶微分方程，而传统 Fourier 级数法在曲梁的边界处位移导数存在不连续的问题，会影响到曲梁各力学参数的计算，为了克服这一问题，采用改进 Fourier 级数法以描述位移函数。首先，引入基函数 $f_i(s)$，s为弧坐标，其形式为

$$f_i(s)=\begin{cases}\cos(\lambda_i s) & (i\geqslant 0)\\ \sin(\lambda_i s) & (-4\leqslant i\leqslant -1)\end{cases} \tag{11-4}$$

式中：$\lambda_j=n\pi/s_0$，s_0 为曲梁弧长。

对于各段曲梁而言，将曲梁的切向和径向位移用改进 Fourier 级数法表示如下：

$$u_j(s)=\sum_{i=-4}^{-1}A_{j,i}\sin(\lambda_{j,i}s)+\sum_{i=0}^{m}A_{j,i}\cos(\lambda_{j,i}s)=\sum_{i=-4}^{m}A_{j,i}f_{j,i}(s) \tag{11-5}$$

$$w_j(s)=\sum_{i=-4}^{-1}B_{j,i}\sin(\lambda_{j,i}s)+\sum_{i=0}^{m}B_{j,i}\cos(\lambda_{j,i}s)=\sum_{i=-4}^{m}B_{j,i}f_{j,i}(s) \tag{11-6}$$

式中：$\lambda_i=n\pi/s_0$，$s\in[0,s_0]$，s_0 为曲梁总弧长。

11.1.2 各向同性材料双跨曲梁自振频率的求解

曲梁的总动能表示为

$$T=\sum_{i=1}^{2}T_{\mathrm{b},i}=\frac{1}{2}\sum_{i=1}^{2}\left[\rho_i A_i\omega^2\int_0^{L_i}(u_i^2+w_i^2)\mathrm{d}s\right] \tag{11-7}$$

在式(11-7)中曲梁 1 的弯曲势能 $V_{\mathrm{b},1}$ 表示如下：

$$\begin{aligned}V_{\mathrm{b1}}=&\frac{1}{2}\int_0^{L_1}(E_1A_1\varepsilon_1^2+E_1I_1\chi_1^2)\mathrm{d}s+\\&\frac{1}{2}\left[k_{1,w_0}w_1^2+K_{1,w_0}\left(\frac{u_1}{R_1}-\frac{\mathrm{d}w_1}{\mathrm{d}s}\right)^2+k_{1,u_0}u_1^2\right]_{s=0}+\\&\frac{1}{2}\left[k_{1,w_1}w_1^2+K_{1,w_1}\left(\frac{u_1}{R_1}-\frac{\mathrm{d}w_1}{\mathrm{d}s}\right)^2+k_{1,u_1}u_1^2\right]_{s=L_1}\end{aligned} \tag{11-8}$$

曲梁 2 的弯曲势能 $V_{\mathrm{b},2}$ 表示如下：

$$\begin{aligned}V_{\mathrm{b2}}=&\frac{1}{2}\int_0^{L_2}(E_2A_2\varepsilon_2^2+E_2I_2\chi_2^2)\mathrm{d}s+\\&\frac{1}{2}\left[k_{2,w_1}w_2^2+K_{2,w_1}\left(\frac{u_2}{R_2}-\frac{\mathrm{d}w_2}{\mathrm{d}s}\right)^2+k_{2,u_1}u_2^2\right]_{s=L_2}\end{aligned} \tag{11-9}$$

$V_{1,2}^{\mathrm{s}}$ 表示曲梁 1 和 2 之间连接弹簧的势能，形式如下：

$$\begin{aligned}V_{1,2}^{\mathrm{s}}=&\frac{1}{2}k_{1,2}^{w}\left[(w_1)_{s=L_1}\pm(w_2)_{s=0}\right]^2+\frac{1}{2}k_{1,2}^{u}\left[(u_1)_{s=L_1}-(u_2)_{s=0}\right]^2+\\&\frac{1}{2}K_{1,2}^{w}\left[\left(\frac{u_1}{R_1}-\frac{\mathrm{d}w_1}{\mathrm{d}s}\right)_{s=L_1}\pm\left(\frac{u_2}{R_2}-\frac{\mathrm{d}w_2}{\mathrm{d}s}\right)_{s=0}\right]^2\end{aligned} \tag{11-10}$$

式(11-10)中，等号右边第一项及第三项括号内为负号时表示曲梁 1 和 2 曲率方向一致的表达式；而正号表示 2 段曲梁曲率方向相反时的表达式。

将式(11-4)、式(11-7)中的位移变量按照式(11-5)和式(11-6)进行改进 Fourier 级数展开，为保证收敛性，将截断数取 12。Lagrange 泛函的表达式为 $L=V_{\mathrm{b1}}+V_{\mathrm{b2}}+V_{1,2}^{\mathrm{s}}-T$。

结合 Hamilton 原理将 Lagrange 函数对系数求导，整理成矩阵为

$$(\boldsymbol{K}-\omega^2\boldsymbol{M})\boldsymbol{A}=\boldsymbol{0} \tag{11-11}$$

式中：$\boldsymbol{K}$ 为刚度矩阵；$\boldsymbol{M}$ 为质量阵；ω 是振动频率；$\boldsymbol{A}$ 是由描述位移函数的改进 Fourier 级数

中未知系数组成的列向量，即

$$\boldsymbol{A}=[A_{-4}\quad A_{-3}\quad A_{-2}\quad \cdots\quad A_{m}\quad B_{-4}\quad B_{-3}\quad B_{-2}\quad \cdots\quad B_{m}]^{\mathrm{T}} \tag{11-12}$$

式(11－12)中系数列阵 $\boldsymbol{A}$ 有非零解的条件是

$$|\boldsymbol{K}-\omega^{2}\boldsymbol{M}|=0 \tag{11-13}$$

式 (11－13)将组合曲梁频率数值求解转化为一个特征值求解问题，求得任意边界条件约束下功能梯度曲梁面内结构自振频率，将每一个自振频率所对应的特征向量反代入对应位移函数[见式(11－6)～式(11－7)]中，可得出其模态振型。

11.1.3　功能梯度材料双跨曲梁自振频率的求解

对沿着厚度方向呈幂律变化的功能梯度曲梁，它的材料性质有如下的规律：

$$\left.\begin{aligned}E(z)&=(E_{\mathrm{c}}-E_{\mathrm{m}})\left(\frac{z}{h}+\frac{1}{2}\right)^{k}+E_{\mathrm{m}}\\ \rho(z)&=(\rho_{\mathrm{c}}-\rho_{\mathrm{m}})\left(\frac{z}{h}+\frac{1}{2}\right)^{k}+\rho_{\mathrm{m}}\end{aligned}\right\} \tag{11-14}$$

式中：ρ_{c} 和 ρ_{m} 分别为陶瓷和金属的质量密度；E_{c} 和 E_{m} 分别为陶瓷和金属的弹性模量，取纵向坐标为 z，厚度为 $\mathrm{d}z$ 的横截面，材料均视作为均匀材料；k 为材料体积变化指数。

第 i 段曲梁的应变 ε_i、转角 ϕ_i 和曲率变化 χ_i 的关系式参见式(11－3)。

在 Euler 梁理论下，曲梁的振动方程可以表示为四阶微分方程，而传统的 Fourier 级数表示方法在曲梁的边界处存在位移导数不连续的问题，会影响到曲梁各力学参数的计算，为了克服这一问题，采用改进 Fourier 级数用以描述位移函数。首先，将切向位移和径向位移分别用改进 Fourier 级数法表示，其形式同式(11－5)和式(11－6)。其中基函数 $f_i(s)$的形式同式(11－4)，且 s 为弧坐标。

两跨曲梁总的动能表示为

$$T=\sum_{i=1}^{2}T_{\mathrm{b},i}=\frac{1}{2}\sum_{i=1}^{2}\left\{b\omega^{2}\int_{0}^{L_{i}}(u_{i}^{2}+w_{i}^{2})\left[\int_{-h/2}^{h/2}\rho_{i}(z)\mathrm{d}z\right]\mathrm{d}s\right\} \tag{11-15}$$

式中：b 代表截面宽度。而 $V_{\mathrm{b},i}$ 表示曲梁第 i 段的势能，形式如下：

$$\begin{aligned}V_{\mathrm{b2}}=&\frac{1}{2}b\int_{0}^{L_{i}}\left[\left(\int_{-h/2}^{h/2}E_{i}\mathrm{d}z\right)\varepsilon_{i}^{2}+\left(\int_{-h/2}^{h/2}E_{i}z^{2}\mathrm{d}z\right)\chi_{i}^{2}\right]\mathrm{d}s+\\ &\frac{1}{2}\left[k_{i,w_{0}}w_{i}^{2}+K_{i,w_{0}}\left(\frac{u_{i}}{R_{i}}-\frac{\mathrm{d}w_{i}}{\mathrm{d}s}\right)^{2}+k_{i,u_{0}}u_{i}^{2}\right]_{s=L_{i}}+\\ &\frac{1}{2}\left[k_{i,w_{1}}w_{i}^{2}+K_{i,w_{1}}\left(\frac{u_{i}}{R_{i}}-\frac{\mathrm{d}w_{i}}{\mathrm{d}s}\right)^{2}+k_{i,u_{1}}u_{i}^{2}\right]_{s=L_{i}}\end{aligned} \tag{11-16}$$

式中：$E_i(z)$、I_i、R_i、$\rho_i(z)$和 A_i 分别为第 i 段曲梁的弹性模量、惯量、半径、密度和截面积；s 为弧坐标；ω 为圆频率。

另外，用 $V_{1,2}^{\mathrm{s}}$ 表示曲梁 1 和 2 之间连接弹簧的势能，形式同式(11－10)。其中，右边第一及第三项括号内取负号时表示曲梁第 i 和 $i+1$ 段曲率方向一致的表达式；而正号表示曲率方向相反时的表达式。

将位移 u_i 和 w_i 按照式(11－5)和式(11－6) 中的 Fourier 展开级数截断，截断数取 12，结合 Hamilton 原理和 Rayleigh - Ritz 法将 Lagrange 函数对系数求导，整理成矩阵方程形式为

$$(\boldsymbol{K}-\omega^2\boldsymbol{M})\boldsymbol{A}=\boldsymbol{0} \tag{11-17}$$

式中：$\boldsymbol{K}$ 为刚度矩阵；$\boldsymbol{M}$ 为质量阵；ω 是圆频率；$\boldsymbol{A}$ 是由描述位移函数的改进 Fourier 级数中未知系数组成的列向量，即

$$\boldsymbol{A}=[A_{-4} \quad A_{-3} \quad A_{-2} \quad \cdots \quad A_m \quad B_{-4} \quad B_{-3} \quad B_{-2} \quad \cdots \quad B_m]^{\mathrm{T}}$$

式(11 - 17)有非零解的条件是

$$|\boldsymbol{K}-\omega^2\boldsymbol{M}|=0 \tag{11-18}$$

式(11 - 18)将固有频率求解问题转化为一个矩阵特征值问题，求得任意边界条件约束下功能梯度曲梁面内结构自振频率，将每一个自振频率所对应的特征向量反代入对应位移函数[见式(11 - 5)和式(11 - 6)]中，可得其振型。

11.2 数值算例

11.2.1 各向同性材料双跨曲梁自由振动分析

为验证本节对于多跨曲梁的处理方法，选择一个包含两个跨度的曲梁模型作为研究对象，如图 11 - 2 所示。

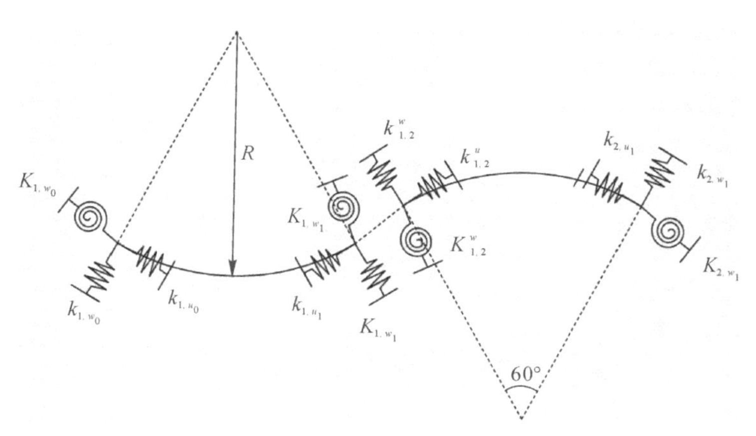

图 11 - 2 张角 60°的双跨曲梁结构

每跨曲梁的参数如下：

$E=2.1\times10^{11}$ Pa, $I=7.854\times10^{-9}$ m^4 ,$R=1$ m, $\rho=7\ 800$ kg/m^3,$A=3.141\ 59\times10^{-4}$ m^2 ,曲梁张角为 60°，且曲梁轴的中性弧长 $l=1.047\ 2$ m。

双跨曲梁结构中，一跨和二跨成镜像摆放，拥有相反曲率。两个端点处的约束选取为固支边界，连接处边界条件也为无穷大的度的刚性连接，即将其刚度参数设定为

$$\left.\begin{aligned} k_{1,w0} &= K_{1,w0} = k_{1,u0} = 10^{12}\ \mathrm{N\cdot m^{-1}} \\ k_{2,w0} &= K_{2,w0} = k_{2,u0} = 0\ \mathrm{N\cdot m^{-1}} \\ k_{1,w1} &= K_{1,w1} = k_{1,u1} = 0\ \mathrm{N\cdot m^{-1}} \\ k_{2,w1} &= K_{2,w1} = k_{2,u1} = 10^{12}\ \mathrm{N\cdot m^{-1}} \\ k_{1,2}^{w} &= K_{1,2}^{w} = k_{1,2}^{u} = 10^{12}\ \mathrm{N\cdot m^{-1}} \end{aligned}\right\} \tag{11-19}$$

表 11－1 列出其前 10 阶无量纲频率[$\Omega_i = \omega_i R^2 \sqrt{\rho A/(EI)}$]，并和有限元软件中仿真结果进行对比，发现最大误差小于 0.8%。

表 11－1　固支边界双跨组合曲梁自振频率结果

阶次	频率/Hz		
	本书结果	有限元结果	误差/(%)
1	21.347 3	21.513 2	0.771
2	100.016 7	100.421 1	0.403
3	177.149 5	177.201 6	0.029
4	271.730 6	272.849 3	0.410
5	351.643 1	351.701 2	0.016
6	508.814 8	508.827 4	0.002
7	656.893 4	657.249 7	0.054
8	759.175 2	760.638 9	0.019
9	826.028 9	826.051 5	0.002
10	1 048.089 9	1048.238 2	0.014

图 11－3 给出切向位移对应的前四阶振型。其中，图(a)为第 1 和第 3 阶切向位移振型，图(b)为第 2 和第 4 阶切向位移振型。

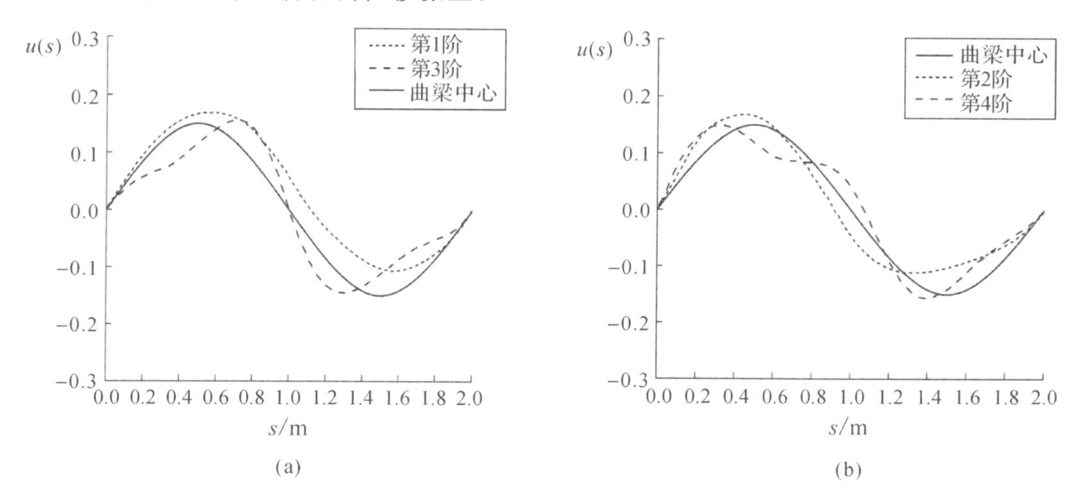

图 11－3　双跨曲梁前四阶切向位移振型

11.2.2 双跨功能梯度曲梁的自由振动分析

功能梯度材料曲梁的微分振动方程和11.2.1节基于Euler - Bernoulli理论的双跨组合曲梁基本一致，唯一不同的是在厚度方向上材料呈功能梯度变化而引起一些参数的变化。这里选取一个沿着厚度方向呈幂律变化的功能梯度双跨曲梁，其每一跨左、右端的参数选择见表11-2所示。

表11-2 功能梯度材料属性

材料	弹性模量 E/GPa	密度 ρ/(kg·m^{-3})	泊松比 υ
陶瓷(右端)	380	3 960	0.3
金属(左端)	206	7 800	

为了分析功能梯度双跨曲梁的振动特性，同样选取上述双跨曲梁的尺寸参数同11.2.1节，只是弹性模量和密度采用表11-2中陶瓷和金属的参数，并且采用幂律分布规律。刚度参数也设置为式(11-17)中的两端固支边界条件，而连接处刚度值也按固支选取为大数。通过系数矩阵特征值问题的求解，将前4阶频率值列于表11-3。

表11-3 功能梯度双跨曲梁材料梯度指数及对应的各阶面内自振频率(Euler梁理论)

体积改变指数 k	频率/Hz			
	阶次为1	阶次为2	阶次为3	阶次为4
0	13.459 2	24.098 1	45.758 1	59.401 4
2	8.742 9	15.653 7	29.723 6	38.586 0
4	8.040 2	14.956 0	27.334 6	35.484 7
6	7.752 4	13.880 3	26.356 2	34.214 6
8	7.595 5	13.599 4	25.822 8	35.522 2
10	7.496 7	13.422 5	25.486 9	33.086 1

从图11-4中可以看出随着材料体积改变指数k的变化，k在取值0～4之间时变化还比较明显，k越大，变化趋势越不明显。功能梯度双跨曲梁自由振动频率ω随着材料体积改变指数k的增大而减小。随着系数k的增大，频率的变化逐渐趋于稳定，这揭示了功能梯度常截面曲梁面内自由振动频率从陶瓷材料向金属材料过渡的特征。

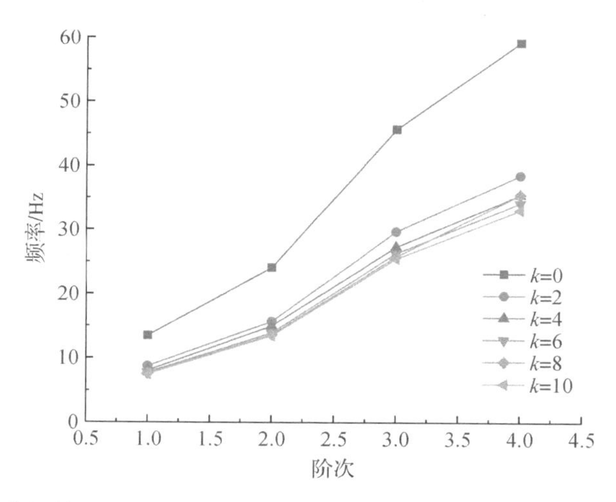

图 11-4　曲梁前 4 阶面内振动频率与材料梯度指数 k 的关系图（Euler 梁理论）

11.3　本章小结

针对多跨曲梁面内自由振动分析问题，本章采用了 Euler 型曲梁理论，基于改进 Fourier 级数法和 Rayleigh - Ritz 法进行求解，所提方法能够有效地解决曲梁边界处位移函数不连续的问题，提高了求解精度。

本章利用 Hamilton 原理，将曲梁振动问题转化为特征值问题，以求得不同阶次的频率值。此外，本章还考虑了连接和支撑处的边界条件，采用虚拟弹簧的模拟方法实现了经典边界和弹性边界的约束。这一方法不仅可以有效地约束曲梁的自由振动，还有助于提高分析结果的准确性。算例部分通过与已有文献的有限元解进行对比，验证了该方法的可靠性，这些研究对于曲梁结构设计和优化有一定的理论和实际意义。

参考文献

[1] LI W L. Free vibrations of beams with general boundary conditions[J]. Journal of Sound and Vibration, 2000, 237(4): 709 - 725.

[2] 丁曙东. 曲梁的面内自由振动分析[D]. 宁波：宁波大学，2020.

[3] 张曼. 梁板结构力学行为分析的等几何方法[D]. 大连：大连理工大学，2016.

第12章　平面曲梁的静变形

随着公路基础的不断完善，曲线梁桥以其优美、流畅、占用空间小、支撑条件可变、柔性适应性强等特点，被广泛应用于城市道路工程。与直梁结构相比，曲梁结构更加复杂，这就造成了它在力学性质、构造以及施工等多方面所要面对的问题也更加复杂。研究表明，曲线梁在受力情况下不仅要承担弯矩和剪力，而且还会受到翘曲效应、弯扭效应和扭转效应的影响。为保证曲梁在后期使用中的安全性，有必要对曲梁在竖向荷载下的相关静变形进行研究。

本章节采用改进 Fourier 级数法，推导基于 Timoshenko 梁理论的平面曲梁结构的静变形公式，获得平面曲梁结构在复杂荷载作用下的面内变形和面外变形，以期为不同形状曲梁结构的静变形分析提供参考数据。为方便计，仅考虑曲梁截面关于 y 轴和 z 轴双对称的情况，因为此时曲梁的面内外变形相互独立，互相解耦，可单独分析面内变形和面外变形。

12.1　面内变形模型求解

图 12-1 是平面曲梁面内变形的示意图，坐标采用弧坐标 s 表示，曲梁的面内位移考虑轴向位移 u，横向位移 w 和截面转角位移 φ。定义以下关于曲梁的参数：面内拉压刚度为 EA，面内抗弯刚度为 EI，剪切模量为 G，剪切修正系数为 κ，曲率半径为 $R(s)$，曲梁的总弧长为 s_0。当研究曲率一定的曲梁时，例如圆弧形曲梁，曲率半径 $R(s)$ 可取常数 R；而当研究变曲率的曲梁时，曲率半径 $R(s)$ 则是关于 s 的函数表达式。

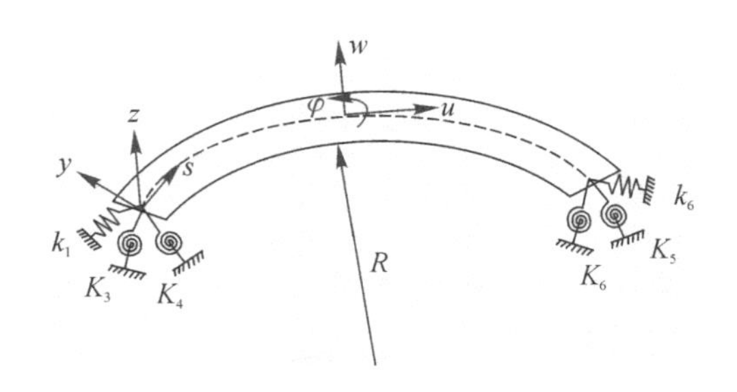

图 12-1　平面曲梁面内位移示意图

采用改进 Fourier 级数法表示平面曲梁的面内位移容许函数 $u(s)$、$w(s)$ 和 $\varphi(s)$，如下式所示：

$$u(s)=\sum_{n=-2}^{\infty}a_nf_n(s) \tag{12-1}$$

$$w(s)=\sum_{n=-2}^{\infty}b_nf_n(s) \tag{12-2}$$

$$\varphi(s)=\sum_{n=-2}^{\infty}c_nf_n(s) \tag{12-3}$$

式中：辅助函数采用正弦三角函数的形式，即

$$f_n(s)=\begin{cases}\cos(\lambda_n s) & (n\geqslant 0)\\ \sin(\lambda_1 x) & (n=-1)\\ \cos(\lambda_2 x) & (n=-2)\end{cases} \tag{12-4}$$

式中：$\lambda_n=n\pi/s_0$；n 为项数；a_n、b_n 和 c_n 为平面曲梁位移容许函数的改进 Fourier 级数的待定系数。

当平面曲梁发生面内变形时，应变势能 V_{pin} 的表达式为

$$\begin{aligned}V_{\mathrm{pin}}&=\frac{1}{2}EA\int_0^{s_0}\left(u'+\frac{w}{R}\right)^2\mathrm{d}s+\frac{1}{2}EI\int_0^{s_0}(\varphi')^2\mathrm{d}s+\frac{1}{2}\kappa GA\int_0^{s_0}\left(w'-\varphi-\frac{u}{R}\right)^2\mathrm{d}s\\&=\frac{1}{2}EA\int_0^{s_0}\left[\sum_{n=-2}^{\infty}\left(a_nf'_n+\frac{b_n}{R}f_n\right)\right]^2\mathrm{d}s+\frac{1}{2}EI\int_0^{s_0}\left(\sum_{n=-2}^{\infty}c_nf'_n\right)^2\mathrm{d}s+\\&\quad\frac{1}{2}\kappa GA\int_0^{s_0}\left[\sum_{n=-2}^{\infty}\left(b_nf'_n-c_nf_n-\frac{1}{R}a_nf_n\right)\right]^2\mathrm{d}s\end{aligned} \tag{12-5}$$

平面曲梁的弹性势能由边界处所设置的弹簧提供，在两端设置三类弹簧模拟边界约束情况，分别为线弹簧 k_1、k_2、转动弹簧 K_3、K_5 和扭转弹簧 K_4、K_6，其弹性势能表达式为

$$V_{\mathrm{s}}=\frac{1}{2}(k_1u^2+K_3w^2+K_4\varphi^2)\big|_{s=0}+\frac{1}{2}(k_2u^2+K_5w^2+K_6\varphi^2)\big|_{s=s_0} \tag{12-6}$$

当平面曲梁轴线上作用分布切向力 q_1、分布法向力 q_2 和分布力矩 q_3 时，其产生势能的表达式为

$$W=-\int_0^{s_0}q_1u\mathrm{d}s-\int_0^{s_0}q_2w\mathrm{d}s-\int_0^{s_0}q_3\varphi\mathrm{d}s \tag{12-7}$$

由此可知，平面曲梁面内系统的 Lagrange 函数为

$$L=(V_{\mathrm{pin}}+V_{\mathrm{s}})+W \tag{12-8}$$

基于最小位能原理，对 Lagrange 函数取一阶变分为零。在实际数值计算时，位移级数中的 n 无法取无穷大，所以需要截断。假设截断数为 t，对每个未知 Fourier 系数 a_n、b_n、c_n 取极值，可得到矩阵方程的形式：

$$\boldsymbol{K}\times\boldsymbol{A}=\boldsymbol{F} \tag{12-9}$$

式中：$\boldsymbol{K}$ 为结构的刚度矩阵；矩阵维数为 $3(t+3)\times 3(t+3)$；$\boldsymbol{A}$ 为改进 Fourier 级数展开系数列阵；$\boldsymbol{F}$ 为外荷载列阵。

通过求解矩阵方程[见式(12-9)]，得到系数矩阵 $\boldsymbol{A}$，再将系数矩阵 $\boldsymbol{A}$ 代入位移容许函数[见式(12-1)～式(12-3)]中，就可得到平面曲梁结构的实际面内静变形结果。

12.2 面外变形模型求解

图 12-2 是平面曲梁面外变形的示意图，坐标采用弧坐标 s 表示，曲梁的面外位移考虑面外位移 v、截面对 y 轴的弯曲转角 ϕ 和截面扭转角 ψ。定义以下关于曲梁的参数描述：面外弯曲刚度为 EI_y，面外扭转刚度为 GJ，面外剪切刚度为 κGA，I_y 为截面沿着 y 轴的惯性矩，J 为转动惯量，曲率半径为 $R(s)$，曲梁的总弧长为 s_0。

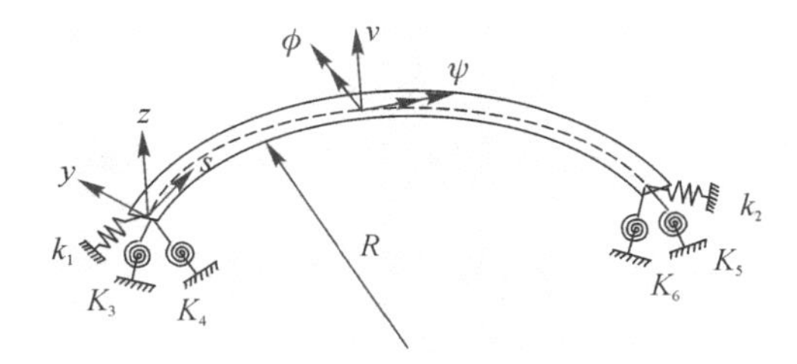

图 12-2 平面曲梁面外位移示意图

Timoshenko 曲梁的剪力 Q_s、弯矩 M_y 和扭矩 T_x 为

$$\left.\begin{aligned} Q_s &= \kappa GA\left(\frac{\partial v}{\partial s}+\varphi\right) \\ M_y &= EI_y\left(\frac{\partial \varphi}{\partial s}+\frac{\psi}{R}\right) \\ T_x &= GJ\left(\frac{\partial \psi}{\partial s}-\frac{\varphi}{R}\right) \end{aligned}\right\} \tag{12-10}$$

采用改进 Fourier 级数法表示平面曲梁的面外位移容许函数 $v(s)$、$\phi(s)$ 和 $\psi(s)$，如下所示：

$$v(s)=\sum_{n=-2}^{\infty}a_n f_n(s) \tag{12-11}$$

$$\varphi(s)=\sum_{n=-2}^{\infty}b_n f_n(s) \tag{12-12}$$

$$\psi(s)=\sum_{n=-2}^{\infty}c_n f_n(s) \tag{12-13}$$

式中：辅助函数采用正弦三角函数的形式，即

$$f_n(s)=\begin{cases}\cos(\lambda_n s) & (n\geqslant 0)\\ \sin(\lambda_1 x) & (n=-1)\\ \cos(\lambda_2 x) & (n=-2)\end{cases}$$

式中：$\lambda_n=n\pi/s_0$；n 为项数，a_n、b_n 和 c_n 为平面曲梁位移容许函数的改进 Fourier 级数的待定系数。

当平面曲梁发生面外变形时，平面曲梁的应变势能 V_{pout} 由面外弯曲势能、面外剪切势能和面外扭转势能三部分组成，其表达式为

$$
\begin{aligned}
V_{\text{pout}} &= \frac{1}{2}GJ\int_0^{s_0}\left(\frac{\partial\psi}{\partial s}-\frac{\varphi}{R}\right)^2\mathrm{d}s+\frac{1}{2}EI_y\int_0^{s_0}\left(\frac{\partial\varphi}{\partial s}+\frac{\psi}{R}\right)^2\mathrm{d}s+\frac{1}{2}\kappa GA\int_0^{s_0}\left(\frac{\partial v}{\partial s}+\varphi\right)^2\mathrm{d}s \\
&= \frac{1}{2}\int_0^{s_0}GJ\left[\sum_{n=-2}^{\infty}\left(c_nf'_n-\frac{b_n}{R}f_n\right)\right]^2\mathrm{d}s+\frac{1}{2}EI_y\int_0^{s_0}\left[\sum_{n=-2}^{\infty}\left(b_nf'_n+\frac{c_n}{R}f_n\right)\right]^2\mathrm{d}s+ \\
&\quad \frac{1}{2}\kappa GA\int_0^{s_0}\left[\sum_{n=-2}^{\infty}(a_nf'_n+b_nf_n)\right]^2\mathrm{d}s
\end{aligned}
\qquad (12-14)
$$

平面曲梁的弹性势能由边界处设置的弹簧提供，在两端设置三类弹簧模拟边界约束情况，分别为位移弹簧 k_1、k_2、转动弹簧 K_3、K_5 和扭转弹簧 K_4、K_6，其弹性势能表达式为

$$
V_s = \frac{1}{2}(k_1v^2+K_3\varphi^2+K_4\psi^2)\mid_{s=0}+\frac{1}{2}(k_2v^2+K_5\varphi^2+K_6\psi^2)\mid_{s=s_0} \qquad (12-15)
$$

当平面曲梁上施加荷载，如法线上作用均布荷载 q、点 s_1 处作用法向集中荷载 F 时，其产生势能的表达式为

$$
W=-\int_0^{s_0}qv\,\mathrm{d}s-\int_0^{s_0}Fv\delta(s-s_1)\,\mathrm{d}s \qquad (12-16)
$$

由此，平面曲梁面外系统的 Lagrange 函数为

$$
L=(V_{\text{pout}}+V_s)+W \qquad (12-17)
$$

基于最小位能原理，对 Lagrange 函数取一阶变分为零。在实际数值计算时，位移级数中的 n 无法取无穷大，所以需要截断。假设截断数为 t，对每个未知 Fourier 系数 a_n、b_n、c_n 取极值，可得到矩阵方程的形式：

$$
\boldsymbol{K}\times\boldsymbol{A}=\boldsymbol{F} \qquad (12-18)
$$

式中：$\boldsymbol{K}$ 为结构的刚度矩阵，矩阵维数为 $3(t+3)\times3(t+3)$；$\boldsymbol{A}$ 为改进 Fourier 级数展开系数列阵，矩阵维数为 $3(t+3)\times1$；$\boldsymbol{F}$ 为外荷载列阵，矩阵维数为 $3(t+3)\times1$。

系数列阵 $\boldsymbol{A}$ 的具体展开形式为

$$
\boldsymbol{A}=[a_{-2}\quad a_{-1}\quad\cdots\quad a_t\quad b_{-2}\quad b_{-1}\quad\cdots\quad b_t\quad c_{-2}\quad c_{-1}\quad\cdots\quad c_t]^{\mathrm{T}} \qquad (12-19)
$$

通过求解矩阵方程[见式(12-18)]，得到系数矩阵 $\boldsymbol{A}$，再将系数矩阵 $\boldsymbol{A}$ 代入位移函数[见式(12-10)～式(12-12)]中，就可得到平面曲梁结构的实际面外静变形结果。

12.3　数值算例

针对平面曲梁结构，应用改进 Fourier 级数的方法计算平面曲梁的变形，并将结果与现有文献进行比较，以检验所提算法的正确性与有效性。

算例 12.1　圆弧形平面曲梁。

考虑一个圆弧形平面曲梁，曲梁的具体参数参考相关文献：弹性模量 $E=3\times10^7$ Pa，曲率半径 $R=10$ m，截面形状为矩形，先考虑等截面情况，宽度 b 和高度 h 分别为 0.4 m 和 0.6 m，再考虑变截面情况，力学模型如图 12-3 所示，截面相关参数变成惯性矩 $I(s)=7.2\times10^{-3}\cos(s/R)$，截面面积 $A(s)=0.24\cos(s/R)$。曲梁的边界状况为一边固支边，一边自由边，且在自由边界处施加垂直于法向的荷载 $P=10$ kN。计算等截面和变截面平面曲梁在自由边界处的面内水平位移、竖向位移和转角位移，并和文献结果进行对比(见表 12-1)。

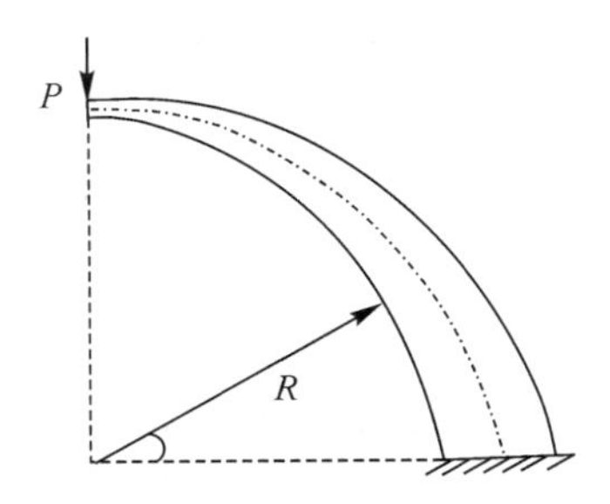

图 12-3　变截面圆弧曲梁示意图

表 12-1　等截面和变截面圆弧形曲梁自由边界处的位移

截面类型	位移	本书	相关文献	误差/(%)
等截面	u/m	−0.023 13	−0.023 19	0.26
	w/m	−0.036 37	−0.036 46	0.25
	φ/rad	0.004 626	0.004 636	0.22
变截面	u/m	−0.026 31	−0.026 41	0.38
	w/m	−0.046 22	−0.046 38	0.24
	φ/rad	0.007 267	0.007 278	0.15

算例 12.2　圆弧曲梁。

考虑圆弧曲梁的另一种变截面情形，受力模型同样如图 12-3 所示。为了能和文献结果进行对比，选取具体的数值参数：$E=1$ Pa，$G=0.39E$，横截面矩形长、宽分别为 $b=3/10$ m、$h=\pi/(\pi+s)$ m，$P=1$ N，$R=2$ m。令圆弧上点与圆心连线方向至梁底面的夹角为 θ，计算变截面圆弧曲梁在不同 θ 处的面内位移结果，如表 12-2 所示。

表 12-2　变截面圆弧曲梁等分点处的位移

θ	位移	本书	相关文献	误差/(%)
$\pi/10$	u/m	−0.213 3	−0.210 8	1.19
	w/m	−20.437	−20.424	0.06
	φ/rad	−66.045	−66.201	−0.24
$\pi/5$	u/m	13.804	13.704	0.73
	w/m	−93.535	−93.563	−0.03
	φ/rad	−164.076	−164.167	−0.06
$3\pi/10$	u/m	60.414	60.634	−0.36
	w/m	−229.383	−229.789	−0.18
	φ/rad	−282.302	−282.907	−0.21

续表

θ	位移	本书	相关文献	误差/(%)
$2\pi/5$	u/m	159.756	160.078	−0.20
	w/m	−419.747	−420.341	−0.14
	φ/rad	−392.527	−392.917	−0.10
$\pi/2$	u/m	323.731	324.222	−0.15
	w/m	−624.684	−625.691	−0.16
	φ/rad	−443.014	−443.968	−0.21

算例 12.3　等截面半圆形平面曲梁。

考虑一个等截面半圆形平面曲梁，曲梁的具体参数有：弹性模量 $E=3\times10^9$ Pa，曲率半径 $R=10$ m，截面形状为矩形，矩形宽度 b 和高度 h 分别为 1.1 m 和 1.2 m，泊松比 $\upsilon=0.2$。曲梁边界状况为两边固支，在曲梁中间施加垂直于法向的荷载 $P=100$ kN。计算该半圆形平面曲梁的跨中变形和杆端力，并和相关文献结果进行对比，见表 12－3。

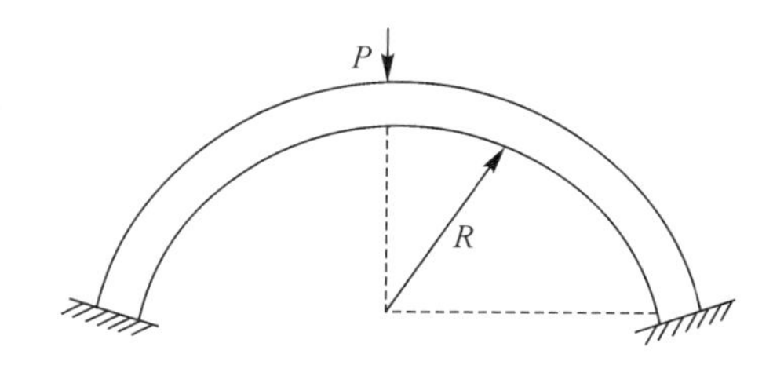

图 12－4　半圆形平面曲梁示意图

表 12－3　半圆形平面曲梁的跨中变形和左端杆端力

	本书	相关文献	误差/(%)
跨中位移 v/m	0.005 59	0.005 53	1.08
剪力 Q_s/kN	−50	−50	0.00
扭矩 T_x/(kN·m)	−180.5	−180.9	−0.22
弯矩 M_y/(kN·m)	−491.2	−499.5	−1.66

算例 12.4　钢筋混凝土曲梁。

考虑一个钢筋混凝土曲梁，如图 12－5 所示，曲梁的具体参数有：截面抗弯刚度为 $EI=4.75\times10^9$ N·m^2，截面抗扭刚度为 $GJ=3.05\times10^9$ N·m^2，曲率半径 $R=10$ m，截面形状为矩形，矩形宽度 b 和高度 h 分别为 1.1 m 和 1.2 m，泊松比 $\upsilon=0.2$。曲梁边界为两边固支，在曲梁中间施加两类荷载：垂直于法向的集中荷载 $P=100$ kN，均布荷载 $q=10$ kN/m。计算曲梁的在两类荷载下的杆端力，并和文献结果进行对比(见表 12－4)。

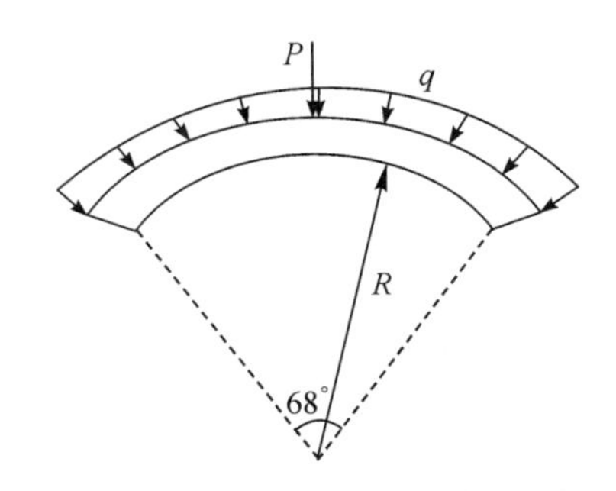

图 12-5　施加两类荷载的平面曲梁示意图

表 12-4　平面曲梁受两类荷载下的左端杆端力

荷载类型		本书	相关文献	误差/(%)
集中荷载	剪力 Q_s/kN	−50	−50	0.00
	弯矩 M_y/(kN·m)	−154.68	−161.55	−4.26
	扭矩 T_x/(kN·m)	−5.69	−5.925	−4.00
均布荷载	剪力 Q_s/kN	−60.91	−59.30	2.72
	弯矩 M_y/(kN·m)	−122.20	−125.60	−2.71
	扭矩 T_x/(kN·m)	−3.77	−3.73	1.07

从上述两个算例中可见，本书方法计算出的结果，与文献算例结果相比，基本一致，误差在3%以内，说明本书方法能有效地输出等截面和变截面曲梁的面内和面外的静变形结果，且基于能量法计算变截面曲梁时，可将变截面参数直接放在刚度矩阵元素积分中处理，和等截面曲梁的计算步骤一致，不需要额外推导相应的计算公式，计算步骤清晰、明了。

12.4　本章小结

本章利用改进Fourier级数法能较好地推导出平面曲梁的静变形结果以及相关的力学变量，能适用于任意不同的边界条件。基于能量法进行分析与求解的模式具有规范性和统一性的特点，用科学计算软件实现求解的过程快捷、方便。

分析不同曲梁结构的静变形数值结果可知：用改进Fourier级数法求解平面曲梁的静变形，可以很好地克服曲梁中截面变化的因素，从能量法的角度得出解，物理意义简单、明确。

参考文献

[1] 马朝辉，徐仕龙，布仁巴图，等. 曲梁在竖向静载作用下的变形与病害研究[J]. 中国科技信息，2022，670(5)：42－43.

[2] 蒋士亮. 基于谱几何法的板壳结构动力学建模与特性分析[D]. 哈尔滨：哈尔滨工程大学，2015.

[3] 张俊发，郭天德. 变截面曲梁单元及应用[J]. 西安理工大学学报，1993，9(4)：293－299.

[4] 叶康生，姚葛亮. 平面曲梁有限元静力分析的 p 型超收敛算法[J]. 工程力学，2017，34(11)：26－33.

[5] 姚玲森. 曲线梁[M]. 北京：人民交通出版社，1989.

第 13 章　总结与展望

13.1　第一篇的总结

对于框架结构的振动特性分析，当前研究者基本采用有限元软件进行建模、分析，但是该类方法具有计算量、效率低等缺点，且计算任意支座下的框架结构还需重新建模、分析，工作量较大。本书首先基于增强谱法（改进 Fourier 级数法）研究基本构件 Euler 梁和 Timoshenko 梁的振动特性，计算任意边界下两种梁的固有频率，并根据位移表达式画出相应的振型图；继而将该方法运用于不同形状、不同跨度比的框架结构中，分析有侧移和无侧移框架结构的振动特性；最后本书还提出了一种新型增强谱法（改进 Fourier 级数法）用于平面框架结构振动特性的求解，研究了不考虑剪切变形和考虑剪切变形两种力学情况，分析了单层和双层框架结构的振动特性。本书的总结结论如下：

（1）基于 Euler 梁和 Timoshenko 梁力学理论，研究分析梁结构的振动特性。通过数值算例计算不同边界条件下多跨梁自由振动的固有频率，将其系数代入位移函数中获得结构的振型图。

（2）改进 Fourier 级数法利用弹簧来模拟边界条件，用弹簧刚度系数趋向于无穷大时来模拟固支边界，但是取无穷大时不利于计算机进行计算，故本书将弹簧系数从 0 增至 10^{12} 倍梁刚度，发现当弹簧系数 $\geqslant 10^{10}$ 倍梁刚度时，计算结果已趋于稳定，因此，可以将弹簧系数取 10^{10} 模拟固支边界；进一步研究发现 Fourier 展开参数 N 取 12 时，梁或框架结构自由振动问题的计算结果趋于稳定，故本书方法具有较高的收敛性。

（3）对于复杂的变刚度框架结构，本书利用连续化分析模型将其简化为多阶广义 Timoshenko 梁，将结构的刚度、质量和转动惯量等效为梁结构的材料特性，得到结构的固有频率，与微分变换法的结果进行对比发现，本书方法与微分变换法的计算结果之间相对误差较小，仅一阶固有频率的误差略大（为 6.127%），其他高阶频率相对误差均较小，从所得计算数据可以发现，在计算框架结构时，本书方法与数值算法的结果较为接近。

（4）为了进一步研究不同边界、不同形状框架结构的影响，本书提出了一种新型改进

Fourier 级数法分析其振动特性。当 Fourier 展开阶数取 10 时，前五阶固有频率均具有良好的精度，展开阶数大于 10，对计算结果影响较小且计算量增大，故本书取值具有一定的合理性。

(5)采用该方法分别基于 Euler 梁和 Timoshenko 梁力学原理研究了两种框架结构的动力特性；分别计算了单层框架结构和双层框架结构的固有频率，进而模拟出结构的振型图。

13.2　第二篇的总结

本篇各章的主要工作是利用改进 Fourier 级数法分析平面曲梁、功能梯度曲梁和组合曲梁的自由振动特性。具体而言，做了以下三方面的工作：

(1)对 Euler - Bernouli 理论和 Timoshenko 理论下曲梁结构面内和面外的振动进行研究，考虑参数转动惯量对结构本身振动的影响。推导出其微分控制方程，详细地描述了改进 Fourier 级数法在位移分量中是如何表示的，结合 Hamilton 原理将自由振动的频率解转化为矩阵特征值问题，从而能够快速地解出无量纲频率，用虚拟弹簧刚度值对边界条件进行仿真模拟，从而实现任意边界条件。通过数值算例与已有文献和有限元软件对比。结果显示，本书的改进 Fourier 级数法能够有效提高求解自振频率的速度，并具备一定的可靠性。在常截面圆弧曲梁的算例中，通过选取不同的截断数，确定了何时结果趋近收敛。三种经典边界条件下曲梁频率的求解，发现随着边界约束刚度值的增加，曲梁频率也在增大。抛物线曲梁算例中，高跨比越大，抛物线曲梁的振动频率就越低，这是因为高跨比增大时，曲梁的刚度随之减小从而导致了振动频率的降低。同样在探究椭圆弧曲梁的自振特性时，发现随着长短轴之比的增加，曲梁频率也随之增加。也就是说，当长短轴之比较小时，曲梁自振频率较低，反之较高，这是因为长短轴之比增大时，曲梁的刚度也会增大，从而导致了这一现象。但是对于张角为 120°和 180°的曲梁来说，长短轴之比增大到一定程度(例如 0.5、0.8)时，曲梁的振动频率开始下降。这是因为长短轴之比过大时，曲梁构件的几何形状会产生较大的变化，质量分布不均的同时惯性矩也随之变大，从而振动频率降低。

(2)对组合多跨曲梁采用改进 Fourier 级数法对其面内振动特性进行求解分析。将面内各位移分量用改进 Fourier 级数表示，通过辅助函数的构造进而解决了边界处不连续的问题，基于能量原理将各能量表达式代入 Lagrange 函数，再经过变分，得到关于位移函数系数的特征值问题，从而求解出无量纲频率和振型。进行数值算例对比，得到了本书方法的可靠性和正确性。根据所得数值解，发现功能梯度双跨曲梁自振频率在梯度指数 k 取 0～4 之间时变化比较明显。k 大于 4 之后，变化越不明显。自振频率随着材料体积分数变化系数的增大而减小，这也揭示了功能梯度双跨曲梁自振频率从陶瓷材料向金属材料过渡的特征。

(3)对弹性边界条件下功能梯度曲梁进行建模和自振分析，该材料不同之处在于其沿着厚度方向呈功能梯度变化。通过人工虚拟弹簧实现任意边界，用改进 Fourier 级数法表示位移函数，采用 Rayleigh - Ritz 法求解基于能量原理表示的 Hamilton 原理，得到关于位移函数系数的特征值问题，求解得到了无量纲频率和振型。通过数值算例表明，本书提出的算法具有较高的求解精度和效率。在常截面功能梯度曲梁的算例中，无论是面内，还是面外振动，随着功能梯度曲梁材料体积分数指数的增大，其自振频率逐渐减小。对于矩形变截面抛物线曲梁面内振动而言，变截面锥度系数越来越大，其对应的振动频率越来越低。无论面内振动还是面外振动，边界条件两端固支时，同阶次和同材料体积分数指数下频率值最大，两端简支时，同阶次频率最小。

13.3 展　　望

本书第一篇基于改进 Fourier 级数数值方法建立了 Euler 梁及 Timoshenko 梁的动力学模型进行研究，然后将该方法应用于变刚度框架和平面框架结构的自由振动分析中，并提出了一种新型改进 Fourier 级数法研究框架结构的模态，但由于时间、能力及知识面各方面的限制，本书采用该方法对框架结构的自由振动的研究还不够全面，建议继续进行下面几个方面的研究：

(1)框架结构的应用范围非常广泛，不能拘泥于典型框架结构形式，还应对不规则框架结构的动力学特性进行分析，如具有任意夹角的三角框架结构。

(2)目前装配式框架结构建筑在我国得到了极大的推广和发展，并受到了广泛应用，可以研究该类结构的力学性能，可以尝试采用改进 Fourier 级数法分析半刚性框架结构的自由振动。

(3)本篇框架结构部分仅分析了双层框架结构的动力学特性，还可以对多层框架结构的自由振动进行分析。

本书第二篇基于改进 Fourier 级数法对曲梁、功能梯度曲梁、组合型曲梁进行了研究，但因为研究时间有限和自身水平的限制，对于曲梁的动力学研究还不够全面，笔者认为还可从以下几个方面进行深入研究：

(1)本书研究的曲梁是基于平面曲梁理论研究的，还可以分析空间曲梁的自由振动特性。

(2)可以进一步深入探究曲梁的高阶频率特性，研究曲梁在不同条件下的振型和频率响应。通过系统地分析曲梁的振动特性，可以为结构设计和优化提供重要参考，从而提高结构的工程性能。

(3)本书研究的功能梯度曲梁是从厚度上进行梯度指数变化，可以拓展至从跨度上进行梯度变化，根据不同的幂律变化公式进行相类似的研究，以拓展研究内容的宽度。

(4)当前所有的计算都是基于线性理论的，可继续考虑曲梁的非线性动力学理论。

(5)还可以考虑曲梁与其他结构的耦合振动问题，如曲梁与板、壳的耦合振动问题等。这些问题的研究可以更好地揭示复杂结构振动特性的本质，并且具有实际应用价值。